常用

中医诊疗设备
与临床应用

主编 王富春

编 委 会

主　编　王富春

副主编　李　铁　徐晓红　蒋海琳　张余威　哈丽娟
　　　　张学海　张　敏　高　颖　赵晋莹

编　委（按姓氏拼音排序）

　　　　曹　洋　柴佳鹏　陈　强　范嘉毅　高　姗
　　　　贺怀林　江露露　康前前　李梦琪　刘　昕
　　　　刘艳丽　马俊锋　王　贺　王巍巍　王义安
　　　　王英力　伍春燕　杨　淼　张光明　张瀚文
　　　　赵雪玮　朱　琳

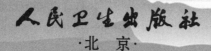

·北京·

图书在版编目（CIP）数据

常用中医诊疗设备与临床应用 / 王富春主编 . —北京：人民卫生出版社，2021. 2

ISBN 978-7-117-31254-7

Ⅰ.①常⋯ Ⅱ.①王⋯ Ⅲ.①中医诊断学-医疗器械 ②中医治疗学-医疗器械 Ⅳ.①TH789

中国版本图书馆 CIP 数据核字（2021）第 027599 号

人卫智网	www.ipmph.com	医学教育、学术、考试、健康，购书智慧智能综合服务平台
人卫官网	www.pmph.com	人卫官方资讯发布平台

常用中医诊疗设备与临床应用

Changyong Zhongyi Zhenliao Shebei yu Linchuang Yingyong

主　　编：王富春

出版发行：人民卫生出版社（中继线 010-59780011）

地　　址：北京市朝阳区潘家园南里 19 号

邮　　编：100021

E - mail：pmph @ pmph.com

购书热线：010-59787592　010-59787584　010-65264830

印　　刷：三河市宏达印刷有限公司（胜利）

经　　销：新华书店

开　　本：787 × 1092　1/16　印张：15

字　　数：365 千字

版　　次：2021 年 2 月第 1 版

印　　次：2021 年 2 月第 1 次印刷

标准书号：ISBN 978-7-117-31254-7

定　　价：59.00 元

打击盗版举报电话：010-59787491　E-mail：WQ @ pmph.com

质量问题联系电话：010-59787234　E-mail：zhiliang @ pmph.com

前　言

　　中医药是我国卫生事业的重要组成部分,长期以来肩负着防病治病、保障人类健康的重要使命。为了更好地适应科技时代的发展脚步,满足人民群众日益增长的中医服务需求,中医诊疗设备成为带动中医药现代化发展的排头兵,在中医药事业的可持续发展中发挥着重要作用。

　　近年来,国家中医药管理局在《中医药创新发展规划纲要(2006—2020年)》及《中医药标准化中长期发展规划纲要(2011—2020年)》中都将中医器械列为重点研究及推广项目,并提出《关于促进中医诊疗设备发展的意见》,颁布了《国家中医药管理局中医诊疗设备促进工程实施方案(试行)》,还通过举办中医诊疗设备论坛,支持和促进中医诊疗设备发展。"中医诊疗与康复设备示范研究"项目被列为"十二五"国家科技支撑计划项目;"中医诊疗设备研制及技术标准"成为国家高技术研究发展计划(863计划)专项、中医药行业科研专项项目。国家中医药管理局还推出了中医诊疗设备"四个一批"促进工程——推广一批、提升一批、改造一批、开发一批,建设中医诊疗设备生产企业示范基地,公布2011版中医诊疗设备目录。2013年,科技部举办了题为"中医诊疗设备发展关键问题与前沿方向"珠江论坛。《国民经济和社会发展第十三个五年规划纲要(草案)》又将中医特色医疗设备列为重大项目。国家政策的颁布和实施对于全面推动中医诊疗设备的发展具有重要指导意义,同时也体现出中医现代化设备对丰富中医临床诊疗手段、提高中医临床疗效、推动中医药现代化发展具有重要价值。

　　中医诊疗设备借鉴西医医疗器械发展思路,将中医诊疗技术与现代技术进行融合,以中医的理念、方法进行合理嫁接,通过对计算机、数字技术、虚拟现实等技术的应用促进中医诊疗技术的发展,并进一步揭示了中医诊疗技术的科学内涵,进而促进中医诊疗设备不断朝着客观化及标准化的方向发展。但是,由于种种问题,中医诊疗设备的临床应用却不理想。如已研制出的诸多中医诊断分析类仪器只停留在科研阶段,未在临床得到广泛重视;市场上存在多种型号的仪器,实际大同小异,但缺乏统一的应用标准;医院配备多种仪器,却缺乏专业使用人员;等等。这些问题若得不到有效解决,中医诊疗设备的发展将受到严重阻碍。

　　发展中医诊疗设备,其目的首先在于临床医疗的需要,包括健康辨识、辨病与辨证分型、疗效评估、疗效预测与治疗方法指导等,其次是中医教学与科研的需要,最根本还是在于中医发展的需要,是把中医推向世界的重要手段。本书的出版旨在提高中医工作者对中医诊疗设备的认识,并进一步规范临床中医师对仪器设备的操作,同时为培养中医诊疗设备师等专业型人才提供指导和帮助。

　　全书共分为十章,主要对诊断设备、针灸设备、中药外治设备、按摩牵引设备、中医光疗设备、中医电疗设备、中医超声治疗设备、中医磁疗设备、中医热疗设备及其他设备从仪器原理、操作方法、临床应用及注意事项等方面进行详细阐述。本书适用于各级各类中医院、诊所、康复中心、疗养院等从业的中医师、中医诊疗设备师,以及从事中医药事业的工作人员、中医工程类专业人员等参考。

目 录

绪　论

中医诊疗设备是在中医理论的指导下，面向中医临床需要，应用现代科学技术和方法研发的符合中医理论、能解决中医实际问题的医疗设备，主要包括中医诊断设备和中医治疗设备。其中，中医诊断设备是在中医临床中用于检查和诊断的仪器设备，如舌象采集仪、脉象采集仪、穴位探测仪、红外热像仪等；中医治疗设备是根据中医辨证的结果，利用中医治疗原则设置相应的治疗参数，具备相应治疗作用的仪器设备，如经穴治疗仪、多功能艾灸仪、多功能牵引床等。

关于中医诊断设备的研究历史悠久，尤其在脉象诊断方面。早在宋代施发所撰的《察病指南》中就首次创造性地绘制并论述了人体33种脉象图；明代张世贤的《图注难经脉诀》、吴绍轩的《图注指南脉诀》、沈际飞重订《人元脉图影归指图说》相继用示意图来说明脉象的"体位"及"性状"；1860年诞生了第一台弹簧杠杆式脉搏描记器，描绘了脉搏图，使脉象图由示意图进入波示图阶段。从20世纪50年代起，许多不同学科的学者开展了脉诊客观化的研究，这些研究主要运用现代检测技术、方法和手段，将脉象的物理特征描绘记录下来，对所得到的脉象图进行定性和定量相结合的识别和分析，当时研制出了多种形式的脉象检测记录仪器，如ZM-Ⅲ型智能脉象仪、BYS-14心电脉象仪、MTY-A型脉图仪、MT-2型脉图循环动力检测仪、MX-1型中医脉象分析仪、MX-811型脉象仪、MXY-Ⅱ型脉象仪等；也有学者研制开发了PVDF复合式传感器脉象检测系统，由传感器、信号处理电路、脉象分析程序、小型基础数据库4部分组成，具备更强的敏感性与更快的分析速度。1957年，朱颜首先将杠杆式脉搏描记器用于中医脉象研究；1958年，陈可冀用自制的压电式脉搏拾振器描记了若干高血压弦脉脉象的波形图。近年来，随着中医诊断智能信息处理研究不断取得新的进展，一批又一批新的中医诊断仪器相继问世。现有中医诊断仪器应用的临床领域相当广泛，如在健康体检、体质辨识、疗效评价、辅助辨证、疗效预测等方面，皆有所应用。

目前的中医诊断仪器在临床应用方面有诸多优势：在信息采集阶段，可以用图片或图形的形式保存个人生物特征，将定性的生物信息转化为量化的数字信息，实现中医四诊信息标准化采集与记录，减少人为差异因素；在数据分析阶段，已保存的生物信息可反复分析与比较，用于各科疾病的中医临床实验研究，可放大易忽略的微小信息，为辨病辨证提供更多依据；在临床诊断阶段，可为中医初学者或未经过系统训练的中医师提供诊断线索，也可为专家会诊或远程医疗提供诊断依据。但需注意的是，中医诊断仪器不能代替专家诊断疾病与制定诊疗标准，也不能自动识别与排除特定的干扰。

中医治疗设备是利用声、光、电、磁、微波、超声、机械等技术,结合中医外治法,如针刺、艾灸、推拿、拔罐、穴位贴敷等,来达到治疗目的的仪器设备。1980年,中国中医研究院召开"全国中医药学术发展研讨会",会上一致强调实现中医"四诊客观化"的方针和意义,明确指出"与计算机及其他现代科学工程技术结合,多学科、多手段、多方法研究是实现中医药现代化的必由之路",这是学科的重大决策,决定中医药学的发展道路和方向,敞开了学科大门,吸纳现代物理(机、光、电、磁、声、力、波、能、热等)、电生理、生物学、微电子技术和信息学等多门类现代学科,应用其原理和技术,使中医药学朝着现代化、国际化、产业化的方向发展。目前常用的中医治疗设备包括针灸设备、中药外治设备、按摩牵引设备、光疗设备、电疗设备、超声治疗设备、磁疗设备、热疗设备及其他设备。在临床应用中,中医治疗设备主要集中用于治疗软组织损伤、骨关节病、神经损害所引起的肢体功能障碍等,主要分布在针灸科、康复科、风湿科、偏瘫截瘫中心、骨伤科等科室。

为了更好地发展中医诊疗设备,扩大中医诊疗设备的临床应用范围、提高应用频率,中医工作者一方面应继续借鉴西医医疗设备发展思路,将中医医疗设备与现代科学技术充分融合,以中医的理念、方法进行合理嫁接,运用物理学、化学、生物学、生物医学工程、电子学、人体科学、信息科学、生物反馈技术等学科技术促进中医诊疗设备向着信息化、数字化、可视化、网络化、微型化、虚拟化、遥控遥测化、智能化的方向发展;另一方面,要大力培养既懂中医理论又懂设计制造知识的新型人才,将这一理念贯穿于中医诊疗设备的研发设计和制造过程中,以提高中医诊疗设备的适用性。

发展中医诊疗设备,其目的首先在于临床医疗的需要,其次是中医教学与科研的需要,最根本在于这是中医发展的需要,是把中医推向世界的重要手段。中医诊疗设备研制既要有现代科学内涵,又要有明显的中医特色,将传统诊疗技术与现代医学技术融合成新的诊疗技术,才能促进中医诊疗设备不断朝着数字化、网络化、客观化及标准化方向发展,才能充分发挥中医诊疗设备的中医特色和优势,才能引领中医走向现代化、国际化。

第一章　诊 断 设 备

一、中医舌象采集仪

中医舌象采集仪是以计算机为核心的数字化中医舌象分析仪，它需要应用舌象采集环境和采集方法的标准化、舌象特征的定量分析和舌象数据的管理等关键技术。舌象采集仪突破了传统舌诊方法的主观局限性，为中医临床提供了一种无创、定量和客观的舌象分析工具，对中医教学、临床诊断、科研和发展具有重要的意义（图1-1）。

【仪器原理】

1. 理化原理　在特定的光源环境下，应用照相机获得患者的舌象信息，运用国际照明委员会（CIE）色差公式和支持向量机（SVM）、主动形状模型（ASM）等多项成熟先进技术，对舌体图像的颜

图1-1　中医舌象采集仪

色、纹理、轮廓进行特征提取，将这些特征值与特征数据库中的阈值进行比对，给出舌象分析结果。

2. 工作原理　舌象采集仪的工作原理是由计算机控制相机进行拍摄，完全实现舌象采集的自动化。采用数字化舌图像采集平台与标准化方法还原，使舌象真实再现。对于舌象图包括静态图像采集和分析，可以全面满足舌诊需要。仪器采用高频荧光恒定光源系统技术，采集环境稳定，满足舌象的色彩还原性、示真性和可重复性的要求。

（1）计算机控制内部相机进行自动对焦拍摄，操作简单，图像清晰，完全实现舌象采集自动化。

（2）采用数字化舌象采集平台与标准化方法还原，使舌象真实再现。

（3）内部摄像采用模拟自然光源并能进行光线调节，使采集环境保持稳定。

（4）由计算机自动分析采集到的图像并进行判断。

（5）可以随时查询病例报告并打印舌诊报告功能书。

（6）可以分析舌质颜色、舌苔颜色、舌形状、舌态。

【操作方法】

1. 电脑电源未开时检查电脑、感应器、打印机等设备是否连接良好,检测仪探头必须插紧,开启设备,进入操作系统界面。

2. 启动采集程序并登录,确认程序自检结果正常,然后记录受检者的基本情况(姓名、性别、出生年月日等)。

3. 点击"采集"按钮,进入舌面采集页面,嘱受检者下颌置于采集窗的下颌托上,面部紧贴面框,双目前视,嘴唇闭合,自然放松(如受检者前额有头发遮盖,需将头发移开,完全暴露前额);点击"按下快门"按钮,设备自动对焦拍摄;勾选"舌象拍摄"舌象采集流程,嘱受检者下颌置于采集窗的下颌托上,口唇张大,舌自然伸出,舌尖向下,不得卷曲,并保持伸舌姿势。

4. 系统自动进行数据分析,出具中医体检结果并由体检师初步判读,必要时纠正机器误差,填写医生建议。

5. 检测完毕清理器材,使之处于良好的备用状态。

【临床应用】

中医舌象采集仪用于快速采集舌象信息,系统可智能分析舌色、舌形、舌态、苔色、苔质、舌络等特征,记录和跟踪不同时期舌象特征的变化,对疾病诊断及疗效评估具有重要的参考价值,为健康状态的辨识、干预效果的评价提供客观化依据。本仪器可供医疗单位及教学单位进行舌象图像采集用。

表1-1　舌诊(舌色的表现和临床意义)

舌色	表现	临床意义
淡红舌	舌色淡红润泽、白中透红	常人,气血调和;病轻
淡白舌	比正常舌色浅淡,白色偏多红色偏少	气血两虚;阳虚;寒实 ①气血两虚:淡白光莹,舌体瘦薄 ②阳虚水湿内停:淡白湿润,舌体胖嫩 ③实寒或亡阳:舌淡苔白
枯白舌	舌色白,几无血色	脱血夺气,病情危重
红舌	较正常舌色红,甚至呈鲜红色,可见于整个舌体,亦可只见于舌尖、舌两边	实热;阴虚 ①外感风热表证初起:舌色稍红,或仅舌边尖略红 ②实热证:舌体不小,色鲜红 ③心火上炎:舌尖红 ④肝经有热:舌两边红 ⑤虚热证:舌体小,鲜红少苔,或有裂纹,或光红无苔
绛舌	较红舌颜色更深,或略带暗红色	热盛;阴虚火旺;血瘀 ①热入营血:舌绛有苔 ②阴虚火旺:舌绛少苔或无苔,或有裂纹 ③血瘀:舌绛少苔而润

舌色	表现	临床意义
紫舌	①全紫舌:舌体全部紫色,或局部有青紫斑点 ②淡紫舌:舌色淡而泛现青紫 ③紫红舌:舌色红而泛现紫色 ④绛紫舌:舌色绛而泛现紫色 ⑤斑点舌:舌局部有青紫色斑点	血行不畅(热极、寒极、血瘀、酒毒) ①全舌青紫或有紫色斑点:瘀血 ②青紫舌:血脉凝滞;阴寒凝滞;热毒炽盛;外伤 ③淡紫舌:阴寒内盛;血瘀;阳衰 ④紫红舌、绛紫舌:干枯少津,为热毒炽盛,内入营血,营阴受灼,津液耗损,气血壅滞

表 1-2 舌诊(舌形的表现和临床意义)

舌形	表现	临床意义
苍老舌	舌质纹理粗糙或皱缩,坚敛而不柔软,舌色较暗	实证
娇嫩舌	舌质纹理细腻,浮胖娇嫩,舌色浅淡	虚证
胖舌	舌淡胖嫩	脾肾阳虚
胖舌	舌红胖大	脾胃湿热或痰热内蕴
胖舌	舌肿胀色红绛	心脾热盛,热毒上壅
胖舌	先天性舌血管瘤	无全身辨证意义
瘦舌	瘦薄舌	气血阴液不足
瘦舌	舌体瘦薄而色淡	气血两虚
瘦舌	舌体瘦薄而色红绛干燥	阴虚火旺,津液耗伤
点刺舌	舌红而生芒刺	气分热盛
点刺舌	点刺色鲜红	血热内盛,阴虚火旺
点刺舌	点刺色绛紫	热入营血
点刺舌	舌尖生点刺	心火亢盛
点刺舌	舌边生点刺	肝胆火盛
点刺舌	舌中生点刺	胃肠热盛
裂纹舌	舌红绛而有裂纹	热盛伤津
裂纹舌	舌淡白而有裂纹	血虚不润
裂纹舌	舌淡白胖嫩,边有齿痕又兼见裂纹	脾虚湿盛
裂纹舌	若生来舌面上就有裂沟、裂纹,裂纹中一般有苔覆盖,且无不适感,称先天性舌裂	
齿痕舌	舌淡胖大而润,舌边有齿痕	寒湿壅盛,阳虚水湿内停
齿痕舌	舌质淡红,舌边有齿痕	脾虚或气虚
齿痕舌	舌红而肿胀满口,舌有齿痕	湿热痰浊壅滞
齿痕舌	舌淡红而嫩,舌体不大,边有轻微齿痕	先天性齿痕舌

表 1-3 舌诊（舌态的表现和临床意义）

舌态	证型	表现	临床意义
痿软舌	伤阴；气血俱虚	舌痿软，淡白无华	气血俱虚
		舌痿软，红绛少苔或无苔	阴虚火旺，热灼津伤 舌绛而痿提示阴亏已极
		舌红干而渐痿	肝肾阴亏
强硬舌	热入心包，高热伤津，阴亏已极；痰浊内阻	舌强硬，色红绛少津	邪热炽盛
		舌强硬、胖大，兼厚腻苔	风痰阻络
		舌强，语言謇涩，伴肢麻、眩晕	中风（先兆）
歪斜舌	肝风内动；痰瘀阻滞	舌强不能动，舌暗	中风、喑痱
颤动舌	肝风内动（热盛、阳亢、阴亏、血虚）	久病舌淡白，颤动	血虚动风
		新病舌绛，颤动	热极生风
		舌红少津，颤动	阴虚动风；肝阳化风
		舌红少津，习习煽动	酒毒内蕴
吐弄舌	心脾有热	吐舌	疫毒攻心；正气已绝
		弄舌	热甚动风先兆
			小儿智力发育不全
短缩舌	寒凝筋脉；气血俱虚；热极伤津；痰浊内阻	舌短缩，淡白或青紫而湿润	寒凝筋脉；气血俱虚
		舌短缩而胖，苔黄腻	脾虚，痰浊
		舌短缩，红绛干燥	热盛伤津
			先天性舌系带过短

表 1-4 舌诊（苔质的表现和临床意义）

苔质	证型	表现	临床意义
薄、厚苔	邪正盛衰和邪气深浅	薄苔	正常舌苔
		厚苔	痰湿；食积；里热
		由薄转厚：邪气渐盛，表邪入里，为病进 由厚转薄：正气胜邪，内邪消散外达，为病退 骤然消退：正不胜邪，胃气暴绝	
润、燥苔	津液的盈亏和输布	润苔	正常舌苔
		滑苔	痰饮、主湿
		燥苔	津液已伤
		糙苔	热盛伤津之重证
		由润变燥：热重津伤，津失输布 由燥变润：热退津复，饮邪始化	

苔质	证型	表现	临床意义
腻、腐苔	阳气与湿浊的消长（痰浊、食积；脓腐苔主内痈）	腻苔 特征：苔质颗粒细腻致密，揩之不去 病机：湿浊内蕴，阳气被遏	
		薄腻苔	食积；脾虚湿困
		苔白腻而滑	痰浊；寒湿内阻
		黄腻苔	脾胃湿热
		苔黄而厚腻	食积化热
		腐苔 特征：苔质疏松，颗粒较大 病机：食积痰浊，阳热有余	
		腐苔	食积胃肠，痰浊内蕴
		脓腐苔	内痈，邪毒内结，邪盛病重
		无根苔：腐苔脱落，不能续生新苔	病久胃气衰败
剥（落）苔	胃气不足，胃阴枯竭；气血两虚	舌红苔剥	阴虚
		舌淡苔剥或类剥苔	血虚；气血两虚
		镜面舌色红绛	胃阴枯竭，阴虚重证
		舌色㿠白如镜，甚则毫无血色	营血大虚，阳气虚衰
		舌苔部分脱落，未脱处仍有腻苔	正气亏虚，痰浊未化
		花剥苔	胃气阴两虚
		舌苔前剥：肺阴不足 舌苔中剥：胃阴不足 舌苔根剥：肾阴枯竭	
偏、全苔	全苔主邪气散漫，痰湿阻滞偏苔提示舌所分候脏腑有邪气停聚	偏于舌尖	邪气入里未深，而胃气已伤
		偏于舌根	外邪虽退，胃滞依然
		仅见于舌中	痰饮、食浊停滞中焦
		偏左或偏右	肝胆湿热
真、假苔	辨别疾病轻重、预后	病之初中期，舌见真苔且厚	胃气壅实，病较深重
		久病见真苔	胃气尚存
		新病出现假苔	邪浊渐聚，病情较轻
		久病出现假苔	胃气匮乏，病情危重
		舌面上浮一层厚苔，望似无根，刮后却见已有薄薄新苔	疾病向愈的善候

表 1-5 舌诊（苔色的表现和临床意义）

苔色	主证	表现		临床意义
白苔	表证；寒证；湿证；亦可见于热证	薄白	润	健康人；风寒表证初起；里证无明显热邪；阳虚内寒
			干	风热表证
			滑	外感寒湿；脾肾阳虚；水湿内停
		厚白	腻	湿浊内停；痰饮、食积
			积粉苔	外感秽浊，热毒内盛（瘟疫或内痈）
			燥裂	燥热伤津
黄苔	热证；里证	淡黄	薄黄苔	风热表证；风寒化热入里
			黄滑苔	阳虚寒湿化热；痰饮聚久化热；气血亏虚，复感湿热
		深黄	黄燥苔	邪热伤津
			黄瓣苔	
			焦黄苔	邪热伤津，燥结腑实
			黄腻苔	湿热、寒痰内蕴；食积化热
		焦黄	绛舌黄白苔	气营两燔
			绛舌黄润苔	阴虚夹湿；血热夹湿；营热湿重；热初入营
			青舌黄苔	寒湿内盛（真寒假热）
灰黑苔	阴寒内盛；里热炽盛	白腻灰黑苔，舌面湿润		阳虚寒湿内盛；痰饮内停
		黄腻灰黑苔		湿热内蕴日久
		苔焦黑干燥，舌干裂起刺		热极津枯；阴虚火旺
		苔黄黑（霉酱苔）		湿浊宿食，积久化热

【注意事项】

受检者在检查前安静休息 60~90 分钟，检查前 2 小时内不饮水、不进食，尽量少说话。观察时将微循环显微镜安装在万向操纵架上，使架上的消毒玻片与舌尖轻轻接触，在 80~280 倍镜下观察舌尖蕈状乳头内血管形态、血流的状态和血色。

二、舌面诊测信息采集系统

舌面诊测信息采集系统是传统中医理论精华与现代先进科技的结合，它运用现代科学方法为舌面诊建立客观指标，使其更准确、更客观地反映人体功能状态，把舌面诊研究建立在可靠的科学数据与图形的基础上，从而提高中医理论学术水平和临床诊断能力（图 1-2）。

【仪器原理】

1. 理化原理 在特定的光源环境下,应用照相机获得患者舌、面部位的图像信息,运用国际照明委员会(CIE)色差公式和支持向量机(SVM)、主动形状模型(ASM)等多项成熟先进技术,对舌体及面部图像的颜色、纹理、轮廓进行特征提取,将这些特征值与特征数据库中的阈值进行比对,给出舌象、面色分析结果。

2. 工作原理 将舌、面象的光学信号转变为数字信号,对采集到的数字信号进行分析,并比照函数模型进行匹配诊断。将现代技术用于舌、面象的采集,有重现性好、可存储、可精细研究等优点。

图1-2 舌面诊测信息采集系统

【操作方法】

1. 电脑电源未开时检查电脑、感应器、打印机等设备是否连接良好,检测仪探头必须插紧,开启设备,进入操作系统界面。

2. 启动采集程序并登录,确认程序自检结果正常,然后记录受检者的基本情况。

3. 点击"采集"按钮,进入舌面采集页面,嘱受检者下颌置于采集窗的下颌托上,面部紧贴面框,双目前视,嘴唇闭合,自然放松(如受检者前额有头发遮盖,需将头发移开,完全暴露前额);点击"按下快门"按钮,设备自动对焦拍摄。然后,勾选"舌象拍摄",舌象采集流程,嘱受检者下颌置于采集窗的下颌托上,口唇张大,舌自然伸出,舌尖向下,不得卷曲,并保持伸舌姿势,点击"按下快门"按钮,设备自动对焦拍摄。采用数字化舌象采集平台与标准化方法还原,使舌、面象真实再现。

4. 由计算机自动分析采集到的图像并进行判断。

5. 检测完毕清理器材,使之处于良好的备用状态。

【临床应用】

适用于临床、教学与研究的辅助诊断,供医疗机构进行舌象诊测信息采集及辅助体质辨识,将有力推动中医临床、教学、科研的发展和现代信息科学与中医学的交融。

1. 体质辨识 采集结果结合四诊资料,经过分析可辅助得出受检者的体质,如阳虚体质、阴虚体质等。

2. 舌诊 具体舌象及临床意义见表1-1~ 表1-5。

3. 面诊 见表1-6。

表1-6 面诊

病色	证型	证候	临床表现
赤色	热证;亦可见于戴阳证	实热证	满面通红
		阴虚证	午后两颧潮红

续表

病色	证型	证候	临床表现
		戴阳证	久病重病面色苍白,却时而泛红如妆、游移不定
白色	虚证(包括血虚、气虚、阳虚);寒证;失血证	气虚血少,阳衰寒盛	面色发白
		血虚证,失血证	面色淡白无华,唇舌色淡
		阳虚证	面色㿠白
		阳虚水泛	面色㿠白虚浮
		亡阳,气血暴脱或阴寒内盛	面色苍白
黄色	脾虚;湿证	脾虚,湿邪内蕴	面色发黄
		脾胃气虚,气血不足	面色萎黄
		脾虚湿蕴	面黄虚浮
		寒湿内阻;湿热内蕴	面黄鲜明如橘皮色,属阳黄,湿热为患;面黄晦暗如烟熏,属阴黄,寒湿为患
青色	寒证;气滞;血瘀;疼痛;惊风	寒凝气滞;瘀血内阻;热极动风	面见青色
		寒盛;痛剧	面色淡青或青黑
		阴寒内盛;心阳暴脱	突见面色青灰,口唇青紫,肢凉脉微
		心气、心阳虚衰;血行瘀阻;肺气闭塞	久病面色与口唇青紫
		肝郁脾虚	面色青黄(即面色青黄相兼,又称苍黄)
		肝阳上亢	小儿高热抽搐,面部青紫,尤以鼻柱、两眉间及口唇四周为甚
		肝强脾弱	妇女面色青,月经不调
黑色	肾虚;寒证;水饮;血瘀;剧痛	肾阳虚	面色发黑
		肾阳虚	面黑暗淡或黧黑
		肾阴虚	面黑干焦
		肾虚;水饮;寒湿带下	眼眶周围发黑
		血瘀	面色黧黑,肌肤甲错

【注意事项】

1. 不适用本仪器者 18 岁以下未成年人;患传染病者;植入心脏起搏器者;有严重心、肝、肾、肺疾病者;无法中断治疗以接受信息采集者;精神障碍或神志不清、严重语言或听力障碍、智力发育迟缓无法配合操作者。

2. 不适用舌面采集者 严重光过敏者;不能保持坐姿者。

3. 不适用舌象信息采集者 因进食某些食物和药物等导致染苔者。

4. 不适用面色信息采集者 黄种人以外的人种；面部有大面积溃疡或烧伤等影响面色者；涂抹化妆品影响面色和唇色者。

三、脉象采集仪

脉象采集仪是采集脉象信息，描记脉象的仪器。它通过无级气动加压配合高精度防过载传感器精确模拟中医切诊指法，采集分析脉象的位、数、形、势特征，最终智能分析出单脉与相兼脉类别和时-频-域几十种脉象参数并输出标准的脉象图。同时可记录和跟踪不同时期的脉象特征变化，对疗效评估具有重要的参考价值，为健康状态的辨识、干预效果的评价提供客观化依据（图1-3）。

图1-3 脉象采集仪

【仪器原理】

1. 理化原理 脉象信息的采集借助于传感器。根据其工作原理分类，可分为压力传感器、光电式脉搏传感器、传声器和超声多普勒技术。随着科技的进步，纳米传感器、气压传感器与石墨烯传感器也成为传感器研究的目标。

2. 工作原理 脉象信息的提取与分析通常采用压力传感器开展脉象客观化研究。脉象压力传感器所记录的脉搏波图形，主要由血管内压力、血管壁张力及血管整体位移运动的综合力，以及其时相变化的轨迹所形成。脉象信号的特征提取方法主要有3种：时域分析法、频域分析法和时频联合分析法。

【操作方法】

1. 电脑电源未开时检查电脑、感应器、打印机等设备是否连接良好，检测仪探头必须插紧，开启设备，进入操作系统界面。

2. 启动采集程序并登录，确认程序自检结果正常，然后记录受检者的基本情况。

3. 脉象采集时，先标记采集位置，绑定腕部固定架，锁定脉搏采集组件，点击"采集"按钮，选择"左手"选项，程序自动进行左手脉象信息采集。左手采集完成后，换右手重复上述操作。

4. 系统自动进行数据分析，出具中医体检结果并由体检师初步判读，必要时纠正机器误差，填写医生建议。

5. 检测完毕清理器材，使之处于良好的备用状态。

【临床应用】

随着现代科技的发展,传统中医脉诊与现代技术相结合,使得中医脉诊的诊断越来越精确,脉象仪也开始广泛应用于临床。

1. 肿瘤　利用中医脉诊信息系统及其分析方法,可以发现恶性肿瘤脉象出现特征性改变,揭示恶性肿瘤患者的脉象信息特征,以及相关脏腑功能异常等病理变化,进一步确定脉象与病机之间的联系。

2. 心血管系统疾病　利用脉象采集仪收集原发性高血压患者的压力脉图,并采集其应用西药治疗后的压力脉图进行比较,结果表明脉象参数作为评价高血压患者临床疗效的参考指标是可行的。

3. 代谢性疾病　利用脉象采集仪采集糖尿病患者双手关部脉象图并分析参数,与正常人脉象图参数做比较,结果表明糖尿病患者微循环改变表现为灌注增加,这与高血糖使微血管前阻力下降、后阻力升高有关,血管内压的持续升高最终导致血管硬化、血管舒张能力下降。

4. 肾脏疾病　采用脉象采集仪对脾肾气虚证患者及健康成年人进行寸、关、尺三部脉象图测定及分析,结果显示脉象图可作为脾肾气虚证中医辨证及临床诊治的客观指标之一。

5. 自身免疫缺陷疾病　使用智能脉象仪对 HIV/AIDS(艾滋病)患者在接受高效抗逆转录病毒治疗(HAART)前和接受 HAART 后的脉象图分析,结果显示:

(1)根据脉象采集,$CD4^+$ T 淋巴细胞计数较低的患者辨证多为正虚邪实证。

(2)HIV/AIDS 患者脉象图特点与 $CD4^+$ T 淋巴细胞计数高低存在一定的联系。

(3)该研究表明脉象仪在中医临床客观化中具有一定作用。

6. 其他　利用脉象采集仪对抑郁症患者进行脉象图测试,并评估其自主神经功能,结果显示脉象图参数和自主神经功能参数可作为抑郁症的诊断和辨证指标。

7. 具体脉象见本章"脉象诊测信息采集系统"。

【注意事项】

1. 受检者在检查前安静休息 60~90 分钟,平静心情、脉搏平稳后开始检测。

2. 操作仪器时,要准确定位寸、关、尺的位置。

四、脉象诊测信息采集系统

脉象诊测信息采集系统将传统诊脉方式与现代科技相结合,通过高精度压敏式电阻传感器,满足三部九候理论,分别对不同脉位进行检测,同时可对比脉象在一段时间内的变化情况,呈现出数字化脉象图,通过对脉象图的智能化判别,达到脉诊检测效果(图1-4)。

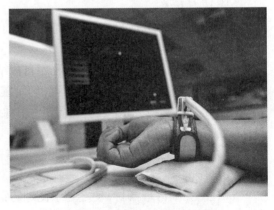

图1-4　脉象诊测信息采集系统

【仪器原理】

根据中医脉象的多信息特征,在超声图像动态分析和识别技术的基础上,将 B 型超声与柔性传感器结合,构建脉诊复合信息检测系统,对超声波动态图像、压力脉搏波、光电容积脉搏波和心电图进行信息整合,并通过计算机信息处理技术综合分析,建立脉象特征分析方法,形成描述中医脉诊"位""数""形""势"4 种属性的优化解决方案。

【操作方法】

1. 电脑电源未开时检查电脑、感应器、打印机等设备是否连接良好,检测仪探头必须插紧,开启设备,进入操作系统界面。

2. 启动采集程序并登录,确认程序自检结果正常,然后记录受检者的基本情况。

3. 通过袖带式传感器进行腕部固定,进行准确的脉象定位,通过传感器的双层袖带结构进行定位校正;采用全自动气体加压方式。自动确定取脉压力:按照阶梯加压方式,自动进行分段加压,并确定取脉压力;脉象浮、中、沉自动阶梯加压;浮、中、沉静态取脉压:50gf、75gf、100gf、125gf、150gf、175gf、200gf、225gf,各档误差 ±10%;动态取脉压:在 0~250g 的静压范围内,对于脉宽为 0.5ns 的标准动压测量,误差小于 ±10%。

4. 提供中医脉象图及相关测量参数,给出脉象判读结果。

5. 由计算机自动分析采集到的图像并进行判断。

6. 检测完毕清理器材,使之处于良好的备用状态。

【临床应用】

由中医师或在中医师指导下,进行脉象诊测信息采集,供辨证参考用。

1. 浮脉类

(1)浮脉

脉象特征:浮脉轻取即得,重按稍减而不空,举之有余,按之不足。其特征是脉管的搏动在皮下较浅表的部位,即位于皮下浅层。

临床意义:浮脉一般见于表证,也见于虚证。此外,瘦人肌薄而见浮脉,夏秋脉象偏浮,皆属常脉。浮脉作为六纲脉之一,是脉位表浅的象征。

(2)洪脉

脉象特征:洪脉脉体宽大,充实有力,来盛去衰,状若波涛汹涌。其特征主要表现在脉搏显现的部位、形态和气势三个方面。脉体宽大,搏动部位浅表,指下有力。由于脉管内的血流量增加,且充实有力,来时具有浮、大、强的特点。脉来如波峰高大陡峻的波涛,汹涌盛满,充实有力,即所谓"来盛";脉去如落下之波涛,较来时势缓力弱,即所谓"去衰",其脉势较正常脉为甚。

临床意义:洪脉多见于阳明气分热盛。此外,夏季脉象稍现洪大,若无疾病也为平脉。

(3)濡脉

脉象特征:濡脉浮细无力而软。其特点是脉管搏动的部位在浅层,形细而软,轻取即得,重按不显,故又称软脉。

临床意义:濡脉多见于虚证或湿证。

（4）散脉

脉象特征：散脉浮散无根，至数不齐。其特点是浮取散漫，中候似无，沉候不应，并常伴有脉动不规则，时快时慢而不匀，但无明显歇止，或表现为脉力前后不一致。散脉为浮而无根之脉，古人形容其为"散似杨花无定踪"。

临床意义：散脉多见于元气离散，脏腑精气衰败的危重病证。

（5）芤脉

脉象特征：芤脉浮大中空，如按葱管。其特点是应指浮大而软，按之上下或两边实而中间空。芤脉脉位偏浮、形大、势软而中空，是脉管内血量减少，充盈度不足，紧张度低下的一种状态。

临床意义：芤脉常见于失血、伤阴。

（6）革脉

脉象特征：革脉浮而搏指，中空外坚，如按鼓皮。其特征是浮取感觉脉管搏动的范围较大而且较硬，有搏指感，但重按则乏力，有豁然而空之感，恰似以指按压鼓皮上的外急内空之状。

临床意义：革脉多见于亡血、失精、半产、漏下等病症。

2. 沉脉类

（1）沉脉

脉象特征：轻取不应，重按始得，举之不足，按之有余。

临床意义：主里证，常见于下利、水肿、呕吐、郁结气滞等。沉而有力属里实，多因水、寒、积滞导致气血内困于里（寒主收引，水性沉潜，积滞则阳气伏郁）；沉而无力属里虚，因阳气虚不能升举所致。

（2）牢脉

脉象特征：脉来实大弦长，浮取、中取不应，沉取始得，坚牢不移。"牢"者，深居于内，坚固牢实之义。牢脉的脉象特点是脉位沉长，脉势实大而弦。牢脉轻取、中取均不应，沉取始得，但搏动有力，势大形长，为沉、弦、大、实、长五种脉象的复合脉。

临床意义：常见于阴寒内积、疝气、癥积。

（3）弱脉

脉象特征：极软而沉细，沉取方得，细而无力。

临床意义：主阳气虚衰或气血俱衰。血虚则脉道不充，阳气虚则脉搏无力，多见于久病虚弱之体。

（4）伏脉

脉象特征：伏为深沉与伏匿之象，脉动部位比沉脉更深，需重按着骨始可应指，甚至伏而不现。

临床意义：常见于邪闭、厥证和痛极者。多因邪气内伏，脉气不得宣通所致。暴病出现伏脉为阴盛阳衰，常为厥脱证之先兆；久病见之为气血亏损，阴枯阳竭之证。故《脉简补义》说："久伏至脱"，指出伏脉是疾病深重或恶化的一种标志。

3. 迟脉类

（1）迟脉

脉象特征：迟脉脉来迟慢，一息不足四至（相当于脉搏在 60 次 /min 以下）。其具体特点是脉管搏动的频率明显小于正常脉率。

临床意义：迟脉多见于寒证，迟而有力为实寒，迟而无力为虚寒。亦见于邪热结聚之实热证。此外，运动员或经过体力锻炼的人，在静息状态下脉来迟而和缓；正常人睡后，脉率较慢，都属生理性迟脉。迟脉作为六纲脉之一，是脉搏搏动频率缓慢脉类的代表。

（2）缓脉

脉象特征：缓脉有二：一是脉来和缓，一息四至，应指均匀，是脉有胃气的一种表现，称为平缓，多见于正常人；二是脉来怠缓无力，弛纵不鼓的病脉。缓脉的脉象特点是脉搏搏动不疾不徐，从容和缓，稍慢于正常而快于迟脉。

临床意义：缓脉多见于湿病、脾胃虚弱者，亦可见于正常人。

（3）涩脉

脉象特征：脉来艰涩不畅，如"轻刀刮竹"。其具体特点是脉形较细，脉势滞涩不畅，至数较缓而不匀，脉力大小亦不均，呈三五不调之状。

临床意义：涩脉多见于气滞、血瘀、痰食内停和精伤、血少。

（4）结脉

脉象特征：结脉脉来缓慢，时有中止，止无定数。其具体特点是脉来迟缓，脉律不齐，有不规则的歇止。

临床意义：结脉多见于阴盛气结、寒痰血瘀，亦可见于气血虚衰。此外，正常人也有因情绪激动、过劳、酗酒、饮用浓茶等而偶见结脉者。

4. 数脉类

（1）数脉

脉象特征：数脉脉来急促，一息五至以上。数脉的特点是脉率较正常为快，脉搏在90~130次/min之间。

临床意义：数脉多见于热证，有力为实热，无力为虚热。还可见于气血不足的里虚证。数脉作为六纲脉之一，是脉搏搏动频率加快脉类的代表。

（2）促脉

脉象特征：促脉脉来数而时有一止，止无定数。其具体特点是脉率较快且有不规则的歇止。

临床意义：促脉多见于阳盛实热、气血痰食停滞；亦见于脏气衰败。正常人有因情绪激动、过劳、酗酒、饮用浓茶等而偶见促脉者。

（3）疾脉

脉象特征：疾脉脉来急疾，一息七八至。其具体特点是脉率比数脉更快，相当于脉搏140~160次/min。

临床意义：疾脉多见于阳极阴竭，元气欲脱之证。此外，3岁以下小儿脉搏可一息七至以上，为平脉。

（4）动脉

脉象特征：动脉仅见关部有脉，滑数有力。动脉具有短、滑、数三种脉象的特征，其脉搏搏动部位在关部明显，应指如豆粒动摇。

临床意义：常见于惊恐、疼痛等症。

【注意事项】

1. 患传染病、植入心脏起搏器及严重心、肝、肾、肺疾病者不宜使用。

2. 精神障碍或神志不清、严重语言或听力障碍、智力发育迟缓无法配合者不宜使用。

3. 腕关节损伤、腕部皮肤过敏或破损、桡动脉搏动消失(无脉)、桡动脉解剖位置异常(斜飞脉或反关脉)者不宜使用。

五、便携式四诊合参辅助诊疗仪

传统中医对体质、脉舌诊的判断是经过医者人工切脉和望舌进行的。随着现代科技的进步,将传统有效的诊断方法与脉舌诊仪器相融合,在诊断方法上利用先进的检测手段可实现对脉舌诊特征的数字化、量化的采集与分析,为辅助临床医生诊断提供了快捷有效、简便易行、无创伤的新型中医诊断方式(图1-5)。

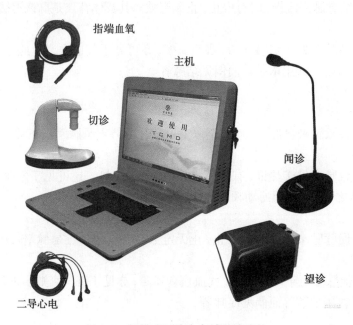

图 1-5 便携式四诊合参辅助诊疗仪

【仪器原理】

1. 脉诊装置心电模块性能 最大允许电压测量误差为 ±10%;折合到输入端的噪声电平应不大于 30μVp-p;扫描速度为 25mm/s,误差范围 ±10%;各个输入回路电流应不大于 0.1μA;以 10Hz 正弦波为参考值,在 1~25Hz 内随频率变化,幅度的最大允许偏差为 ±5%~ ±30%;共模抑制比应不小于 89dB;在 30~200 次 /min 范围内,心率显示值最大允许误差为 ±5%,脉诊装置光电指端容积脉搏采集部分随血流变化应有波形显示。

2. 脉诊装置的采脉支架压力探头移动范围 水平移动 0~30mm,垂直移动 0~45mm。

3. 舌诊装置 装有数字相机,能采集舌面图像。

4. 闻诊(音频采集)装置 声卡由计算机主板集成或有独立声卡。

【操作方法】

1. 电脑电源未开时检查电脑、感应器、打印机等设备是否连接良好,检测仪探头必须插紧,开启设备,进入操作系统界面。

2. 启动采集程序并登录,确认程序自检结果正常,然后记录受检者的基本情况。

3. 点击"采集"按钮,进入舌面采集页面,嘱受检者下颌置于采集窗的下颌托上,面部紧贴面框,双目前视,嘴唇闭合,自然放松(如受检者前额有头发遮盖,需将头发移开,完全暴露前额);点击"按下快门"按钮,设备自动对焦拍摄。然后,勾选"舌象拍摄",舌象采集流程,嘱受检者下颌置于采集窗的下颌托上,口唇张大,舌自然伸出,舌尖向下,不得卷曲,并保持伸舌姿势,点击"按下快门"按钮,设备自动对焦拍摄。

4. 问诊采集时,按照电子问卷的顺序,逐题点击勾选答案,填写后点击"提交"按钮,问诊信息保存,并形成体质辨识结果,至此,舌、面、脉、问诊(体质辨识)四项采集完成。

5. 系统自动进行数据分析,出具中医体检结果并由体检师初步判读,必要时纠正机器误差,填写医生建议。

6. 检测完毕清理器材,使之处于良好的备用状态。

【临床应用】

本仪器能够有效地辅助医师进行客观诊断,为重大疾病的中医诊断提供充分的数字化、可视化、标准化数据,同时对建立完整的中医评价体系有着重大的推进作用,在大众体检、日常生活指导等方面,都有准确和便捷的效果。

1. 具体脉象见本章"脉象诊测信息采集系统"。

2. 具体舌象见本章"中医舌象采集仪"。

3. 具体面色见本章"舌面诊测信息采集系统"。

4. 以高血压患者为例,便携式四诊合参辅助诊疗仪可检测出高血压患者的不同证候分型。

(1)肝阳上亢证:头晕胀痛,面红目赤,目胀耳鸣,急躁易怒,失眠多梦,尿黄便秘。舌红,苔黄,脉弦数有力。

(2)肝肾阴虚证:头晕目眩,双目干涩,五心烦热,腰腿酸软,口干欲饮,失眠或眠中易醒,尿黄,便干。舌红,苔少,脉弦细数。

(3)阴阳两虚证:头昏目花视糊,心悸气短,间有面部烘热,腰酸腿软,四肢清冷,便溏纳差,夜尿频数,遗精,阳痿。舌淡红或淡白,质胖,脉沉细或弦细。

(4)痰湿中阻证:头晕头重,胸脘满闷,恶心欲呕,心悸时作,肢体麻木,胃纳不振,尿黄,便溏不爽。舌淡红,苔白腻,脉沉缓。

(5)气虚血瘀证:头晕肢麻,倦怠乏力,活动欠灵,胃纳呆滞,动则气短,日轻夜重,甚至半身麻木,小便失禁。舌质暗红,边有瘀点,脉弦涩。

【注意事项】

1. 嘱受检者保持平静心情,待脉搏平稳后开始检测。
2. 操作仪器时,要准确定位寸、关、尺的位置。

六、中医经络检测仪

中医经络检测仪(经络亚健康检测仪)是在中医经络理论指导下,应用人体生物电原理及高科技电子技术研制开发的一款中医诊断设备。通过采集人体十二经原穴的生物电,应用计算机技术对数据进行分析对比,形成经络能量指数,以不同颜色和数值的柱状图形式,显示十二经脉及相关脏腑的功能状态,指导医师判断失衡经络及相关脏腑的虚实盛衰、预测警示人体健康状况及疾病趋势,辅助临床诊断。由于其简单安全,准确有效,广泛应用于医疗行业(图1-6)。

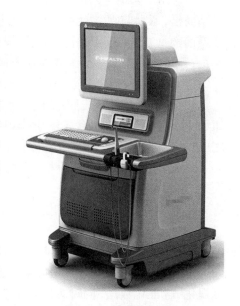

图1-6 中医经络检测仪

【仪器原理】

1. **基本原理** 经络检测仪通过测量探头对人体24个基础测定点(12个原穴,左右各一,共24个测定点)进行电阻值测量,比较ZT值、JDP值和JDL值,从经络的导电性及各经络导电平衡关系,分析各经络状态、人体脏腑代谢状态、体质状态等。十二原穴测定点如下:

H1=(肺)测定点(太渊)手太阴肺经(原穴)

H2=(血管)测定点(大陵)手厥阴心包经(原穴)

H3=(心脏)测定点(神门)手少阴心经(原穴)

H4=(小肠)测定点(阳谷)手太阳小肠经(原穴在下一穴为腕骨)

H5=(淋巴)测定点(阳池)手少阳三焦经(原穴)

H6=(大肠)测定点(阳溪)手阳明大肠经(原穴在下一穴为合谷)

F1=(脾脏)测定点(太白)足太阴脾经(原穴)

F2=(肝脏)测定点(太冲)足厥阴肝经(原穴)

F3=(肾脏)测定点(大钟)足少阴肾经(原穴在上一穴为太溪)

F4=(膀胱)测定点(束骨)足太阳膀胱经(原穴在上一穴为京骨)

F5=(胆囊)测定点(丘墟)足少阳胆经(原穴)

F6=(胃)测定点(冲阳)足阳明胃经(原穴)

以上24个测定点,经实验证明与五输穴所显现的兴奋性是相同的,对照中医针灸典籍中所谓"病则应十二原穴",其理论符合科学之原则。

2. 工作原理 仪器运用生物电感应原理，通过测量头对人体 12 个主要经络原穴的电阻值进行测量，将原穴微生物电能量接收到计算机上，再将数值提交到后端的病理资料库，分析在此状态下表里两经相关的脏腑问题，以及通过五行生克原理分析气血、阴阳变化的趋势，最后将形成的经络值及病理报告传回。该仪器检测出的数据能够反映十二经脉能量、左右气血和阴阳，从而得出人体经络的综合情况，能早期提示身体潜在的健康风险。

【操作方法】

1. 将检测端子插入检测仪的"检测端子"输入口，将沾有生理盐水的棉球塞入检测端子头部的工作腔内，并突出于工作腔边缘 1~2mm 为宜，棉球湿度适中。

2. 将经络端子插入检测仪的"经络端子"输入口。

3. 将 USB 延长线一端插入检测仪的"USB"输入口，另一端插入电脑的 USB 连接口。

4. 打开电脑，双击桌面"中医经络健康检测专家"图标，进入经络检测主界面，输入被检测者的姓名、性别、出生年月等信息，便可进入检测界面。

5. 要求受检者脱去鞋和袜子，躺在床上或坐在椅子上（受检者身体一定要绝缘，脚不要接触地面或其他导电物体），同时要求受检者取出手机、钥匙和其他金属物体。

6. 将经络端子的卡子夹在受检者的左手，点击检测界面的"开始检测"按钮。

7. 用检测端子依次检测受检者的 24 个穴位，检测完毕后点击"存储"按钮。

8. 点击"取得报告"按钮，便可取出受检者的检测报告，点击界面上的打印图标，便可将检测报告打印出来。

【临床应用】

1. 治未病，如体质辨识、经络辨识、脏腑评估、气血状态评估；健康体检，如中医体检、潜在疾病风险筛查、中医健康指导；慢病管理，如慢病风险评估、慢病病因筛查、慢病防治效果监测；孕前产后健康管理，如孕前体质辨识评估、情志状况评估、产后康复评估；专病康复，如康复效果评估、情志状态评估、康复期并发症风险预警、气血状态评估；中医药特色科室建设，如妇科、肿瘤科、肺病科、脾胃病科、脑病科、肾病科、老年病科等开展特色服务。

2. 中医体检。检测报告包括五大判读系统：①体能（正常值 25~55）：正常值内表明营养均衡，身体能量正常；低于正常值表明营养不良，身体缺乏能量。②阴阳（正常值 0.8~1.2）：正常值内表明阴阳平衡，身体代谢正常，有良好的排出体内毒素及组织新生能力；低于正常值表明阴阳不调，代谢能力降低。③上下（正常值 0.8~1.2）：正常值内表明不盛不虚；低于正常值表明上虚下盛，机体处于精神压抑状态，可能出现头重脚轻、头昏、忧郁、胸闷、注意力不集中；高于正常值表明上盛下虚，机体处于精神萎靡状态，可能出现面色苍白、下肢清冷、小便清长、频数无度、大便稀溏、口渴多饮。④左右（正常值 0.8~1.2）：正常值内表明筋骨强劲，气血调和；正常值外表明筋骨不利，有疼痛症，如果年龄大并且血压不正常，易产生中风。⑤最大/最小（正常值 ≤ 2.0）：正常值内表明自主神经功能正常；大于正常值表明有显著的自主神经失调、精神压力大、容易发生心脑血管疾病、消化不良、内分泌失调。

3. 其他健康指导、疾病风险筛查、体质辨识等均依据上述五大判读系统，根据判读系统的数值及提示进行评估。

【注意事项】

1. 检测前不饮酒及咖啡,不吃保健品,尽量不服药。
2. 检测前 2 天生活规律、睡眠正常。检测时身心放松。
3. 剧烈活动后,休息 1~2 小时方可检测。
4. 检测宜在半空腹状态下进行,衣着宽松、保暖。
5. 检测前摘除金属物品、通讯器材及其他可能影响检测结果的设备。
6. 佩戴心脏起搏器或内置金属器械者、四肢不全者不宜进行检测。
7. 女性月经期及月经后一两天内禁止检测。
8. 没有经过系统培训的人员、未取得医师资格者禁止使用。

七、穴位探测针灸治疗仪

穴位探测针灸治疗仪是集现代高新技术及传统中医针灸学、经络学理论于一体的新一代高性能脉冲针灸治疗仪,是中国传统针灸技术与现代电子科学的结晶。该仪器操作简便、安全有效,尤其对常见病(如偏头痛、三叉神经痛、周围性面瘫、坐骨神经痛等)均有显著疗效,在三十多个国家和地区广泛应用(图 1-7)。

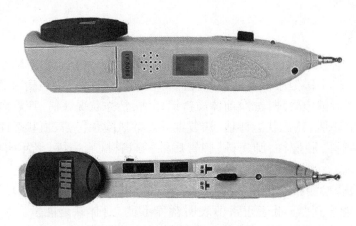

图 1-7 穴位探测针灸治疗仪

【仪器原理】

一定电流通过电表,连接于人体经穴或非经穴表面时,在体表上有容易通电和不容易通电的区域,说明其阻抗是有差异的,这种差异可以通过被测区与电源之间的电流表显示出来,如果电流表显示的电流量大,则该区域为低电阻点,反之,电流量小者为高电阻点,这样就可以反映出经穴和非经穴的电学特征(早期大量的研究结果提示经穴具有低阻特性)。

在此基础上,仪器可进一步探索不同经穴之间的差异,因为每个人相同穴位的伏安特性曲线不一致,而对单位个体而言,由于人体新陈代谢程度差异,不同穴位间伏安特性曲线也不一致,而阻抗电位测量电路将人体阻抗伏安特性转化成电信号,形成特定的伏安曲线,以此来判定经穴。

【操作方法】

1. 打开设备开关。

2. 选择探穴功能后,将参考电极置于左腕屈侧腕横纹上约 2cm 处(或由手握住),以探头在穴位的相应解剖部位探穴。探测时,探头应垂直于皮肤表面,各探测点所施压力和停留时间应相同。

3. 选定治疗波形,打开强度调节开关,转动旋钮,调节输出脉冲强度,此时可根据治疗需要调节频率及强度。

4. 治疗结束后关闭设备。

【临床应用】

适用于针刺治疗,体表穴位电刺激,电兴奋治疗,经络敏感测定,耳穴、体穴及穴区带的测定等。

1. 腧穴导电敏感性探测   受检者肌肉放松,以 75% 酒精棉球清洁 1 次,待酒精挥发后即可测试。参考电极置于左腕屈侧腕横纹上约 2cm 处(若参考电极为铜制,导电性良好,亦可由手握住),检测者手握与探头相连的推力计,掌握推力,把探测压力控制在一定的范围之内(不要求压力变化时,一般将指针控制在 0.2~0.3kg),输入定制波型为 F05 型数字合成函数 / 任意信号发生器,选择方波连续电脉冲,频率 2Hz,电压 ±2V。然后对迎香穴、阳白穴、睛明穴、地仓穴、下关穴、太阳穴、攒竹穴、阳白穴(以上穴位随机选择)分别施以 0.2gf 压力,再施以 0.5gf 压力,观测数字存储示波仪的液晶显示屏上测得方波脉冲波型的变化,如果稳态电压提升明显,则目测变化最明显的即为敏感性最强的腧穴,结果为迎香穴,稳态电压增加幅度较大,其他腧穴变化幅度较小。5 分钟后,波型已经恢复正常状态,对所有上述待测腧穴重新测量,此时,在待测腧穴上涂抹导电溶液生理盐水,马上测量,并观察变化。目测变化最明显者仍为迎香穴,稳态电压增加幅度较大,其他穴位变化幅度较其小。

2. 耳穴、体穴测定   受检者肌肉放松,选定要测定的部位(以耳部为例),以 75% 酒精棉球清洁该部位,待酒精挥发后即可测试。选择探穴模式,参考电极置于左腕屈侧腕横纹上约 2cm 处,另一个探针电极触及即将检测的耳部皮肤。探测时,探头应垂直于皮肤表面,各探测点所施压力和停留时间应相同。当探针电极接近或触及穴位时,蜂鸣器发出声响、LED 显示光信号,记下此时穴位的位置,继续探测,寻找下一个穴位。

3. 针刺治疗、电兴奋治疗   受检者肌肉放松,以 75% 酒精棉球清洁患处,待酒精挥发后即可测试。局部取穴时,选择探穴模式,参考电极置于左腕屈侧腕横纹上约 2cm 处,另一个探针电极触及皮肤的受伤处或痛处周围。探测时,探头应垂直于皮肤表面,各探测点所施压力和停留时间应相同。当探针电极接近或触及穴位时,蜂鸣器发出声响、LED 显示光信号,记下该点位置。远部取穴时,可先预估治疗穴位的大概位置,如合谷,在虎口间,将另一探针电极触及虎口处皮肤,声光信号出现后停止探测,该探测点即为合谷穴。探测结束后可调整为治疗模式,治疗仪的治疗电极即可在探测到的穴位处进行针刺或电兴奋治疗(切忌在皮肤损伤处进行针刺或电兴奋治疗),治疗时间为 20~30 分钟,每日 1 次。

【注意事项】

1. 禁用于妊娠妇女及患有急性病、传染病、恶性肿瘤、心脏病或有心脏起搏器等植入式医疗器械者。

2. 颈前区或喉两侧慎用，或遵医嘱。

3. 不得对伤口进行电兴奋、体表穴位电刺激治疗。

4. 治疗仪输出不得短路，无用旋钮一律置零，用毕关闭电源。

5. 仪器操作时不得进行治疗。

6. 使用时不允许将仪器与金属物接触。

7. 开机治疗时，同组输出端两个金属夹或电极不能相碰，以免造成短路，损坏仪器。

8. 测试时注意实验区域人员距离示波测量仪器 2 米以上，以减少人体电磁干扰对仪器的影响。

八、耳穴探测仪

耳穴探测仪是用于测定耳穴皮肤电阻和导电量的仪器。通过耳穴探测仪在受检者耳廓的耳穴区内划动，利用指示灯的显示情况，进而得知被测点的阴性、阳性，从而确定耳穴定位（图 1-8）。

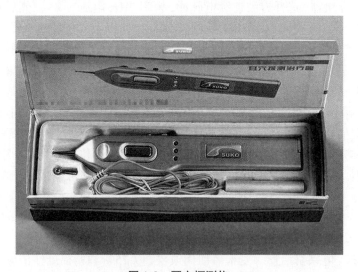

图 1-8 耳穴探测仪

【仪器原理】

临床实验表明，躯体内脏患病时，耳廓上与病变部位相关的耳穴皮肤电阻值比其周围皮肤电阻值低，同时耳穴皮肤的导电量明显增加。近年来，研发者根据耳廓反应点电阻低、导电性高的原理，设计制作了多种耳穴探测仪，可以将耳部的电特性改变，作为定穴和诊断疾病的依据。国内各类耳穴探测仪有30多种,按仪器显示方式的不同,分为音响式、氖灯指示式和仪表指示式,最新研制的耳穴信息诊断仪还附有数据处理和电脑诊疗软件。

【操作方法】

1. 先将电源开关拨至"ON"状态,检测者用左手拇指、示指捏住受检者的耳垂或耳轮,右手握探测仪,探测针垂直轻触"上耳根穴",压力适中,不宜过轻或过重。

2. 检测者拇指紧贴金属电极,示指从"0"位开始顺时针方向缓慢调节灵敏度转盘,以黄灯显示变暗、红灯刚刚亮起为度,探测基准点调校准确后,将探测针移到受检者的耳廓并划动,保持与探测基准点时的力度基本一致。

3. 探测灯为绿色时表示该穴位所对应的脏器情况良好,亮黄灯时表示处于临界状态,亮红灯时(同时会报警)表示有疑问,此点称为阳性反应点,在此阳性反应点上做治疗能显著提高疗效。

4. 探测完毕后,将探测仪清洁收好。

【临床应用】

诊察人体脏腑的气血、阴阳、生理与病理状况,从而判断人体生理功能及病理变化,快速找到阳性反应点以辅助诊断。如妇科、皮肤科疾病,以及失眠、外感病等,均可用耳穴探测仪进行探测,以得出相关结论,辅助治疗。

1. 妇科疾病耳穴疗法 适用于盆腔炎、盆腔炎后遗症、痛经、子宫内膜异位症、子宫腺肌病、子宫肌瘤、月经不调、不孕症、围绝经期综合征、经前紧张征、产后抑郁等。

以盆腔炎为例。患者取坐位,将探测针在患者的耳廓上均匀用力滑动,其顺序为耳轮—三角窝—耳甲艇—耳甲腔—耳屏—耳垂—对耳屏,当触及敏感点时,仪表及音响即刻发出指示。在该点上做标记,待全部检测完毕,将所显示的敏感点逐一记录备案。检测结果提示肾、膀胱、子宫、外生殖器、肾炎点等多个敏感点的阳性率较高,故可以对上述敏感点进行耳针(或压豆)治疗。

2. 皮肤科疾病耳穴疗法 适用于湿疹、痒疹、荨麻疹、瘙痒症、银屑病、神经性皮炎、黄褐斑、痤疮等。

以痤疮为例。患者取坐位,将探测针在患者的耳廓上均匀用力滑动,其顺序为耳轮—三角窝—耳甲艇—耳甲腔—耳屏—耳垂—对耳屏,当触及敏感点时,仪表及音响即刻发出指示。在该点上做标记,待全部检测完毕,将所显示的敏感点逐一记录备案。检测结果提示内分泌、肾上腺、肺、大肠、胃5个敏感点的阳性率较高,故可以对上述敏感点进行耳针(或压豆)治疗。敏感点的测定结果符合西医认为痤疮发病与内分泌因素即雄性激素分泌过多有关,符合中医认为粉刺发病系肺胃风热上越、肌肤血热郁结的论点。

3. 失眠、疲乏的耳穴疗法 适用于失眠、多梦、易惊、易疲劳。

以失眠为例。患者取坐位,将探测针在患者的耳廓上均匀用力滑动,其顺序为耳轮—三角窝—耳甲艇—耳甲腔—耳屏—耳垂—对耳屏,当触及敏感点时,仪表及音响即刻发出指示。在该点上做标记,待全部检测完毕,将所显示的敏感点逐一记录备案。检测结果提示神门、心、肝、脾、肾、枕、皮质下、交感等多个敏感点的阳性率较高,故可以对上述敏感点进行耳针(或压豆)治疗。

4. 儿童近视的耳穴疗法 适用于儿童假性近视。

患儿取坐位,将探测针在患者的耳廓上均匀用力滑动,其顺序为耳轮—三角窝—耳甲艇—耳甲腔—耳屏—耳垂—对耳屏,当触及敏感点时,仪表及音响即刻发出指示。在该点上做标记,待全部检测完毕,将所显示的敏感点逐一记录备案。检测结果提示眼、目1、目2、心、肝、肾、神门等多个敏感点的阳性率较高,故可以对上述敏感点进行耳针(或压豆)治疗。

5. 外感病耳穴疗法 适用于感冒、肺炎、咳嗽等。

以感冒为例。患者取坐位,将探测针在患者的耳廓上均匀用力滑动,其顺序为耳轮—三角窝—耳甲艇—耳甲腔—耳屏—耳垂—对耳屏,当触及敏感点时,仪表及音响即刻发出指示。在该点上做标记,待全部检测完毕,将所显示的敏感点逐一记录备案。检测结果提示耳背肺、膀胱、大肠穴出现阳性率较高;膀胱穴阳性反应多为风寒感冒,大肠穴阳性反应多为风热感冒,耳背肺阳性反应无明显寒热偏颇。

【注意事项】

1. 耳穴探测仪不要放在高温、潮湿、儿童能够触及处。
2. 耳穴探测仪不用时,将功能开关推至中间位置便可关机。
3. 禁用于皮肤红肿损伤部位。
4. 按标注"+""–"极性安装电池,勿将电池的极性接反。

九、数字式医用红外热像仪

数字式医用红外热像仪是医学技术、红外摄像技术、计算机多媒体技术等现代高新科技相结合的产物,是一种利用红外遥感技术,通过测定和记录人体组织器官因病变而导致新陈代谢变化引起的温度变化,来检查诊断和监测病变发生和发展的功能性影像设备。红外热像仪检查具有客观全面、无创无痛、无副作用、早期发现、动态监测人体的异常变化等优点,是疾病检测诊断和健康普查的理想工具(图1-9)。

【仪器原理】

人体细胞的新陈代谢活动不断将化学能转换成热能,通过组织传导和血液对流换热,热能从体内传向体表,并通过导热、对流、辐射、蒸发等方式与环境进行热交换,即"人体体内的热一定会传到体表",当体表温度变化达到热像仪的分辨率时,医用红外热成像技术就可以检测和记录到这种变化,显示出异常高温或低温的部位。这些温度数据由计算机处理后成为一幅人体的红外热像图。仪器采用高科技红外线探测技术,无辐射、不接触人体、安全、快捷,只要有0.01℃的温度改变,仪器就可以扫描到,并以不同的颜色显示。正常的机体状态有正常的热像图,异常的机体状态有异常的热像图,比较两者的异同,结合临床就可以诊断、推论疾病的性质和程度。

图 1-9 数字式医用红外热像仪

【操作方法】

1. 调节检查室至适宜温度,除去受检者颈部的纱布、膏药、饰物等,入室休息 20~30 分钟后进行检查。

2. 受检者保持站立姿势,将医用红外热像仪调焦至图像清晰后摄取相应部位的热像图,录入电脑系统进行分析、诊断。

【临床应用】

适用于健康普查,以及各种疾病的检测及诊断。如乳腺疾病筛查,恶性肿瘤的早期诊断、预测与恶性期监测,血管疾病(如脑供血不足、早期脑梗死、心肌供血不足及周围血管疾病)的预测,周围神经疾病(如面肌痉挛、三叉神经痛)的监测,脊柱相关疾病(如颈椎病、腰椎病)的监测,其他如断肢再植术后成活情况监测、冠状动脉搭桥术过程监测、疑难病症分析、疗效跟踪及医学教学等。

1. 乳腺疾病诊断 检查室内温度 22~25℃,相对湿度 50%~70%,室内空气自然流动,无风无尘,且无高温辐射源。受检者上身裸露,距镜头 1.4~1.7m 站立,胸部完全显露于镜头视野,双手抱于头枕部,静待 10~15 分钟即可扫描。调整热像仪焦距,拍摄清晰热像图并于电脑存档。一般进行乳腺正位(含锁骨上、乳下沟)、左右斜侧位(含腋窝)三个方位的拍摄。拍摄完毕后,医生进行问诊、触诊、温度测量,主要询问有无乳腺癌家族史,有无干扰因素存在及主要症状;对可疑或有肿块主诉者,触诊乳腺,记录有无肿块,肿块位置用乳腺坐标标出;测量双侧乳头与乳晕温度(面温),测定病变热区最高温度(点温)、平均温度(面温)及与周边和对侧乳腺对称位置的温差,并分别记录。注意热区的位置、形态、范围,并用伪彩色 / 黑白图对照观察血管形态及延伸状况。正常乳腺无明显临床症状,热像图表现为热区均匀分布,色彩柔和,无异常热区,无或伴少量粗细均匀的血管影,乳晕环温度正常。乳腺增生热像图表现为不规则低热区,呈斑片状、鹿角状,大小不等,可伴较多血管影,纹理清晰,乳晕环温度升高,可见圆形、半圆形低热区,热区温差小于 1.2℃。乳腺纤维瘤热像图表现为小片状圆形、类圆形低热区或无热区反应,可无或伴较细血管影,乳晕环温度多正常,热区温差小于 0.8℃。乳腺癌热像图表现为团片状高温热区或低热区,边界模糊,伴血管影,粗细不均,有中断,可连乳晕,乳晕环温度升高明显,呈高热区,热区温差一般大于 0.7℃,多数情况大于 1.8℃,患侧全乳腺温度较健侧升高 1.2℃以上,可见乳腺高代谢表现。

2. 监测硬膜外麻醉前后体温变化 选择手术台上离患者头部 15cm 高度的位置监测室内温度和湿度,每 5 分钟记录 1 次。患者于手术室静卧 15 分钟后,分别暴露上半身、下半身,非输液侧胳膊抱头,一侧小腿垫高 30°,手术床侧位距热像仪摄像头 3~3.5m,摄取并储存麻醉阻滞前胸、腹、骨盆、股、胫、足侧各部位图像。每例患者分别摄取 8~10 幅局部红外热像图(人体分部参照 Heinz Feneis 著《人体解剖学图解词典》的人体部位),以上测定部位依据胸腹部、腹股沟区、股胫部和足区的标志区所在的神经节段(T_2~T_4、T_5~T_8、T_9~T_{12}、T_{12}~L_1、L_1~L_2、L_2~L_3、L_3~L_4、L_4~L_5、S_1)分区,分别记录以上区域温度最大值、最小值和平均值,分析其温度变化规律和特征。于给予首次剂量后 5 分钟、15 分钟、25 分钟分别采集红外热像,再次分析其温度变化规律和特征,并对麻醉阻滞前后的 4 次数据进行对比。

3. 健康普查 医用红外热像仪在对人体进行健康普查时,可判断受检者的体温是否正常,局部是否存在病灶,提示疾病发生风险。检查时,检查室内温度 22~25℃,相对湿度 50%~70%,室内空气自然流动,无风无尘,且无高温辐射源。受检者自然站立,距镜头 1.4~1.7m,于前、后、左、右位摄取并储存身体各个部位图像,对图像进行预处理,得到清晰的红外热像图后,依据局部最高(最低)温度、视觉对称检测、伪彩色法等判断受检者的体温情况及病灶位置。受检者体温升高超过正常值,则热像图中会表现出异常热区,即伪彩色图中的红色异常明显,局部体温过低会出现异常低温区,呈现蓝色,异常热区和异常低温区都提示可疑病灶区域。此外,正常人体温度的分布是基本对称的,温度不对称分布(在热像图中表现为左右不对称)往往提示局部存在异常,找到可疑部位后,需测出可疑部位的温度与对称部位温度的差值,根据人体红外热像图的诊断标准和医者的临床经验,确定是否存在病灶。病灶确定后,可以对图像进行分割处理,判断病灶的确切位置和大小。

4. 甲状腺疾病诊断 调节检查室内温度,除去受检者颈部的纱布、膏药、饰物等,入室休息 20~30 分钟后进行检查。受检者取双手叉腰站立姿势,于前位、左侧前位、右侧前位分别取图,录入电脑系统进行分析、诊断。若受检者存在甲状腺疾病,医用红外热像仪上可显示甲状腺区均匀性高温热像图或低温热像图,与周围组织温差明显,并且随着病情的发展或经过临床治疗,可观察到热像图的变化。良性结节的热像图一般表现为单个小片状高温区(多为腺瘤)或均匀性低温区(多为囊肿),但有一定数量的假阳性图和假阴性图,多由甲状腺内出血、亚急性肉芽肿性甲状腺炎等引起。由于甲状腺癌部位代谢旺盛,血供丰富,因此往往呈现高温热像图或弥漫性高温 - 血管热像图,左右侧温差可达 0.24℃。此外,红外热像仪的冷负荷试验(用 75% 乙醇涂于颈部两侧甲状腺区域,待其挥发,观察局部温度回升过程,甲状腺癌的回温速度要明显快于良性结节)也有助于诊断。

【注意事项】

1. 保持采集室内温度恒定,避免环境过冷或过热对采集产生干扰。

2. 采集前，患者应保持情绪稳定，避免激烈运动。采集时应充分暴露采集部位，避免衣服遮挡。

十、非致冷医用红外热像仪

非致冷医用红外热像仪是医学技术和红外摄像技术、计算机多媒体技术结合的产物，是一种记录人体热场的影像装置。它专用于记录人体热场的分布，动态、客观地监测人体由于功能变化而引起的热场分布变化，通过自带的软件进行分析比较，实现热诊断、热测定、热研究的功能，为临床诊断、治疗、保健、预防提供客观的热场变化信息。适用于对人体热像测温，以辅助诊断腰椎间盘突出症及腰、臀、腿软组织损伤等组织损伤源性病变（图 1-10）。

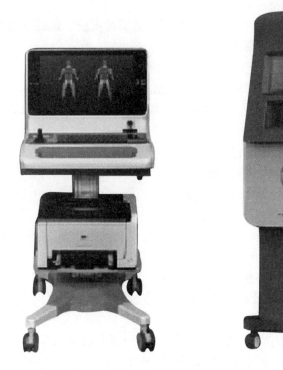

图 1-10　非致冷医用红外热像仪

【仪器原理】

1. 理化原理　人体是一个天然的生物发热体，由于解剖结构、组织代谢、血液循环及神经状态的不同，机体各部位的温度亦不同，形成不同的热场。红外热像仪通过光学电子系统将人体辐射的红外光波经滤波聚集，调制及光电转换，变为电信号，并经 A/D 转换为数字量，然后经多媒体图像处理技术，以伪彩色热像图形式，显示人体的温度场。正常的机体状态有正常的热像图，异常的机体状态有异常的热像图，比较两者的异同，结合临床可以诊断、推论疾病的性质和程度。

2. 工作原理　通过接收人体辐射出的红外线,经计算机处理,以热像图的形式客观地记录人体的热场,经专用软件加以分析比较,反映机体的功能状况。其诊断结果与CT、MRI、B超等结构影像学结合,既能了解组织结构情况,又能了解该组织的功能状态,即结构影像和功能影像结合,是理想的现代影像学诊断方法。红外热像仪的应用将使许多疾病得到早期发现,疾病规律得到更全面认识,疾病性质得到更确切诊断,有利于医学诊断技术的发展和人们生活质量的提高。

【操作方法】

1. 准备

(1)打开计算机电源及镜头电源,为保证热像图质量,需预热30分钟。

(2)图像的对比度随室温的上升而变小,在37~38℃时,对比度消失,故热像检查室要求是22~25℃的恒温密闭室。另外,冷暖气流或热辐射直接接触表面有可能形成误差,因此要严格要求室温和气流。

(3)受检者进入检查室,静坐15~20分钟。有汗水者需待皮肤干燥后方能进行摄像;佩戴腰围、护膝者需除去后休息,使局部温度稳定。

2. 操作

(1)打开摄图软件,核对姓名,并录入受检者信息。

(2)调整焦距,选择合适的热像中心温度和温度幅度,逐步调节,至图像清晰为止,根据不同病情取图,然后保存图片。

(3)将保存的图片进行处理,使图像更加清晰地反映病变位置。

(4)打印图片,根据热像图信息进行诊断。

【临床应用】

可用于亚健康状态检测、重大疾病早期预警筛查、妇女乳腺普查、疼痛性疾病筛查、炎症预警、周围神经血管疾病检查等。

1. 亚健康状态检测　通过人体细胞代谢热强度差异与变化特征,运用中医整体辨证观等理论和临床经验,对人体各系统及整体亚健康状况进行综合评估。可用于中医体质辨识,证候、经络测评。

2. 重大疾病早期预警筛查　对于观测免疫系统、内分泌系统和局部组织器官及其相应淋巴区域的异常表现,推测肿瘤等重大疾病隐患,红外热像仪有较明显的优势。当正常的细胞开始恶变,细胞高速增殖,为了满足细胞生长需要,必然伴有血液循环增加,使局部血管扩张,导致局部温度升高。但肿瘤的中晚期,由于肿瘤中心液化坏死,仅仅出现低温。医用红外热像仪灵敏度高,当温度变化超过0.05℃时,就可以检测和记录到温度变化,显示出异常高温的部位。

如筛查甲状腺肿瘤,受检者进入检查室,脱去上衣露出颈部,静坐15~20分钟,使待查部位温度稳定。受检者端坐在热像仪前1~1.5m处,颈部的甲状腺正对摄像镜头,调整体位,突出受检部位,可左右侧转颈部,调整热像仪,对准受检部位,调整焦距,得到清晰的热像图。

3. 妇女乳腺普查　受检者进入检查室,脱去上衣,静坐15~20分钟,使待查部位温度稳定。受检者端坐在热像仪前 1~1.5m 处,胸部正对摄像镜头,两手手指相互交叉放于后枕部,臂向两侧张开,突出受检乳腺,可左右侧转以检查乳腺的不同部位,调整热像仪,对准受检部位,调整焦距,得到清晰的热像图。

4. 疼痛性疾病筛查 可对头痛、神经痛、关节疼痛、颈肩腰腿痛、肢体疼痛等疼痛性疾病进行筛查。

如筛查肩痛,受检者进入检查室,脱去上衣,静坐 15~20 分钟,使待查部位温度稳定。受检者端坐在热像仪前 1~1.5m 处,肩部正对摄像镜头,两手后背,突出受检肩部,可左右侧转以检查肩部的不同部位,调整热像仪,对准受检部位,调整焦距,得到清晰的热像图。

5. 炎症预警 可对鼻炎、副鼻窦炎、咽喉炎、甲状腺炎、慢性前列腺炎等全身各部位浅表炎症进行预警。

如预警慢性前列腺炎,受检者面对镜头,站立在距摄像镜头前 1.2m 处,同时暴露下腹及股部上三分之一,调节焦距至荧屏图像显示清晰,待受检者脱衣裤 15 分钟后启动拍摄系统,将图像保存备用。

6. 周围神经血管疾病检查 面瘫、面肌痉挛、三叉神经痛等。由于四肢均受脊神经支配,当某一脊椎的病变(如退行性变、增生、椎间盘突出等)刺激神经根时,该神经的自主神经纤维便发出冲动,造成交感缩血管纤维兴奋性增高,血管收缩,血流量减少,该区域出现"低温"像。当外伤引起神经断裂时,其所支配区域的神经递质不能被回收摄取,作用时间延长,也造成血管的持续性收缩,热像图出现相应的"冷像"。当周围神经发生器质性病变时,导致神经生理结构的不完整性,致神经递质不能合成、释放,神经冲动不能传导,血管处于扩张状态,出现相应区域的"热像",多见于病毒、药物及糖尿病引起的末梢神经炎。

如检查面瘫,受检者清洁脸部,进入检查室,静坐 15~20 分钟,使待查部位温度稳定。受检者端坐在热像仪前 1~1.5m 处,面部正对摄像镜头,调整体位,突出面部,可左右侧转颈部,调整热像仪,对准受检部位,调整焦距,得到清晰的热像图。

【注意事项】

1. 受检者头发需前不盖额、后不遮颈;头发较长者需将其盘起来。

2. 受检者进入检查室,除去待查部位的衣物,为使受检部位的红外辐射稳定,通常除去衣物后 15 分钟才能摄像。在此期间不要用手触压局部,强烈的压迫可能使某一部位长时间处于高温。皮肤表面的敷贴物应除去,以免产生误差。

3. 据病情不同,分设不同摄像体位。

十一、神经肌电图系统

肌电图是用肌电仪记录下来的肌肉生物电图形,对评价肌肉、骨骼的活动具有重要意义。在肌肉放松、产生随意收缩、电刺激支配该肌肉神经时,测得的肌电图呈现出单纯相、混合相和干扰相三种典型的波形,它们与肌肉负荷强度有十分密切的关系。当肌肉轻度负荷时,肌电图出现孤立的、有一定间隔和一定频率的单个低幅运动单位电位,即单纯相;当肌肉中度负荷时,虽然有些区域仍可见到单个运动单位电位,但另一些区域的电位十分密集不能区分，即混合相；当肌肉重度负荷时，肌电图出现不同频率、不同波幅、参差重叠难以区分的高幅电位，即干扰相。肌电图的定量分析比较复杂，必须借助计算机完成（图 1-11）。

【仪器原理】

肌纤维与神经细胞一样，具有很高的兴奋性，属于可兴奋细胞。它们在兴奋时最先出现的反应就是动作电位，即发生兴奋处的细胞膜两侧出现的可传导性电位。肌肉的收缩活动就是细胞兴奋的动作电位沿着细胞膜传导向细胞深部（通过兴奋 - 收缩机制）引起的。

肌纤维安静时只有静息电位，即在未受刺激时细胞膜内外两侧存在的电位差，也称为静息电位或膜电位。静息电位表现为膜内较膜外为负。常规以膜外电位为 0，则膜内电位约为 –90mV。

肌肉或神经细胞受刺激而产生兴奋，兴奋部位的静息电位迅速发生改变，首先是膜电位减小，达某一临界水平时，突然从负变成正的膜电位，然后以几乎

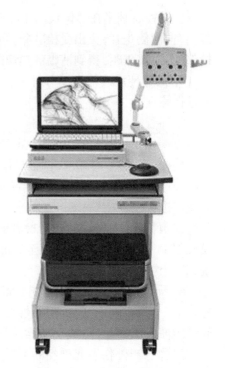

图 1-11 神经肌电图系统

同样迅速的变化，又回到负电位而恢复正常负的静息电位水平。这种兴奋时膜电位的 1 次短促、快速而可逆的倒转变化，便形成动作电位。它总是伴随着兴奋的产生和扩布，是细胞兴奋活动的特征性表现，也是神经冲动的标志。

肌电图测量正是基于上述生物电现象，采用细胞外记录电极，将肌肉兴奋活动的复合动作电位引导到肌电仪上，经过适当地滤波和放大，电位变化的振幅、频率和波形可在记录仪上显示，也可在示波器上显示。

【操作方法】

1. 打开稳压器电源，待电压稳定至 220V 时打开肌电仪进行操作。

2. 操作者要了解受检者的病情及肌电图检查目的，以便选择所要检查的肌肉及检查项目。针电极肌电图检查有一定痛苦，要对受检者详细说明检查方法及意义，以取得配合。

3. 排除肌电图检查的禁忌证（如局部皮肤感染等），操作前要选定所要检查的肌肉，了解其生理功能。同时要求操作者技术熟练，熟知仪器性能，以免造成肌纤维损害及不必要的痛苦。

4. 如需使用针电极，使用前要经过高压消毒，或使用一次性针电极，检查前对局部皮肤用酒精消毒。先将针电极刺入皮肤，插入受检肌肉内部，观察插入电位和自发电位，接着记录肌肉轻用力收缩时的运动单位电位，最后观察重用力收缩时的募集电位。检查结束后拔出电极，用棉球按压局部止血。

5. 操作结束后先关肌电仪，再关稳压器电源。

【临床应用】

适用于肌电、神经传导速度、体感诱发电位的检测。

1. 正中神经

（1）运动检测方法：较为常用且容易操作的刺激部位包括：①掌中部；②腕（最远端腕横纹上方约1cm处，桡侧腕屈肌腱与掌长肌腱之间）；③肘（肘皱褶线，肱二头肌腱和肱动脉内侧）；④腋部。也可在Erb点刺激。最常用的记录部位是拇短展肌。手背接地。一般用表面电极刺激，记录M波时最好用表面电极，必要时用针电极。

（2）感觉检测方法：逆向法检测时，用表面电极刺激和记录。一般在掌长肌腱和桡侧腕屈肌腱之间、腕皱褶线上方刺激正中神经（混合神经），用指环电极于拇指、示指或中指记录。将记录的活动电极置于近指间关节，参考电极置于远侧。

2. 尺神经

（1）运动检测方法：一般采用表面电极，常用的刺激部位包括：①腕部（紧靠尺侧腕屈肌内或外侧、腕皱褶处）；②肘部尺神经沟稍上方；③肘下（尺神经沟远侧约3cm处）；④肘上；⑤腋部。也可于Erb点刺激。可用表面电极或针电极于小指展肌记录，活动电极置于肌腹，参考电极置于第5掌指关节处。检测尺神经深支时，可于第1骨间背侧肌记录。手背接地。

（2）感觉检测方法：逆向法检测时，表面电极于腕部刺激，指环电极于小指记录。活动电极置于近指间关节，参考电极置于远侧。手背接地。

3. 桡神经

运动检测方法：可用表面电极在前臂（记录电极近侧8cm处）及上臂外侧（肱骨外上近端6~10cm处）刺激，也可在桡神经沟、腋部及Erb点处刺激。用针电极或表面电极在桡神经支配的肌肉记录。较常选择的肌肉包括示指固有伸肌、指总伸肌、肱三头肌、肱桡肌及肘肌等。接地电极置于刺激电极与记录电极之间。一般用表面电极刺激。记录时，可采用逆向法，于虎口处安放接收电极，在接收电极正极向前臂10cm及14cm处刺激。

4. 肌皮神经

运动检测方法：表面电极在Erb点刺激，接地电极置于肩峰或上臂，记录电极置于肱二头肌，活动电极置于肌肉中段最突出处，参考电极置于肱二头肌腱。记录运动反应时可用针电极，也可用表面电极。

5. 腋神经

（1）运动检测方法：运动传导检测时，用表面电极在Erb点刺激，接地电极置于肩峰或上臂，记录电极置于三角肌，活动电极置于肌肉中段最突出处，参考电极置于三角肌止点。记录运动反应时可用针电极，也可用表面电极。

（2）感觉检测方法：记录腋神经感觉电位时，可采用近神经记录法。

6. 面神经

运动检测方法：可在耳垂下、前、后刺激面神经，记录电极可置于鼻肌、眼轮匝肌、口轮匝肌、额肌等处。

7. 前臂内侧皮神经

感觉检测方法：采用逆向法检测时，表面电极在肱动脉内侧、肱骨内上髁上方4~5cm处刺激，于内上髁下方7~8cm处放置活动记录电极即可。

8. 前臂后皮神经

感觉检测方法：采用逆向法检测时，表面电极在外上髁正上方、肱二头肌和肱三头肌之间刺激，于刺激点到腕之间前臂后皮神经走行的某一点记录，即从刺激点到腕背面尺骨茎突、桡骨茎突连线的中点。接地电极置于刺激电极与记录电极之间。

9. 肋间神经

运动检测方法：运动传导检测时，可在近端部位刺激（紧靠棘旁肌外侧），也可在远侧刺激（同一肋间隙水平肋缘后 6cm 处）。于腹直肌记录。T_7：剑突或其上 1cm 处；T_8：剑突下 1~3cm；T_9：脐上 2~5cm；T_{10}：脐下 3cm；T_{11}：脐与耻骨联合之间的中点。

10. 股外侧皮神经

感觉检测方法：股外侧皮神经为纯感觉神经，采用逆向法检测时。表面电极置于腹股沟韧带之上，刺激髂前上棘内侧 1cm 处；或者表面电极置于腹股沟韧带之下，刺激缝匠肌起点处。于髂前上棘与髌骨外缘连线上的某一点用表面电极记录。活动电极置于髂前上棘下方 16cm 处，参考电极置于活动电极远侧 3cm 处。

11. 股神经

运动检测方法：表面电极或针电极刺激股动脉外侧、腹股沟上或下。表面电极或针电极于股内侧肌记录，参考电极置于髌骨上缘。

12. 隐神经

感觉检测方法：隐神经为纯感觉神经，采用逆向法检测，膝关节轻度屈曲时，用表面电极在其内侧面刺激，刺激点在缝匠肌和股薄肌腱之间，髌骨下缘上方约 1cm 处。表面电极记录，从刺激点至胫骨内侧缘画一 15cm 长的直线，将活动电极置于其上某一点，参考电极置于其远侧 3cm 处。刺激电极与记录电极之间放置接地电极。

13. 坐骨神经

运动检测方法：可用较长的单极针，插入腘窝顶正上方与臀皱褶线交点处，刺激坐骨神经；也可在腘窝处，用表面电极刺激腓神经或胫神经。于腓神经支配的远侧肌肉（如趾短伸肌），或胫神经支配的肌肉（如姆展肌）记录。坐骨神经位置较深，其感觉电位较难测定，但也可通过针电极近神经记录。

14. 腓总神经

运动检测方法：可在多个部位刺激。①远侧部位：在踝部于趾长伸肌和姆长伸肌腱之间刺激。②近侧部位：在膝部于腓骨头后上方刺激。③如果怀疑病变部位在腓骨头，还应在腓骨头远侧及腘窝处刺激。一般采用表面电极刺激和记录。活动电极置于趾短伸肌，参考电极置于肌腱。

15. 胫神经

（1）运动检测方法：可采用表面电极刺激和记录。刺激部位可选取神经走行中的多个点，最常用的是内踝上、后方及腘窝（稍偏外侧）。记录电极置于姆展肌或小趾展肌等处。

（2）感觉检测方法：采用逆向法检测，用表面电极刺激和记录，也可采用针电极近神经记录。环状电极置于第 1 趾或第 5 趾记录，于内踝后、屈肌支持带上方及腘窝接收。

16. 腓肠神经

感觉检测方法：腓肠神经为纯感觉神经，逆向法检测时，表面电极刺激腓肠肌肌腹下缘稍下方,约在小腿中下 1/3 正中线外侧(外踝上方 10~16cm)。表面电极记录,活动电极置于外踝与跟腱之间、踝水平,参考电极置于其远侧3cm处。

【注意事项】

1. 肌电图检查

(1)检查前要了解受检者有无出血倾向,如患血友病或血小板明显减少($< 20 \times 10^9/L$),或出血凝血时间不正常,应避免使用针电极测定,可用表面电极测定神经传导速度(NCV)。

(2)植入起搏器或有心脏瓣膜病者,应避免用针电极检查,以免出现一过性菌血症而导致心内膜炎。

(3)已接受肌电图检查的肌肉不能同时进行肌肉活检,因针电极肌电图检查可能导致 19 天"针刺性疾病"。

(4)成人做肌电图检查前应先洗澡、进食,避免因疼痛而发生不适,如晕针等。如既往有晕针史,则不能进行针电极肌电图检查。幼儿做肌电图检查前,不宜进食,以免因哭闹造成呕吐。

(5)测定血中肌酶最好在肌电图检查前进行。有学者研究发现,在肌电图检查 2 小时后进行肌酶测定,肌酸激酶没有上升到异常水平,但在 6 小时后,有比测定前基数上升 1.5 倍的情况,在 48 小时后可恢复正常。

(6)乙型肝炎患者不使用针电极测定。

(7)严重冠心病患者不宜用针电极测定,因为疼痛刺激可引起心绞痛发作。对一些病情较轻的冠心病患者,行肌电图检查前一定要向其充分说明,检查过程中及时询问患者的感受,如有心慌等不适,应立即停止检查。

(8)有外伤史者,需 2 周后进行检查,以确保检查的准确性。

2. NCV 测定 检测前必须向受检者说明该项检查需要一定的电流刺激,以免引起不必要的紧张,不利于检查正常进行。

(1)严重的冠心病患者不能进行 NCV 测定,以免诱发心绞痛、心肌梗死等。

(2)由于各种疾病引起的水肿会影响 NCV 测定的准确性,应注意。

(3)温度每改变 1℃,神经传导速度随之改变 1.2~2.4m/s,因此室内温度需保持恒定,皮肤温度不应低于30℃。

(4)面神经 NCV 测定前嘱受检者面部勿涂抹护肤品等。

(5)重复刺激测定前需停服新斯的明类药物。

第二章 针 灸 设 备

一、佩带式电子经穴治疗仪

佩带式电子经穴治疗仪,别称癫痫治疗仪,是一种医疗器械。该治疗仪用于符合西医诊断标准和中医辨证要点的由各种原因引起的以突然昏倒、不省人事、四肢抽搐、口角歪斜、口吐白沫、牙关紧闭、双目直视、头痛、神呆等症状为主的癫痫治疗,以及内、外、妇、儿、骨伤、神经等科多种疾病的治疗(图2-1)。

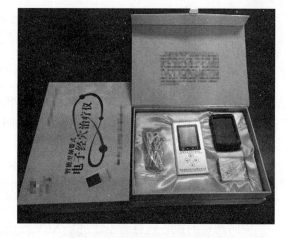

图2-1　佩带式电子经穴治疗仪

【仪器原理】

佩带式电子经穴治疗仪是通过对迷走神经分布区和督脉相关经络穴位长期间断性刺激,达到疏通脑络、抗痫止痉的作用。在优化作用点的前提下选择特异性穴位,治疗信号通过低频脉冲来实现。

【操作方法】

1. 接通电源,使用220V交流电源,注意必须使用带可靠接地线的单相三线制插头座。

2. 将强度按钮调到所要治疗部位的档次(1:头面;2:上肢;3:下肢;4:躯干;5:瘫Ⅰ;6:瘫Ⅱ;7:瘫Ⅲ)。

3. 将除强度开关以外的所有按钮置于初始的"0"位。

4. 根据病症,选择治疗所需的穴位,将用清水浸透的棉垫电极置于准确定位的穴位上,并固定好。

5. 将导线插头按极性需要分别插入棉垫电极的电极插孔中。

6. 开始治疗。首先将按钮置于"0"位,然后将输出按钮按下,并逐渐增大"总调"旋钮,患者经穴部有捶击感,逐渐增大至患者耐受量的80%,使之适应。

7. 调整"分调"旋钮(顺时针为增强,逆时针为减弱),从而达到同极性各路输出平衡。

8. 实证患者治疗时采用泻法,每 3~5 分钟递增刺激电量。新型导平治疗仪设"自增"装置,并有遥控开关,在电流自增到一定程度、患者自感为最大耐受量时,可利用遥控开关停止自增。如患者还需加大电量,可利用遥控开关将"自增"开关打开。

9. 一般急性病患者每次治疗时间为 20~40 分钟,每日 1~2 次,10 次为一个疗程;慢性病患者每次治疗时间为 30~60 分钟,每日 1 次,20 次为一个疗程。每次治疗结束时,定时器自动提示,先关总调,再关输出,最后将电极全部取下。

10. 清理附件,消毒棉垫,使之处于良好的备用状态。

【临床应用】

佩带式电子经穴治疗仪在临床上应用广泛,可用于治疗内、外、妇、儿、骨伤、神经等科的多种疾病,尤其对符合西医诊断标准和中医辨证要点的由各种原因引起的以突然昏倒、不省人事、四肢抽搐、口角歪斜、口吐白沫、牙关紧闭、双目直视、头痛、神呆等症状为主的癫痫疗效显著。

以治疗癫痫为例。患者取俯卧位,用 75% 酒精棉球分别对选定的两个电极穴位消毒;将事先与导线连接好的电极片按组合使用原则贴在相应的穴位上,其负极贴于人迎穴或天窗穴上,正极贴于大椎穴或身柱穴上。人迎与大椎、天窗与身柱配对组合轮换使用;打开治疗仪开关,将强度按钮调到所要治疗部位的档次。开始治疗,首先将按钮置于"0"位,然后将输出按钮按下,并逐渐增大"总调"旋钮,患者经穴部有捶击感,渐增大至患者耐受量的80%,使之适应。治疗完毕关闭治疗仪开关,将电极片取下贴于离型纸上,以便电极片重复使用。3 个月为一个疗程。

【注意事项】

1. 治疗中有少数患者会出现不适,可停止当前治疗,但不影响日后治疗。

2. 高血压和心脏病较重的患者,不宜做导平治疗;一般心脏病患者不宜在胸前区取穴。

3. 出血性疾病、恶性肿瘤、骨折初期患者和化脓性炎症局部禁止取穴治疗。

4. 高度近视或眼底出血、视网膜脱离患者不能在头部取穴。

5. 各种损伤后的急性期局部不宜取穴,可在病灶周围或远端取穴。

6. 极度虚弱者不应用泻法,用补法时电流不宜过强。

7. 治疗时严禁棉垫滑脱,避免金属电极灼伤皮肤。

二、温热电针综合治疗仪

温热电针综合治疗仪是传统中医针灸结合现代低频脉冲电刺激(代替行针运针)、电加热(代替艾炷加热)的一款温热电针治疗仪,具有温通经脉、行气活血、扶正祛邪的作用,适用于寒盛湿重、经脉壅滞之证,如关节痹痛、皮肤麻木等。温热电针综合治疗仪对肩周炎、腰腿痛、神经痛等有物理治疗效果(图 2-2)。

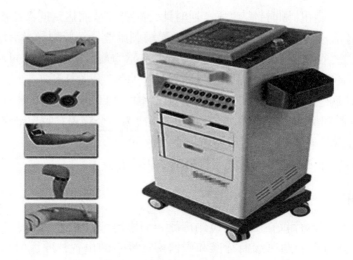

图2-2   温热电针综合治疗仪

【仪器原理】

温热电针仪是由微电脑控制,液晶屏显示,四路脉冲和温针输出,四路无创针灸输出,无创针灸疗法是负压装置,吸附压力连接可调,治疗仪输出的多种波形可针对不同病症自由选取,治疗更高效,治疗仪每路输出脉冲强度可调,具有定时功能,治疗时间可在6~10分钟任意设置,达到设定的治疗时间时,有音乐提示,输出停止,所有通道输出强度自动清零。治疗仪配用导电硅橡胶电极(皮肤电极),达到无损伤治疗的目的。也可配用毫针电极(毫针由医生自备)进行传统电针治疗。

温热电针综合治疗仪在传统中医针灸和艾灸的基础上增加了电疗、热疗、磁疗功能,体现出传统科技与现代科技的完美结合。将无烟艾灸和电针灸、温针灸、温热电针灸及无创针灸疗法完美地融合在一起,不仅节省空间,还能提高工作效率。

【操作方法】

1. 皮肤电极放置于"皮肤"位置上(输出强度大);用毫针电极时必须置于"毫针"位置上(输出强度小)。

2. 将"输出调节"1、2、3、4全部调回"0"。

3. 将"插口转换"置于1、2、3、4,1+2、3+4增强输出插口则无输出。需要增强输出时,将"插口转换"置于1+2、3+4,这时"输出调节"1、2对应输出插口1+2,"输出调节"3、4对应输出插口3+4,1、2、3、4输出插口则无输出。

4. 将"波型选择"置于所需的波形位置上。

5. 将"频率调节"置于所需的频率位置上。

6. 将"定时时间"置于所需的治疗时间位置上。每次治疗时间从黄灯亮时计,到黄灯熄灭为止。

7. 将输出线插进输出插口,插针插进导电硅橡胶电极,用医用粘贴纸或松紧带固定于治疗部位(如果采用毫针电极,则选用带夹输出线)。

8. 将"电源开关"按向"开",这时绿灯亮,表示已接通电源。黄灯亮,表示对应的"输出调节"已调回"0"。如果开机后黄灯不亮,表示对应的"输出调节"未调回"0",输出插口无输出。

9. 缓慢调节对应的"输出调节",以患者感觉合适为宜。

10. 达到预设的治疗时间,绿灯闪烁并发出"嘀"声。先将"输出调节"调回"0",将"电源开关"按向"关",仪器停止工作后再取下电极,收好电极和输出线。指示灯的颜色变化提示不同的工作状态。

(1)绿灯亮,表示电源接通。绿灯闪烁,表示治疗时间到。

(2)红灯亮,表示应更新电池。

(3)黄灯亮,表示开机前"输出调节"已调回"0"。

【临床应用】

温热电针综合治疗仪能够治疗多种疼痛性疾病(如腰腿痛、腹痛、扭伤红肿疼痛等)、颈椎病、腰椎间盘突出、肩周炎、静脉炎、末梢神经炎、关节炎、腹泻、面神经麻痹、中风、半身不遂、高血压,以及神经系统、泌尿系统、内分泌系统疾病,对乳腺增生、乳腺囊性肿瘤及纤维瘤、女性更年期综合征、盆腔感染、痛经等疾病也有显著疗效,亦可用于减肥、美白。

1. 颈椎病　患者取坐位,清洁颈部皮肤。打开治疗仪,所有按钮回归"0"位,将电极放置于局部痛点或相应穴位上(以颈部夹脊穴为主,以风寒为主的疼痛可以结合艾灸的温热作用)并固定,选择对应波形和频率,治疗时间为20~30分钟。治疗过程中密切观察患者的反应,小剂量逐渐增加频率,以防患者突然出现不适。每次治疗要对症分析,以利于炎症的吸收和软组织的修复。5次为一个疗程,可连续治疗2~3个疗程。

2. 腹痛　患者取仰卧位,暴露并清洁腹部皮肤。打开治疗仪,所有按钮回归"0"位,将电极放置于局部痛点或相应穴位上(选取中脘、上脘、双侧天枢、关元、气海、双侧足三里等,以风寒为主的疼痛可以结合艾灸的温热作用)并固定,选择对应波形和频率(虚证频率和波形应和缓),治疗时间为30~50分钟。治疗过程中密切观察患者的反应,小剂量逐渐增加频率,以防患者突然出现不适。10次为一个疗程,可连续治疗4~5个疗程。

3. 腰腿痛　患者取舒适体位,暴露并清洁腰腿部皮肤。打开治疗仪,所有按钮回归"0"位,将电极分别放置于腰部及腿部痛点或相应穴位上(腰部以膀胱经第一侧线为主,腿部选取双侧委中、双侧足三里、双侧三阴交等,以风寒为主的疼痛可以结合艾灸的温热作用)并固定,选择对应波形和频率,治疗时间为20~30分钟。治疗过程中密切观察患者的反应,小剂量逐渐增加频率,以防患者突然出现不适。5次为一个疗程,可连续治疗2~3个疗程。

【注意事项】

1. 携带心脏起搏器、外科植入物、人工心肺者禁用。

2. 妊娠期妇女、无自主行为意识能力者禁用。

3. 严重心脏病患者胸前区、外伤及溃疡皮肤部位禁用。

4. 温针灸时电流不可通过心脏,不可在心脏周围。

5. 保证治疗仪的电源环境安全稳定。

6. 不得在高温、高湿、易燃、失衡、烟尘过量、电磁辐射场所使用治疗仪。

三、多功能电疗综合治疗仪

中医针灸是我国古代医学的精髓,其功效近年得到越来越多国家的认可和临床验证。电针是传统针刺与电刺激技术相结合的产物,已经成为针灸临床常用的治疗设备。药物离子导入疗法是通过直流或脉冲直流电,把药物经皮肤、黏膜或伤口导入人体内,用于治疗疾病的方法。干扰电疗法是通过把2组或3组在某中心频率范围内的电流施加于人体,在人体内叠加产生干扰场的疗法(图2-3)。

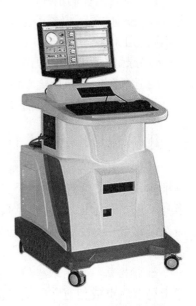

图2-3 多功能电疗综合治疗仪

【仪器原理】

电流对机体的作用主要表现为:改变组织细胞和体液内离子的比例和微量元素的含量,引起体内某些物质(如蛋白质、水等)的分子结构变化,影响各种酶的活性,调节物质代谢,使体内产生生物学高活性物质,增强血液和淋巴液循环,改变生物膜、血管、皮肤、黏膜和其他组织的通透性,引起组织温度改变,调节神经-内分泌功能,加强单核吞噬细胞系统的功能等。

物理因素的共性治疗作用主要表现为:促进神经-内分泌功能障碍的消除,提高机体或某些系统、器官的功能水平,改善组织营养,促进组织修复和再生,提高局部或全身的抵抗力,镇痛作用,消炎、消肿作用,缓解痉挛,脱敏或致敏作用,加强机体的适应功能,加强药物向组织器官内透入等。

【操作方法】

1. 患者取舒适体位,暴露施治部位,冬季应注意保暖。确认输出旋钮归于"0"位,开启电源。

2. 选好电极、衬垫,将衬垫用水浸湿,然后确定电疗方法,金属板不可直接接触皮肤。

3. 缓慢增加电流,至患者最大耐受量为止。

4. 治疗中根据患者适应程度,可逐渐增减电流强度,至患者耐受量。

5. 治疗完毕,缓慢将电流降至0,关闭电源,取下电极板,整理设备,摆放整齐,擦拭干净,备用。

【临床应用】

1. 适应证

(1)低频电疗法:主要用于治疗各种原因引起的急、慢性疼痛,包括头痛、神经痛、关节痛、术后疼痛、癌性疼痛等;改善外周血液循环;促进渗出物吸收;锻炼骨骼肌,常用于治疗较表浅的神经痛(如枕大神经痛、三叉神经痛);治疗颞颌关节紊乱症、网球肘、狭窄性腱鞘炎、中心性浆液性脉络膜视网膜病变等。低频电疗法的应用频率在50~100Hz之间。

(2)中频电疗法:常用于治疗各种软组织损伤、肩周炎、关节痛、肌肉痛、神经痛、局部血液循环障碍、失用性肌萎缩、胃下垂等;锻炼失神经肌肉;软化瘢痕和松解粘连,临床常用于各类瘢痕、肠粘连、声带小结等的治疗。中频电疗法的应用频率为1 000~100 000Hz。

(3)高频电疗法:常用于治疗全身各系统、器官的炎症,对急性、亚急性炎症效果较好,特别是对化脓性炎症疗效显著;也可用于各种创伤、创口及溃疡;对急性、亚急性肾小球肾炎及急性肾衰竭引起的少尿、无尿疗效显著;用于血管、运动神经及自主神经功能紊乱的疾病,如高血压、血栓闭塞性脉管炎、雷诺病等;疼痛性疾病,如神经痛、肌痛等。高频电疗法的应用频率＞100 000Hz。

2. 应用举例

(1)疼痛:患者取舒适体位,暴露施治部位,冬季应注意保暖。治疗过程中注意观察患者反应,如有不适,立即停止治疗。5次为一个疗程,每次20~30分钟,可连续治疗2~3个疗程。

(2)胃下垂:患者取仰卧位,暴露腹部及小腿。取穴:以足阳明胃经穴位为主,头部取百会、腹部取中脘、上脘、双侧天枢、关元、气海、双侧足三里、双侧三阴交。也可采取中药离子导入或灸疗法。中频电疗法的应用频率为1 000~100 000Hz。治疗过程中注意观察患者反应,如有不适,立即停止治疗。10次为一个疗程,每次30~50分钟,可连续治疗2~3个疗程。

(3)创口:患者取舒适体位,暴露施治部位,冬季应注意保暖。需要注意的是,衬垫不要直接接触伤口,衬垫的位置根据伤口破溃的大小及程度而定。5次为一个疗程,每次15~20分钟,治疗至创口愈合。

【注意事项】

1. 治疗前应检查机器、电极、衬垫、导线是否完好,是否能正常运转。

2. 电极板应均匀接触皮肤。

3. 两电极间无电阻时不可相接触,以防短路。

4. 对烧伤瘢痕,电极板可放在瘢痕两侧。

5. 如治疗部位有皮肤破损,应避开或处理后进行治疗。

6. 告知患者治疗过程中应有的感觉,如出现灼痛等不适情况,要及时告知工作人员,立即减小电流或停止治疗。

四、多功能艾灸仪

多功能艾灸仪在保持传统艾灸使用艾绒的基础上,消除了艾灸燃烧冒烟污染环境、操作不便、效率低下等弊端,通过电子加热和磁疗作用,充分利用艾绒的有机成分,可同时对多个穴位施灸。经20余年国内外大量临床实践证明,其可完全替代艾炷灸、艾条灸,并可实施隔姜灸、隔蒜灸、隔盐灸、隔附子饼灸及温针灸、发泡灸、化脓灸等(图2-4)。

图2-4 多功能艾灸仪

【仪器原理】

主要应用磁疗方法、微电子、计算机技术，以不燃烧为特点，直接或间接作用于穴位，以达到治疗保健的目的。多功能艾灸仪将用艾绒制备成专用的艾炷或艾饼，安置在具有发热元件及磁化装置的艾腔中，将灸头用可调整松紧的缚带固定在施灸穴位上，当专用艾炷或艾饼被加热后，患者的皮肤同时被加热，毛孔舒张，使艾绒的有效成分迅速通过穴位经络，从而达到治疗和保健的目的，磁疗起到催化剂的作用。

【操作方法】

1. 艾灸仪内部程序　内部程序已经设定工作时间为30分钟，灸头温度为45℃，若其符合要求，只需按启动键，艾灸仪即可正常工作。

2. 艾灸仪时间调整　艾灸仪工作时面板显示实时的时间。首先按"设置"键将面板显示切换到设置状态，然后按"时间调整"键，增加或减少，每按1次键调整时间间隔为10分钟。最后按"设置"键返回实时显示状态。

3. 艾灸仪温度调整　艾灸仪处于实时显示状态时，首先按"设置"键将面板显示切换到设置状态，然后按"路数切换"键，切换到需要调整温度灸头那路，然后按"温度调整"键调到所需要的温度，最后按"设置"键返回实时显示状态。

4. 查看各路温度显示　若艾灸仪处于实时显示状态，按"路数切换"键，此时温度显示此路的实时温度数值。若处于设置显示状态，按"路数切换"键，此时温度显示此路的设置温度数值。

【临床应用】

可用于疼痛性病症，如颈椎病、腰椎间盘突出、肩周炎、静脉炎、末梢神经炎、关节炎、腰腿痛、腹痛、扭伤红肿疼痛；内科病证，如感冒、头痛、失眠、痢疾、流行性腹泻、慢性支气管炎、高血压；皮肤病证，如带状疱疹、白癜风、斑秃、银屑病、冻疮、神经性皮炎、寻常疣、黄褐斑、腋臭、鸡眼等；儿科病证，如脑积水、流行性腮腺炎、婴幼儿腹泻、小儿厌食症、小儿遗尿症等；五官科病证，如近视、麦粒肿、开角型青光眼、老年性白内障、过敏性鼻炎；妇产科病证，如子宫脱垂、习惯性流产、外阴白斑、胎位不正、功能失调性子宫出血等。

1. 产后尿潴留　针刺治疗，选取远端穴位阴陵泉（双侧）、三阴交（双侧）、足三里（双侧）。每日1次，每次留针30分钟。配合艾灸，使用多功能艾灸仪，选用4个电极分别置于气海、关元、中极及双侧水道穴。治疗时间30分钟，温度调至45℃。每日1次，共治疗2次。使用多功能艾灸仪艾灸，温度可调，避免烫伤，且无烟环保，疗效确切，产妇易于接受。

2. 寒湿腰腿痛　取环跳、委中、大肠俞、承扶、承山、三阴交、足三里、阳陵泉、丘墟、悬钟、风市、腰阳关、膈俞、局部阿是穴，对患处进行温灸治疗，预热2分钟后，艾灸仪距离患处 5~10cm，每次 20~30 分钟，以患者自觉温热为宜。连续治疗 2 周。

3. 高血压　采用苯磺酸氨氯地平片＋艾灸仪艾灸的治疗方案，在常规口服苯磺酸氨氯地平片 5mg（每日 1 次）的基础上加用艾灸仪治疗。以关元、双侧涌泉、百会、双侧足三里和内关为主穴；选用配套的艾绒材料，每次应用艾灸仪治疗时要调整其温度指标，保证温度不高于 50℃、不低于 40℃。每天上午治疗 1 次，每次治疗半小时左右。共治疗 4 周。可根据病情或人体不同部位的耐受程度，调节施灸温度，进行温和灸和发泡灸；而且可以同时对多个穴位施灸，节省人力物力。

4. 原发性痛经　将艾叶 3g、巴戟天 3g、没药 3g、赤芍 6g、五灵脂 3g、蒲黄 9g、延胡索 6g、川芎 6g、当归 9g、小茴香 3g、肉桂 3g、干姜 1g 碾成粉末，以黄酒搅拌成糊状，制成厚 0.5cm、直径 3cm 的药饼。患者取俯卧位，取子宫、三阴交、中极、关元穴，将药饼放在所选穴位上，以多功能艾灸仪进行隔药饼灸，并结合具体情况，调整艾灸仪的温度，每次艾灸 30 分钟，连续治疗 3 个月经周期。可有效改善病情，缓解疼痛，且安全性高。

5. 胃脘痛　胃脘痛证候可分为寒邪客胃、饮食伤胃、肝气犯胃、湿热中阻、瘀血停胃、胃阴亏耗及脾胃虚寒。治疗时，可以取足三里、合谷和内关进行隔姜灸，此三穴适用于胃脘痛所有证型。准备好艾灸仪，将艾绒置于艾腔中。患者取仰卧位，将生姜横切成厚度约 2mm 的姜片，在姜片上用细针扎 10 余个小孔后平铺于施灸穴位，将灸头放置于姜片上并用缚带固定，以患者感觉不到压迫感为宜，加热艾腔进行隔姜灸。温度控制在 30~50℃，以患者可耐受为宜。每次 30 分钟，每天 1 次。隔姜灸有通经活络、理气止痛之效，有助于减轻痛感。需要注意的是，多功能艾灸仪不适用于阴虚体质、热性体质、生理期女性、高热患者及身体肿痛者。此外，艾灸时需注意避风、不可过饥过饱，艾灸后不饮冷水、不洗冷水澡，需多喝温开水。

6. 血液透析患者动静脉内瘘　因不可避免的医疗活动所产生的动静脉内瘘，可以通过中医外治法缓解甚至治疗，无痛苦，无副作用。多功能艾灸仪利用电磁技术温和发热，能改善局部血液循环，并缓解血管痉挛，降低肌张力，促进组织修复与再生。同时，结合热疗对改善内瘘血流量、促进其发育成熟也有较好作用。

7. 肿瘤化疗胃肠反应　取穴：神阙、关元、足三里、中脘、天枢、大肠俞。使用多功能艾灸仪，每日灸神阙、足三里、中脘各 1 次，每次 30~40 分钟；伴腹泻者加关元、天枢、大肠俞。症状改善后，治疗时间改为每次 30 分钟，施灸温度 40~45℃。

8. 周围性面瘫　取穴：阳白、颊车、翳风、合谷。患者取仰卧位或坐位，可用连续灸，温度 40℃，时间 30 分钟，每日 1 次，7 次为一个疗程，一般治疗 2~5 个疗程。如在 2 个疗程内治愈者，继续巩固治疗 2 个疗程；如 5 个疗程后仍未治愈，则停止观察。多功能艾灸仪是一种将艾灸原理与现代电子技术和磁疗方法相结合的新型治疗仪，既可调节面部局部经气血脉，又可调节经脉气血，使之充和条达，经筋得养，面瘫自复。取阳白、颊车、翳风等穴，疏调局部经气，温经散寒，濡润筋肉；循经远取合谷，亦有"面口合谷收"之意。

9. 膝骨关节炎　患者取坐位，患侧膝关节屈曲 90°。取血海、梁丘，垂直进针，针刺深度 1~1.5 寸。用 3 寸毫针，针尖向膝关节中心刺入内外膝眼 2~2.5 寸。得气后捻转，以酸胀感传到膝关节深部为度。留针并安置艾灸仪灸头。先将 4 个圆形艾袋用三棱针从中心通开一小孔，将每个艾袋经此孔穿过各针针柄，放置于皮肤上。再将 4 个艾灸仪灸头从灸头中心的温针孔穿过针柄，放置于艾垫之上。每个灸头用 1cm×20cm 长条形胶布 2 条交叉固定。设定每个灸头的温度，以患者感觉舒适温热为度，留置 30 分钟。其间可捻转针柄行针 2 次。

治疗结束先除去胶布、灸头及艾垫,再行取针。

10. 失眠 取穴:百会、关元、神门、安眠、三阴交。将专用艾炷放入多功能艾灸仪灸头内,固定在穴位上,仪器直接设置为温灸,接通电源,启动开关,可根据患者耐受情况调节温度,灸后以穴处潮红、微痒、有蚁行感为宜。每日 1 次,每次 30 分钟,10 日为一个疗程。连续治疗 3 个疗程。

【注意事项】

1. 施灸时要思想集中,不要分散注意力,以免艾炷偏离穴位。对于养生保健灸,则要长期坚持,偶尔灸是不能收到预期效果的。

2. 体位一方面要适合艾灸的需要,另一方面要注意体位舒适、自然。根据处方准确定位施灸部位和穴位,以保证艾灸的效果。

3. 因施灸时需暴露部分体表部位,故在冬季要保暖,在夏季高温时要防中暑。

4. 化脓灸或施灸不当局部烫伤可能起疱,产生灸疮,切忌刺破,避免感染。如已经破溃感染,要及时使用抗生素。

5. 掌握施灸的程序,遵循先上后下、先阳后阴的灸治顺序。如果上下前后都要取穴,应先灸阳经后灸阴经,先灸上部再灸下部。也就是先背部后胸腹,先头身后四肢,依次进行。若不按顺序后灸头面,往往施灸后有面热、咽干、口燥等不适,即使无此反应,也应当按顺序施灸。

6. 注意施灸的时间。一些病证有特定的施灸时间,如失眠要在临睡前施灸。不要空腹和饭后立即施灸。

7. 要循序渐进,初次使用灸法要注意刺激量。先少量、小剂量,如用小艾炷,或施灸时间短一些、壮数少一些,以后再增加剂量。不要一开始就大剂量施灸。

8. 防止晕灸。晕灸不多见,其表现为头晕、眼花、恶心、面色苍白、心慌、汗出等,甚至晕倒。

五、导平治疗仪

导平治疗仪是根据中医经络和阴阳学说,结合现代生物电子运动平衡理论,利用最新的电子技术研制成功的高科技中医现代化治疗设备。

"导平"是由谢氏兄弟在 20 世纪 70 年代提出的,以后逐渐被人们认识、接受和运用。"导平"原是"生物电子激导平衡疗法"的简称,是使用数千伏超高电压的脉冲电流,直接对机体中运行的生物电进行激励导活,从而达到通调经脉、平衡阴阳、治愈疾病的目的。谢氏经络导平疗法自发明创造以来,在 30 年的临床实践中,形成了一整套具有理论指导、科学诊断和有效治疗三位一体的导平医疗体系(图 2-5)。

【仪器原理】

1. 工作原理 导平治疗是一种现代医疗方法的简称,其全称是"生物电子激导平衡疗法",利用严格受控的超高压电脉冲,代替针灸、推拿等机械能刺激作用于人体经穴,根据不

图2-5　导平治疗仪

同病情分别采用20种特创的平衡疗法,对相关经穴分别激活导通,形成超强电流回路,促使机体病理经络的生物电由不平衡向平衡转化,从而使一些疑难病症和顽固性常见病痊愈或好转。

2. 中医学原理　导平治疗仪根据中医平衡阴阳的原则,将针灸、推拿和理疗三者治疗原理相结合,起到较好的止痛效果。人体各种外患内疾,无不与经络气血失于畅通有关,故以疏通经络、调理气血、平衡阴阳而治愈疾病。导平治疗仪利用低频高压电代替毫针的机械刺激,通过刺激腧穴,达到疏通经络、调和气血、平衡阴阳的效果。

3. 西医学原理　穴位刺激可对机体多系统和多功能同时产生影响,是一种综合的整体调节,使机体阴阳气血在整体水平上达到平衡。导平治疗仪通过刺激使神经末梢冲动加强,影响细胞膜的通透性、酶的活性及核糖核酸的合成,改善局部血液循环及营养状况,消除或减轻炎症和水肿,激活内源性镇痛物质的释放,消除致痛类物质,故止痛疗效确切。另外,对穴位的刺激可使神经末梢释放化学介质(如缓激肽、5-羟色胺、乙酰胆碱等),免疫物质增多,从而达到消炎止痛目的。

【操作方法】

1. 选定治疗穴位。

2. 连接湿导电棉球在选定的穴位上,用扎带将导电棉球扎紧固定。

3. 调整各项参数,连接电源开始治疗。

【临床应用】

1. 使用功能

(1)导平针灸:用导电电极代替针刺,采用2.5Hz或60Hz频率,对有关经穴通电治疗。适用于常见病及多种疑难病症。

(2)导平推拿:用导平推拿器代替手工推拿,采用10Hz频率,通电动态定面治疗。针对一些病灶面积较大或活动游移不定,而导平针灸定点治疗无效的病例,以及满足增长萎缩肌肉、消除挛缩瘢痕、纠正机体畸形和减肥、美容等特殊治疗目的。

2. 适应证

(1)神经系统疾病:小儿脑性瘫痪、偏瘫、截瘫、脊髓灰质炎后遗症、周围神经损伤(面瘫、臂丛神经损伤、坐骨神经损伤、胫腓神经损伤）、脑发育不良、神经发育迟滞、语言发育迟缓、小儿多动症、失眠等。

（2）运动系统疾病：颈椎病、椎间盘突出、坐骨神经痛、风湿性关节炎及多种疼痛等。

（3）消化系统疾病：慢性腹泻、便秘等。

3. 应用举例

（1）带状疱疹：以患侧太冲、阳陵泉为主穴；肝胆湿热配蠡沟、昆仑，脾虚湿滞配三阴交、足三里、血海。患者取侧卧位，先将电极棉垫用清水浸湿，用束带绑缚于患侧所取穴位，以电极棉垫不脱落、患者不觉紧束感为宜。输出用脉冲电，频率为 10Hz，以局部出现麻胀、震动感为度，能沿经络走行传导者效果更佳。每隔 3 分钟自动增加输出功率至原量的 1 倍，每次治疗 30 分钟，每日 1 次，10 次为一个疗程。

（2）产后尿潴留：向产妇解释说明操作的优点、功效，消除紧张心理，取得其配合。用生理盐水棉球擦拭皮肤，用扎带将导电电极片固定在所选穴位上，使其与皮肤紧密接触，专用导线插入仪器输出孔内，另一端按主穴、配穴分别连接仪器输出端口及电极片孔，原则上主穴接治疗机左侧的负极，配穴接右侧的正极。主穴取脾俞、肾俞、三焦俞、膀胱俞、中极、关元，配穴取三阴交、阴陵泉、足三里、气海、大巨、水道。接通电源，选用频率 10Hz，由低到高逐渐增大电流刺激强度，以腹内有热力渗透、抽动感及患者能耐受为度。为平衡各穴，根据个体差异，分别调整各穴位脉冲电压强度，原则上负极必须大于正极，若感觉正极大于负极时，增加配穴以达到平衡，可选曲骨、秩边等。每次 20~30 分钟，每日 2 次，至患者能自主排尿时停止治疗。

（3）面神经麻痹：设定治疗电流强度、电量大小，以患者能耐受为度。在患侧面部采用频率为 10Hz 的电流先行导推治疗 20 分钟，其电极为负极，配穴取合谷（双）、曲池（双），配穴电极为正极，采用直径为 1cm 的湿棉垫。导推结束后，取患侧太阳、下关，采用频率为 2.5Hz 的电流进行导平治疗 20 分钟，其电极为负极，采用直径为 0.5~1cm 的湿棉垫，配穴不变，每日 1 次，每周 6 次，12 次为一个疗程，疗程间休息 3 日。

（4）颈椎病：先用导推器在疼痛部位导推 10~15 分钟，采用揉、揉、移、压的方法，使用 10Hz 频率进行动态定面治疗，准确找出痛点，即阿是穴，将选定的穴位用扎带缚紧，与导平治疗仪输出脉冲的一个极性端连接，治疗穴接负极，配穴接正极，调整导平治疗仪强度为 02，频率为 2Hz，时间为 20~30 分钟，对穴位通电定点治疗。调整输出量，直至患者能耐受的最大限度，一般为 30~60 级。在治疗过程中可选择自增功能，每 24 秒增加一级输出量，最大可增至 99 级，最后 5~10 分钟选择 60Hz 放松肌肉，促进血液循环。

（5）过敏性鼻炎：主穴为肺俞，配穴为大椎、脾俞（双）或肾俞（双），兼肾虚者配肾俞（双），兼脾虚者配脾俞（双）。将电极片紧贴在穴位上，电极插头分极性插入导平治疗仪输出插孔，主穴电极插入负极孔，配穴电极插入正极孔，通电后调节各经穴分调，然后逐渐增加输出刺激量，保持最大耐受量刺激。每次调节平衡后持续通电 30 分钟，每日 1 次，10 次为一个疗程，治疗 2 个疗程，疗程间隔 3 日。

（6）小儿遗尿：在一般行为治疗（即睡前控制饮水，按时睡眠及进行膀胱功能锻炼）和心理治疗（主要是教育和鼓励患儿，建立克服遗尿的信心和勇气，消除紧张、恐惧、自卑情绪）的基础上加用导平治疗仪治疗。按照中医理论选穴，通过辨经测平后，辨证求因，分型取穴。若属肾阳不足，膀胱气化无权而遗尿，则主穴取足太阳膀胱经之肾俞穴（双）；若属素体虚弱，下元虚寒，闭藏失职而遗尿，则主穴取任脉之关元穴。配穴一般取三阴交（双）、足三里(双)。治疗频率根据患儿肢体反应强度选择 2.5Hz 或 10Hz,刺激强度以患儿能耐受为度,每次 20 分钟,每日 1 次,10 次为一个疗程。

(7)抽动症:根据病情、部位选定治疗穴位,连接湿导电棉球在选定的穴位上,用扎带将导电棉球扎紧固定,调整各项参数,以患儿能耐受为度。注意配合心理干预,抽动症患儿心理较其他同龄儿童敏感,避免埋怨责怪,及时给予表扬和鼓励,加强心理支持,鼓励其融入同龄人中。

【注意事项】

1. 在严格遵循操作程序的前提下,约有 0.01%~0.02% 的患者出现晕针样神经性休克现象,一般停止治疗静歇片刻、饮用适量温水即可恢复正常,通常不影响以后的治疗。

2. 对高血压和心脏病患者,不宜采用导平方法治疗;对一般心脏病患者,忌取心前区腧穴。

3. 对出血性疾病、恶性肿瘤、骨折初期及化脓急性期,局部禁止取穴。

4. 高度近视或有视网膜脱离风险者禁在头部取穴。

5. 对开放性软组织损伤无明显活动性出血者,局部可选作主穴;急性期不宜在损伤局部肌肉上取穴,可按对应配穴法远端取穴。

6. 对极度虚衰者,宜用补法,但刺激不宜过强。

7. 慢性病患者一般每天治疗 1 次,每周 6 次,每次 30~60 分钟,20 次为一个疗程。若间断治疗,疗效会明显下降,某些疑难病症需坚持治疗数疗程。

8. 急性病患者可每天治疗 1~2 次,每次 30~60 分钟。

9. 慎用于皮肤破损处,应及时更换电极。

六、经络导平治疗仪

经络导平治疗技术与方法萌发于 20 世纪 70 年代初期,其机理源于中医经络腧穴学,渗入现代人体生物电学的相对平衡理论,通过测试经络生物电流的失衡度和虚实度,探知脏腑的微观变化,从而为中医辨证论治提供一系列直观的科学依据。经络测平治疗慢性病、疑难病、疼痛之所以能取得较为理想的效果,其关键在于高电压、低电流、超低频率的导向性脉冲电,对病理经络的高能量疏导,既消除了病理脏腑细胞内自由基的集聚,同时有效补偿其代谢功能、增加其活力,平衡阴阳,还其固本之能。经络导平的生物电相对平衡理论,与中医的"阴平阳秘"、西医的"内分泌调衡"在根本上是一致的,经络导平治疗技术的开展与推广,为中医针灸、推拿、导引拓展了一个崭新的领域,全国三千多所医疗单位二十余年的的临床疗效证实了该项诊疗技术为祖国传统医学注入了生命力(图 2-6)。

【仪器原理】

1. **基本原理** 直流脉冲电对人体具有电离、电解、电泳、电渗等作用,体内的微量蛋白质变性分解引起释放组胺、血管活性肽等物质,使内皮细胞间隙加宽,血管通透性增加。由于电泳、电渗的结果,在阴极下,组织水分增多,蛋白质颗粒分散,密度降低,使细胞膜变疏

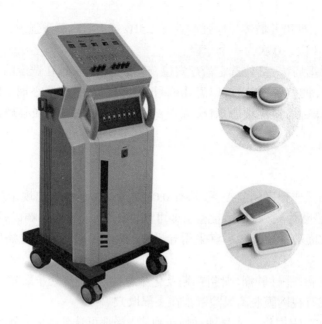

图2-6　经络导平治疗仪

松,通透性增高,血液黏度降低,血液循环加快。在直流脉冲电的作用下,人体产生脑啡肽等物质,具有强烈的镇痛作用。此外,直流脉冲电具有兴奋作用,能提高神经肌肉的紧张度。利用阳极的脱水作用,消除组织炎症水肿。同时能进行药物离子导入治疗。

2.中医原理　直流脉冲电具有疏导经络、调理气血、平衡阴阳的作用,可采用与传统针灸治疗相同的配穴方法,但不同之处在于不用针、无创伤、无痛苦。直流脉冲电的单向性具有定向疏导经络的作用,超强的电压(峰峰值3 000Vp-p),远远超过针灸的刺激量,疗效大幅提高,通过刺激经络、穴位,对人体病理经络中的生物电流进行强制性疏导,使经络的电子运动恢复平衡状态。独特的自增设计,克服了人体的惰性,始终保持对人体的超强刺激量。

3.作用方法　主要包括2种。

(1)针灸导平:利用导电片代替针刺,使用2.5Hz慢频进行静态定点穴位治疗。

(2)推拿导平:用导电推拿手套代替人手进行生物电子推拿,进行动态定面治疗。

【操作方法】

1.打开电源开关,电源灯亮。LED数码分别显示定时时间、频率、强度。

2.设置治疗时间与治疗频率。

开机默认定时时间为3分钟。按"定时"键,步长1分钟,按住按键,步长5分钟。开始治疗后倒数。

按动"频率"键,在2.5Hz/10Hz/60Hz间切换,其中10Hz是10Hz/2.5Hz交替,一般导平针灸常用2.5Hz,导平推拿及输气用10Hz。

调节强度,控制治疗仪总输出脉冲电压。开机时,强度显示为"000",仪器无输出。按"强度调节"键,使强度显示数值增加,输出强度(脉冲电压)相应增加。短按该键,强度增加,步长1级(显示1个字);长按该键,强度增(减)步长为5级(显示5个字)。一旦治疗仪开始工作,定时器同时开始倒数计时并锁闭定时预选。开始治疗时,调节强度患者最大耐受量的 80%，再按"自增"键，调节各穴位之间的平衡。

3. 按"极性"键控制脉冲正负极，极性在左、右、自动三种状态中循环，左或右指示灯亮时，提示该侧为正极，自动状态时，"极性"键上方"自动"灯亮，治疗仪处于自动换极状态。

4. 将输出导线插入治疗仪输出端口内，输出端口分为主穴(负极,黑框内)和配穴(正极,红框内)，一般主穴接病灶处，配穴按远端配穴，根据病情，主穴取 1 个，配穴取 2 个以上。

5. 针灸导平

(1)单针插入吸水电极插孔内。

(2)带套插头插入仪器输出插孔内。

6. 推拿导平

(1)插头插入仪器主穴插孔内。

(2)戴一次性绝缘手套。

(3)戴推拿手套。

(4)打开治疗仪，调节输出大小。

(5)在病灶处推、拿、揉、压、捏。

【临床应用】

适用于小儿脑性瘫痪、中风后遗症、面瘫、老年性脑萎缩、失眠；颈椎病、椎间盘突出、坐骨神经痛、风湿性关节炎及多种痛症；高血压、脉管炎、脑供血不足；慢性支气管炎、鼻炎、感冒；阳痿、遗精、前列腺肥大、月经不调、痛经；减肥。

1. 面瘫　患者取仰卧位，打开电源开关，选取穴位(患侧攒竹、鱼腰、阳白、丝竹空、太阳、四白、颧髎、地仓、颊车、水沟、承浆，耳后疼痛加翳风、双侧合谷)固定电极，设置治疗时间为 30 分钟，频率 2.5Hz，根据患者耐受程度缓慢加量，再按"自增"键，调节各穴位之间的平衡。10 次为一个疗程，该疾病发展周期为 1 个月，可根据实际情况调整治疗时间。

2. 脑供血不足　患者取仰卧位，打开电源开关，选取头部穴位固定电极，设置治疗时间为 30 分钟，使用 10Hz 快频进行生物电异体传输治疗。10 次为一个疗程，可连续治疗 2~3 个疗程。

3. 减肥　患者取舒适体位，暴露施治部位。插头插入治疗仪主穴插孔内。戴一次性绝缘手套和推拿手套。打开治疗仪，调节输出大小。在病灶处(以脂肪堆积局部为主，选取中脘、双侧天枢、双侧足三里等穴)推、拿、揉、压、捏。治疗时间为 30 分钟，强度以患者能耐受为度。10 次为一个疗程，可连续治疗 2~3 个疗程。

4. 颈椎病　患者取坐位，暴露施治部位。插头插入治疗仪主穴插孔内。戴一次性绝缘手套和推拿手套。打开治疗仪，调节输出大小。在病灶处推、拿、揉、压、捏。常用穴位有阿是穴、大椎、肩井、肩贞、天宗、手五里、手三里、曲池、列缺、外关、合谷等，痛点明确时，可先选择阿是穴，逐个治疗，痛点痛感减轻后，可循经选穴。治疗时间为 30 分钟，强度以患者能耐受为度。5 次为一个疗程，可连续治疗 2~3 个疗程。

【注意事项】

1. 在严格遵循操作程序的前提下，约有 0.01%~0.02% 的患者出现晕针样神经性休克现象，一般停止治疗静歇片刻、饮用适量温水即可恢复正常，通常不影响以后的治疗。

2. 对高血压和心脏病患者，不宜采用导平方法治疗；对一般心脏病患者，忌取心前区腧穴。

3. 对出血性疾病、恶性肿瘤、骨折初期及化脓急性期,局部禁止取穴。

4. 高度近视或有视网膜脱离风险者禁在头部取穴。

5. 对开放性软组织损伤无明显活动性出血者,局部可选作主穴;急性期不宜在损伤局部肌肉上取穴,可按对应配穴法远端取穴。

6. 对极度虚衰者,宜用补法,但刺激不宜过强。

7. 慢性病患者一般每天治疗 1 次,每周 6 次,每次 30~60 分钟,20 次为一个疗程。若间断治疗,疗效会明显下降,某些疑难病症需坚持治疗数疗程。

8. 急性病患者可每天治疗 1~2 次,每次 30~60 分钟。

9. 慎用于皮肤破损处,应及时更换电极。

七、低频电子治疗仪

低频电子治疗仪采用世界先进红外照射技术、超低频数控电脉冲技术、毫米波治疗技术,通过照射和刺激人体穴位,促进细胞再生、改善血液循环、全面调节人体免疫功能、抑制和破坏病毒复制,从而达到改善脏腑功能、消除疾病症状的目的,是非药物治疗领域的高科技电子医疗设备(图 2-7)。

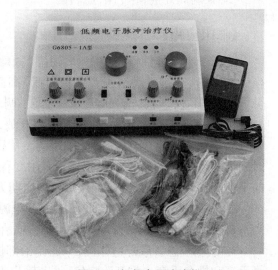

图 2-7 低频电子治疗仪

【仪器原理】

低频电子治疗仪是根据中医经络学原理,结合现代电子技术研制的非介入无创伤中医高科技疾病治疗设备,它通过特殊的电波刺激人体的有效穴位,使之与人体生物电相互作用,从而全面调节免疫、内分泌和神经系统的功能,可使体内平滑肌产生大幅度收缩和舒张,改善脏腑血液循环,使细胞得到充分的血液和氧,是非药物治疗领域的新设备。

人体皮肤表面的角质层含有较大电阻,一般电流不易通过,普通的直角波在通过皮肤时会发生变形,产生反脉冲,易引起皮肤的刺痛感,限制了输出强度的增加,无法使更多的电流渗透到皮下组织,达不到良好的治疗效果。低频电子治疗仪采用独有的输出波形——指数函数的渐增波形,在人体通电时波形平稳,有效抑制了反脉冲的产生,皮肤无刺痛感,并可以根据治疗的需要,增加输出强度,使更多的电流渗透到皮下组织,达到理想的治疗效果。低频电子治疗仪采用独有的湿性温热电极,具有保湿、柔软、温热等特点,能湿润表皮,让水浸透皮肤的角质层,填满电极与皮肤之间的微小空隙,防止电火花的产生,同时电极的温热作用可以软化角质层,大大降低皮肤的电阻,使得电流更通畅,在体感舒适的同时达到良好的治疗效果。

【操作方法】

1. 打开导线夹,将导线插头连接到导线插口。

2. 接通电源,按下电源按钮。

3. 按部位选择按钮,选择治疗部位。

4. 将治疗部位清洁干净,粘贴电极片。

5. 选择治疗方式。

6. 顺时针缓慢旋转强度调节旋钮。约 15 分钟后治疗结束。

【临床应用】

具有即时止痛功效,能迅速消除疲劳、促进血液循环、对深层肌肉起到按摩作用。适用于软组织损伤、腰肌劳损、关节痛、颈椎病、肩周炎、坐骨神经痛、周围神经损伤、失眠及神经衰弱等。

1. 软组织损伤 选择合适体位,暴露疼痛部位,清洁皮肤,粘贴电极片,选择相应治疗方式。顺时针缓慢旋转强度调节旋钮。约 15 分钟后治疗结束。5 次为一个疗程,可连续治疗 2~3 个疗程。

2. 失眠 患者取仰卧位,清洁皮肤,粘贴电极片(以头部安眠穴、手部神门穴、足部三阴交为主穴),选择相应治疗方式。顺时针缓慢旋转强度调节旋钮。约 30 分钟后治疗结束。10 次为一个疗程,可连续治疗 2~3 个疗程。

3. 腰肌劳损 患者取俯卧位,清洁皮肤,粘贴电极片(以膀胱经穴位为主),顺时针缓慢旋转强度调节旋钮。约 15 分钟后治疗结束。每次治疗要分析病情,选择合适的治疗方式,以利于炎症的吸收和软组织的修复。6 次为一个疗程,疗程间隔 1~2 周,可连续治疗 4 个疗程。

【注意事项】

1. 设置低频电子治疗仪功率,以舒适为度,不能过高。

2. 体内有金属植入物、植入心脏起搏器或心脏电极者不能接受低频治疗。

3. 调整治疗仪刺激量,防止刺激量过大,造成患者不适。

4. 观察低频治疗后患者的病情变化,根据症状调整治疗方案。

5. 初次接受低频治疗者,尤其是婴幼儿、老人、体质虚弱者,开始治疗时间宜短,治疗输出率宜小。

6. 勿超过所设定的治疗时间,因为有时可能引起机体功能紊乱。

7. 温热电极有低温烫伤的风险,婴幼儿和行动不便者在无人陪同时,不能使用;皮肤过敏、服用安眠药、醉酒者不宜使用。

8. 电极勿接触首饰等金属物,否则会引起治疗部位以外的部位受刺激。

9. 禁用于治疗部位以外之处,否则会造成事故或引起机体功能紊乱。

10. 电源线、插头受损、插座的插口松动时勿使用。不可损伤、改动电源线,也不可过度弯曲、牵拉、扭转、捆束电源线。

11. 使用完毕应拔出电源线插头,否则会因绝缘物老化而致触电、漏电、烫伤、火灾等。

八、子午流注低频治疗仪

子午流注低频治疗仪是一款中医针灸类医疗设备,利用微电脑单片机技术,实现了子午流注与灵龟八法的精确时间计算,利用电极贴片代替毫针,真实模拟针灸的各种手法,调理人体内环境,平衡阴阳,调畅经络(图2-8)。

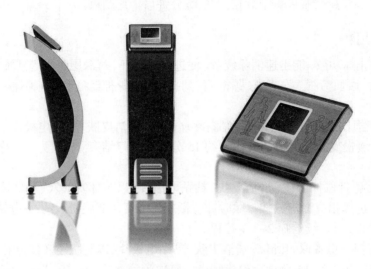

图2-8　子午流注低频治疗仪

【仪器原理】

子午流注低频治疗仪分为两种类型,Ⅰ型为20路输出,Ⅱ型为4~10路输出,分别针对医疗机构和民用市场。

该治疗仪将中医辨证、穴位治疗处方、经络查询、穴位查询、穴位图、子午流注和灵龟八法(逢时开穴,定时开穴)及不同治疗手法等功能相结合,通过穴位电极贴片,利用电脉冲刺激代替传统针刺。

【操作方法】

1. 功能介绍

(1)子午流注与灵龟八法:①逢时开穴查询:患者在就诊时的随机开穴。②定时开穴查询:根据病症情况辨证查询适合患者的开穴,也可查询未来任意时间开穴。

(2)未来5次查询:可查询某个穴位的未来5次开穴时间。

(3)病症查询:可查询辨证分型、证候分析、针灸处方、临床加减等。

(4)十四经穴查询:部位、作用、主治、解剖、图形。

(5)经外奇穴查询:部位、作用、主治、解剖、图形。

(6)治疗周期设定:依据开穴时间,可在10~60分钟范围内设定治疗时间。

(7)时区设定:根据使用城市选择经度后仪器自动设定当地真太阳时。

（8）真太阳时：打开"真太阳时"按钮，自动显示开穴时间。

（9）治疗强度调整：15档强度调节。

（10）治疗频率调整：15种频率调节。

（11）定时治疗功能（夜间自动治疗功能及不能自理患者使用功能）：20路输出可分别定时在任意时间启动和停止。

（12）触摸屏校准：可校准触摸屏幕准确度。

（13）强制修复系统功能：可修复系统故障。

2. 操作方法

（1）开关机：长按绿色按钮5秒后松开，即可实现治疗仪自动开关机。

（2）屏幕校准：如果出现新仪器或使用不灵敏的情况，示指长按屏幕中央，拇指长按开关键，待蓝色屏幕出现，用触摸笔点击左上角小白点、右上角小白点、右下角小白点、蓝色屏幕中央方框，屏幕校准完毕，仪器自动进入总菜单。

（3）日期时区调整：点击设置菜单，点击日期调整、系统时间调整，点击所处时区（当地经度）调整。

（4）开穴：点击"开穴"菜单，点击"逢时开穴"，显示子午流注和灵龟八法的此刻穴位（点击"穴位图"查看定位），将贴片贴在相应穴位上。

（5）选择病症：点击"病症"菜单选择病症，再点击"指定电极"（穴位处方显现），然后点击"穴位图"查看定位，将贴片贴于对应穴位上（其他病症同此法）。

（6）治疗：①点击治疗菜单，点击电极调整（无需输入处方序号），点击每路上的数码标识（无需输入穴位名称），频率固定为9。②波形调整：头部穴位使用单一频率，强度为1；头部以下穴位使用单一频率，强度为5以上，调整输出开关，点击设置生效并返回（其他每路同以上步骤）。

【临床应用】

凡针灸治疗有效的病症，都能用子午流注低频治疗仪来治疗，该设备具有智能化、标准化、安全、有效的特点。

1. Ⅱ型仪器 为民用，适合针灸爱好者学习和使用，也为方便患者实现自查自疗。治疗仪内置12种疾病的治疗处方，包括骨痹、肩周炎、高血压、失眠、颈椎病、落枕、中风、足跟痛、坐骨神经痛、腰痛、头痛、痛经。

2. Ⅰ型仪器 为医用，可用于针灸治疗适用的内、外、妇、五官、骨伤等科的多种疾病。

（1）呼吸系统疾病：如鼻窦炎、鼻炎、感冒、扁桃体炎、急慢性喉炎、气管炎、支气管哮喘等。

（2）眼科疾病：如急性结膜炎、中心性浆液性脉络膜视网膜病变、近视、白内障等。

（3）口腔科疾病：如牙痛、拔牙后疼痛、牙周炎等。

（4）消化系统疾病：如贲门失弛症、呃逆、胃下垂、急慢性胃炎、胃酸增多、慢性十二指肠溃疡、单纯急性十二指肠溃疡、急慢性结肠炎、急慢性细菌性痢疾、便秘、腹泻、肠梗阻等。

（5）神经、肌肉、骨骼疾病：如头痛、偏头痛、三叉神经痛、面神经麻痹、中风后轻度瘫、周围神经病、脊髓灰质炎后遗症、梅尼埃病、神经源性膀胱、遗尿、肋间神经痛、颈肩综合征、肩关节周围炎、网球肘、坐骨神经痛、腰痛、关节炎等。

（6）优势病种：子午流注低频治疗对颈肩腰腿痛、带状疱疹后遗神经痛、中风偏瘫、乳腺炎及糖尿病效果快速、明显，且无创伤。

3. 适应证

（1）小儿咳嗽变异性哮喘：治疗时根据选穴调整患儿体位，基础穴位取大椎、肺俞、脾俞、肾俞、关元、足三里，每次选取 2~4 个。即时开穴系治疗仪根据子午流注纳甲法、灵龟八法运算程序所计算设定的当地当日当时开穴，特定时辰开穴 1~4 个。穴位常规消毒后将电极片贴在选取的穴位处，调整强度、频率，均以患儿能耐受为度。每日 1 次，每次治疗 30 分钟，10 次为一个疗程。

（2）单纯性肥胖：患者取仰卧位，基础穴取关元、气海、天枢、中脘、上脘、足三里、丰隆、三阴交及治疗仪所提示的当日当时开穴，两个穴位共用 1 组电极贴片，特定时辰开穴，一般 1~4 个穴位。接通电流，此时仪器输出频率、波形、强度均为默认参数，若患者自觉刺激量不适，调节强度以患者能耐受为度，治疗 30 分钟。每日 1 次，20 次为一个疗程，治疗 2 个疗程，随症加减。

（3）膝骨关节炎：患者取坐位或仰卧位，随证取穴配以压痛点及周围穴位。特定时间治疗一般选择 3 个穴位。频率、波形等使用治疗仪默认值。强度以患者自觉刺激量适中为宜，每次治疗 20~30 分钟。

（4）精神类药物所致闭经：患者取坐位，常用取穴有肩井、血海、三阴交、关元、气海、阴陵泉等（双侧取穴），每次取穴 2 个加辨证取穴 8~10 个，将电极贴片贴于穴位处。每次 20 分钟，每日 1 次，10 次为一个疗程。每个月经周期的前 10 天进行治疗，共治疗 3 个疗程。

（5）肩周炎：患者取坐位或侧卧位，取肩三针、阿是穴、外关、曲池、开穴（治疗仪根据时辰自动计算所得穴位），上肢单侧取穴，接通电流，强度以患者能耐受为宜。每次 20 分钟，每日 1 次，2 周为一个疗程。

（6）产后尿潴留：患者取仰卧位，治疗仪选择尿潴留模式。固定取穴为三阴交、中极、地机，逢时开穴为治疗仪所显示治疗时刻子午流注的穴位。每个穴位用 1 组电极片，调节强度以患者能耐受为度，每次治疗 20 分钟，每日 1 次。

（7）腰痛：瘀血腰痛选膈俞、肾俞、大肠俞、腰阳关、委中、阿是穴；肾虚腰痛选肾俞、大肠俞、腰阳关、委中、命门、阿是穴；寒湿腰痛选肾俞、大肠俞、腰阳关、委中、大椎、阿是穴。患者取侧卧位，用酒精消毒局部皮肤，每 2 个穴位为一组贴电极片，将电极片贴在选取的穴位处轻轻按压，使之与皮肤贴紧，并与子午流注低频治疗仪的导线连接，开机选取治疗的波形，强度以患者能耐受为度，然后开始治疗。时间 20~30 分钟，7 天为一个疗程。

【注意事项】

1. 断电后强度归"0"，以保证每次开机后强度为 0，避免大强度刺激。
2. 心前区及背部相对区域禁粘贴电极贴片。
3. 有金属植入物者，相应部位禁粘贴电极贴片。
4. 孕妇禁用合谷穴。
5. 未孕过妇女禁用中极、关元、石门。
6. 妇女经期可接受子午流注低频治疗。

九、电脑中频经络通治疗仪

电脑中频经络通治疗仪是一种应用电脑技术、选用中频生物波作用于人体，达到疏通各部位经络、活血化瘀、扶正祛邪、激活组织细胞、祛除疼痛等目的的治疗仪,对缓解肌肉劳损、僵硬、疲劳等造成的疼痛不适有比较明显的疗效,对放松身体、缓解紧张情绪也有较好效果。它有类似于针灸、微波理疗、红外线治疗、按摩的放松作用,是一种辅助治疗、保健设备(图2-9)。

图2-9 电脑中频经络通治疗仪

【仪器原理】

电脑中频经络通治疗仪发出的脉冲直通人体经络,直接刺激交感神经,扩张血管,促进血液循环,改善局部血供,提高组织活力,加速代谢废物和炎性物质外排,达到消炎、消肿的目的。

【操作方法】

1. 开启电源,输出旋钮应在"0"位。患者取舒适体位,暴露施治部位,冬季应注意保温。
2. 选择电极、衬垫,确定放置方法。将衬垫用水浸湿,金属极板不可直接接触皮肤。
3. 缓慢增加电流。
4. 治疗中根据患者的适应程度,逐渐增加电流强度,至患者耐受量。
5. 治疗完毕,缓慢将电流降至0,关闭电源,取下电极板,整理设备,摆放整齐,擦拭干,备用。

【临床应用】

适用于颈椎病、肩周炎、骨性关节炎、腱鞘炎、滑膜炎、胆囊炎、尿路结石、关节纤维性强直、急慢性盆腔炎、附件炎、坐骨神经痛、颞下颌关节炎、面神经炎,面神经麻痹等。

1. 颈椎病 将治疗仪的正极片放于病变部位相应节段的颈部,负极片放于压痛明显的一侧肩井穴或天宗穴,用沙袋压紧以充分接触。每次治疗20分钟,10次为一个疗程,多配合针灸、推拿治疗。

2. 急慢性盆腔炎 患者取侧卧位,暴露腹部,将药垫浸泡于蒸煮过热奄包的水中约15分钟,金属极板不可直接接触皮肤。药垫负极放置于腰骶命门穴、肾俞穴,正极放于腹部子宫穴,根据患者体质调整频率。每次20分钟,每日1次,20次为一个疗程。

3. 滑膜炎 患者取仰卧位或坐位,将电极板用9%氯化钠注射液浸湿后放在患侧膝关节处,以内外膝眼为最佳部位,为防止电极移位,可用绷带将电极捆绑在患处,接通治疗仪电源,设定治疗时间为30分钟,每日1次,10次为一个疗程。

4. 小儿哮喘 患儿取坐位,选取双侧定喘、足三里、肺俞、心俞、肾俞及大椎,将电极板用9%氯化钠注射液浸湿后置于患儿穴位处,用绷带捆绑,防止电极移位,根据患儿耐受情况选择30~50Hz刺激电流。每次30分钟,每日1次,一般10次为一个疗程,疗程总长为2周。

5. 偏瘫早期肢体功能障碍 患者取仰卧位或侧卧位,暴露施治部位。在相关部位垫衬6~8层浸湿的纱布,选择功能性电刺激处方,确认输出旋钮在"0"位,开启电源,对上臂、肩前后部、前臂运动点等处进行治疗。每日1次,20次为一个疗程。

6. 腰痛 患者取俯卧位,将中频电极固定于疼痛敏感区,将负极板固定于骶尾区,连接电源,调试强度至患者可耐受。也可配合导入活血化瘀、消炎止痛的中药治疗。将活血化瘀类中药粉碎后调和成膏状,涂抹在患者疼痛敏感区,上方再放置中频电极,以加强局部活血止痛作用。

【注意事项】

1. 治疗前应检查设备、电极、衬垫、导线是否完好,是否能够正常运行。

2. 电极板应均匀接触皮肤。

3. 两电极间无电阻时不可相接触,以防短路。

4. 治疗部位有烧伤瘢痕者,可将电极板放置在瘢痕两侧。

5. 如治疗部位有皮肤破损,应避开或处理后进行治疗。

6. 告知患者治疗过程中应有的感觉,如出现灼痛等不适,要及时告知工作人员,立即减小电流或停止治疗。

7. 急性化脓性炎症、出血倾向、恶性肿瘤、活动性肺结核、植入心脏起搏器、孕妇、局部有金属异物、心前区、下腹部对电流不能耐受者禁用。

十、智能通络治疗仪

智能通络治疗仪是具有中医特色的治疗设备。整体辨证治疗技术获国家发明专利,达到了该研究领域的国内领先水平。临床应用性能稳定,疗效确切。该设备为国家中医药管理局推荐第一批中医诊疗设备(图 2-10)。

【仪器原理】

按照中医"整体观念、辨证论治"的思想,根据经络的生理功能、病理变化及经络学说的临床应用等机理,选择有效经络和有效穴位,对疾病分证型治疗。

智能通络治疗仪集多种功能于一体,直接作用于经络穴位和病变部位,促进血液循环,扩张血管,促进淋巴回流。使用后,毛细血管明显扩张,免疫力增强;对关节疼痛、自主神经功能紊乱、胃肠功能紊乱、神经衰弱等有明显疗效。通过对病变神经、肌肉的刺激,使之兴奋,发生收缩反应,促进患处血液循

图 2-10 智能通络治疗仪

环,改善肌肉蛋白消耗,防止肌肉大量失去水分及发生电解质、酶物质的破坏,抑制肌肉纤维化,防止肌肉纤维变短、变厚、硬化,延缓肌肉萎缩,可使炎症消散。锻炼肌肉,增强肌力,矫治脊柱畸形,延缓及减轻椎间关节、关节囊、韧带的钙化和骨化,改善全身钙、磷代谢及自主神经功能。

【操作方法】

1. 根据病情选择相应治疗穴位。

2. 将药物贴片固定于所选穴位。

3. 根据患者具体情况选择适当的处方、治疗深度、治疗温度、治疗强度、治疗方法、治疗频率、单次治疗时间。

【临床应用】

智能通络治疗仪主要应用于中医科、神经内科、康复理疗科、疼痛科、骨伤科、针灸科、儿科、妇科、烧伤科等,用于治疗中风及外伤引起的肢体瘫痪、疼痛、麻木等,颈、肩、腰、腿痛及急慢性软组织损伤等,以及胃脘痛、便秘、癃闭等内科疾病。

1. 膝骨关节炎　患者取仰卧位,取患膝血海、梁丘、内外膝眼4穴,选择中医"痹证"模式,治疗幅度及深度根据患者的个人感受及耐受程度进行调整。每次20分钟,每日1次,10次为一个疗程。

2. 脑卒中后弛缓性瘫痪　患者取卧位,选择中医中风病治疗处方,患侧上肢取肩髃、曲池、手三里、外关,患侧下肢取环跳、足三里、丰隆、解溪,治疗幅度20~40Hz。每次20分钟,每日1次。

3. 腰背部肌筋膜炎　患者取俯卧位,选择腰背部敏感痛点或根据中医腰痛病处方选穴,选择适当极板固定。每次30分钟,每日1次,10日为一个疗程,共治疗2个疗程,疗程间休息5日。

4. 分娩性臂丛神经损伤　患儿取舒适体位,选用接骨续断药物贴片,结合针刺治疗。每日针刺后,将药物贴片固定于曲池、内关、肩贞、臂臑4个穴位,处方选择"痿证",深度Ⅱ级,温度1级,强度4~9级,视患儿耐受情况而定,选用平补平泻法。每次20分钟,每日1次,20日为一个疗程,疗程间休息10日。

【注意事项】

1. 智能通络治疗仪不是诊断设备,没有诊断功能,需要通过医生"望、闻、问、切"做出明确诊断后,方可使用治疗仪进行有效的治疗。

2. 急性化脓性炎症、恶性肿瘤、活动性出血、活动性结核者禁用。

3. 体内有金属异物、植入心脏起搏器者及孕妇禁用。

十一、阿是超声波治疗仪

阿是超声波治疗仪是利用聚焦超声技术治疗慢性软组织损伤疼痛的一种新型非侵入性治疗设备。该设备是聚焦超声无创治疗技术在肿瘤、非肿瘤性疾病治疗领域外的又一创新(图2-11)。

【仪器原理】

超声波作用于人体组织产生机械作用、热作用和空化作用,导致人体局部组织血流加速,血液循环改善,血管壁通透性增加,细胞膜通透性增加,离子重新分布,新陈代谢旺盛,组织中氢离子浓度减低,pH值增加,酶活性增强,组织再生、修复能力加强,肌肉放松,肌张力下降,疼痛减轻或缓解。超声波治疗时局部组织的变化可以通过神经 - 体液途径影响身体某一阶段或全身,起到治疗作用。

【操作方法】

1. 患者取舒适体位,充分暴露治疗部位,在治疗部位皮肤涂耦合剂,将超声探头置于治疗部位。

2. 打开电源开关,设定输出模式。按 "MODE" 键选择:"CON" 为连续模式,"1" 为输出、间隙时间各 1 秒,"0.5" 为输出、间隙时间各 0.5 秒,"0.3" 为输出、间隙时间各 0.3 秒。

3. 设定输出强度。"UP" 键 / "DOWN" 键为 0.1 步距,每按 1 次增加 / 减少 0.1W; "SET" 键为 0.5 步距,每按 1 次增加 0.5W。强度显示窗显示设定值(0.1~1.5W/cm^2)。

4. 设定治疗时间。"UP" 键 / "DOWN" 键为 1 分钟步距,每按 1 次增加 / 减少 1 分钟。

图 2-11 阿是超声波治疗仪

5. 开始治疗。按下 "ST" / "SP" 键,开始输出超声波,时间显示窗数字闪烁,并开始计时。

6. 设定时间到,输出停止,蜂鸣器报警,时间显示数字为 "0" 并闪烁,治疗结束。在治疗过程中,按下 "ST" / "SP" 键,输出停止,时间显示数字回到设定值,治疗结束。

7. 先关闭电源开关,再拔掉电源线。

8. 擦净超声探头上的耦合剂,并用 75% 乙醇涂擦消毒。

【临床应用】

适用于颈肩部、腰背部和四肢的慢性软组织损伤疼痛。

1. 肱骨外上髁炎 患者着宽松衣服,暴露肱骨外上髁,局部皮肤保持清洁,涂耦合剂覆盖治疗部位。治疗师手持超声探头对准治疗部位,寻找阿是穴,各部位治疗时间 15 分钟,以患者能耐受为度。隔日 1 次,7 次为一个疗程。

2. 肩周炎 患者取坐位,充分暴露肩部,常规涂抹耦合剂,选择适当的输出强度,用超声探头在肩部缓慢往返推动寻找阳性点,阳性点经常会出现疼痛、灼烧感。用超声探头在阳性点反复治疗,以患者能耐受为度。每次 5 分钟,每日 2 次,7 日为一个疗程。

3. 腰椎间盘突出症 患者取俯卧位,充分暴露治疗部位,取患侧局部阿是穴为主,穴位涂抹耦合剂。选用大型治疗枪,超声波频率为 0.8MHz,每次定时时间(0~300)± 2 秒,单个治疗头的超声功率不超过 10W。每日 1 次,14 日为一个疗程。

4. 腱鞘炎 患者取坐位,充分暴露患处,常规涂抹耦合剂,选择适当的输出强度,用超声探头在腱鞘局部缓慢往返推动寻找阳性点,阳性点经常会出现疼痛、灼烧感。用超声探头在阳性点反复治疗,以患者能耐受为度。每次 5 分钟,每日 1~2 次,10 日为一个疗程。

【注意事项】

1. 均匀涂布耦合剂,超声探头紧贴皮肤,不得有任何细微间隙。

2. 固定法治疗或治疗皮下骨突部位时,超声强度＜ $0.5W/cm^2$。

3. 避免使用高强度治疗。

4. 胃部治疗时,若超声波感觉不敏感,可嘱患者适量饮水后,采取半卧位治疗。

5. 治疗部位如伴有血肿,超声探头应尽量避开血肿中心,输出强度宜小,以防再次出血。

十二、脑循环系统治疗仪

脑循环系统治疗仪采用先进的芯片编程,将多年来医疗单位的治疗经验编制成处方,以多波形叠加、低频调制中频、红外辐射自控及专用一号通络液药物导入作用于穴位上,达到和针灸、按摩、热敷热疗、药物透入相同的治疗效果(图 2-12)。

图 2-12 脑循环系统治疗仪

【仪器原理】

治疗仪有多组穴位器 / 电极,同时设有多种治疗方法,可供选用,并由医生根据患者的治疗需要选择一组或多组以至全部输出功能。

治疗仪可提高脑血流量、改善脑微循环、改善神经传导功能、恢复肢体主动运动,并通过某些具备功能的神经纤维向上传导至中枢神经系统形成中枢性代偿,进而达到促进肌肉神经系统的康复、促进肢体功能早期恢复的目的。

【操作方法】

1. 了解患者的一般情况、相关病情、既往病史、发病部位、头颅皮肤情况、有无感觉迟钝或障碍、对温度的耐受情况、体质、心理状态等,并告知患者操作目的及配合要点,保证治疗室适宜温湿度。

2. 洗手,准备脑循环系统治疗仪、电源线、电极片,必要时备屏风,帮助患者排尿后取舒适体位。

3. 协助患者取坐位或仰卧位,暴露头部,注意保暖;正确连接导联线与电极片,遵医嘱将电极片放置于患者头部相应穴位或部位,以固定带妥善固定;连接电源,打开开关,根据医嘱调节时间,按"启动"键并根据患者情况与主诉调节强度。

【临床应用】

对中风及脑外伤引起的偏瘫、面瘫、截瘫后遗症有良好的治疗效果。

1. 小儿脑性瘫痪 将脑循环系统治疗仪的电极片固定于患儿两侧乳突后侧,将辅助电极置于患肢,调节适宜的刺激强度,每次 30 分钟,每日 2 次,30 日为一个疗程,共治疗 3 个疗程。

2. 脑卒中吞咽障碍 在常规神经内科药物治疗和常规吞咽康复训练的基础上,以脑循环系统治疗仪电刺激乳突处、廉泉穴、天鼎穴。先将头部 A、B 两组治疗装置的电极放于双侧耳后乳突处和双侧眉弓的外上方,该装置输出低频仿生无序脉冲,根据患者的耐受度调节频率,常用22~71Hz,治疗时间为20分钟;将肢体C、D治疗装置的电极置于廉泉穴、天鼎穴处,该装置输出低频调制中频菱形波脉冲,根据患者的耐受度调节频率范围,常用0.06~1.20Hz,治疗时间为20分钟。头部与肢体治疗可同时进行,每日2次,连续14日为一个疗程。

3. 高血压脑出血肢体功能障碍 在接受常规药物治疗的同时结合脑循环系统治疗仪治疗。患者采取舒适的体位,将C、D、E路躯体脉冲波输出的电极放在瘫痪肢体的主要肌群上,用电极布带缠绕固定,注意松紧适宜。上肢于肱二头肌起止点处各放置一片电极或指伸肌和腕伸肌肌腱各放置一片电极;下肢于股四头肌起止点各放置一片电极或腓肠肌外侧两端各放置一片电极。治疗仪设置原则为在患者能耐受的前提下,刺激越强治疗效果越好,掌握循序渐进的原则,强度逐步增大,逐渐增加治疗时间。

4. 椎基底动脉供血不足性眩晕 协助患者取坐位或仰卧位,暴露头部,注意保暖,正确连接导联线与电极片,遵医嘱将电极片放置于患者头部相应穴位或部位,以固定带妥善固定;连接电源,打开开关,根据医嘱调节治疗时间,常为20分钟,按"启动"键并根据患者情况与主诉调节强度。观察治疗过程中患者的情况并保持有效沟通,及时询问患者的感受,观察病情变化,及时调节仪器,1周为一个疗程,治疗2个疗程。

5. 脑梗死 在抗血小板治疗、控制血压和血糖、改善微循环、营养神经、康复治疗、预防感染、对症支持治疗和常规护理等的基础上,采用脑循环系统治疗仪辅助治疗。协助患者取舒适的体位,备皮,用湿棉球清洁需粘贴电极片部位的皮肤,去除残留的角质层,主电极安置于两侧乳突区,辅电极安置于患侧肢体。由于个体差异,刺激强度从弱到强慢慢调整,以患者能耐受为度。每次20分钟,每日1次,12日为一个疗程,疗程之间间隔3日。

【注意事项】

1. 禁忌证
(1)有出血倾向者,如脑出血急性期、凝血功能障碍等。
(2)严重心脏病或植入心脏起搏器者。
(3)有颅内感染或颅内肿瘤者。
(4)有颅内血管金属支架植入者。
2. 使用清水清洁皮肤,禁用酒精。
3. 电极片可重复使用,应注意黏性,及时更换。
4. 机械手表应远离治疗区。
5. 严禁拽拉治疗线。
6. 治疗帽禁止浸泡或高压消毒。
7. 避免靠近胸部。
8. 避免靠近微波治疗、高频手术设备。
9. 治疗帽内可使用一次性帽子。
10. 注意调整输出强度,防止强度过高造成患者不适。
11. 观察治疗过程中患者的情况并保持有效沟通,及时询问患者的感受,维护隐私,注意保暖;治疗结束撤去用物,安置患者于舒适体位,进行健康教育。

十三、全电脑多功能低频脉冲治疗机

全电脑多功能低频脉冲治疗机应用低频及中频电流共同作用于人体,中频电流被低频电流调制后,其幅度和频率随着低频电流的幅度和频率的变化而变化,这种电流称为调制中频电流。近20年来,在国内广泛应用的低中频治疗仪,在原有的低频治疗仪(电针仪)的基础之上,适当引入了部分中频电流(图2-13)。

图2-13 全电脑多功能低频脉冲治疗机

【仪器原理】

1. 仪器原理 仪器电路分成三个部分。

(1)控制电路:由按键、单片机、指示灯组成。按对应的按键,开启相应的功能输出,指示灯亮起时,模式可调整。指示灯对应输出强度时,强度可调整,一般输出强度以能耐受为宜,不宜太强。

(2)升压电路:在P5.2口输出一定脉宽、频率的方波,用来使Q1处于开关状态,电源通过L1、Q1、D1、C1组成的升压电路,在电容C1两端产生比电源高几倍的电压。无需一直输出信号,让其保持升压,只需在输出的一瞬间前升压,停止输出后,升压电路停止。

(3)波形控制及输出电路:输出时,先让升压电路工作,升压后,P5.0、P5.1分别输出(两个口不能同时输出),P5.0和P5.1输出的波形是一样的,只是相位相差180°,这样就可以在输出端同时得到两个感觉,不会出现一端口有感,另一端口无感的现象。在这两个端口中,可以通过控制输出电路的通断和升压电路的电压模拟各种按摩手法,也可以调制中频、密波、疏波、间升波等波形来产生镇痛、减肥等治疗功能。

全电脑多功能低频脉冲治疗机采用正弦交流电。由于是交流电,作用时无正负极之分,亦不产生电解作用,通过低中频电流克服机体组织电阻,而达到较大的作用深度,操作简单。

2. 治疗原理 包括即时止痛(直接止痛)作用、后续止痛(间接止痛)作用和低中频电刺激的综合效应。

(1)即时止痛(直接止痛)作用:通过掩盖效应,应用中频电流引起明显的震颤感,使冲动介入疼痛传导通路的任一环节,可以阻断或掩盖痛刺激的传导,从而达到止痛或减弱疼痛的目的。即时止痛作用的体液机制多是通过内啡肽起效的,内啡肽是从脑、垂体、肠中分离出来的一种多肽,具有吗啡样活性,是体内起镇痛作用的一种自然神经递质。与镇痛有关的主要有脑啡肽(即时止痛达3~4分钟)和内啡肽(镇痛持续3~4小时)。低中频电流刺激可激活脑内的内啡肽能神经元,引起内啡肽释放,达到镇痛效果。这些物质镇痛效果较吗啡强3~4倍,又无吗啡之副作用。

（2）后续止痛（间接止痛）作用：低中频电流治疗后的止痛作用，是通过使用电流，改变局部的血液循环，使组织间、神经纤维间水肿减轻，组织内张力下降，因缺血所致的肌肉痉挛缓解，缺氧状态改善，并促进钾离子、激肽、胺类等病理致痛化学物质清除，以达到间接止痛效果。

（3）低中频电刺激的综合效应：低中频电刺激对机体组织有兴奋作用。中频电流和低频电流单一周期，不能引起 1 次兴奋。由于哺乳动物运动神经每次兴奋后有一个绝对不应期，持续时间约 1ms 左右，因此为使每个刺激都能引起 1 次兴奋，频率不能大于 1 000Hz。为此将 1 000Hz 以下的低频电流与中频电流相结合，综合多个刺激的连续作用引起 1 次兴奋，达到对机体的刺激作用。

【操作方法】

1. 按"主机"键，打开电源，显示屏显示 1s，处于开机状态。

2. 按"时间"键进行时间设定，设定范围 15~30 分钟，开机默认为 15 分钟。

3. 按显示屏的"模式"键，选择对应治疗模式。

4. 设定时间后按"增强"或"减弱"键（输出左或输出右）调节输出强度，调到最高或最低时发出提示音，强度以数字显示，每按压 1 次显示对应数字，输出强度在 0~60 档可调。

5. 按"自动"键，可以开启或关闭自动模式功能。

6. 按"开关"键，即关闭仪器。

【临床应用】

可用于治疗神经系统疾病（如偏头痛、睡眠障碍、周围神经损伤等）、消化系统疾病（如腹泻、胃灼痛等）及关节疼痛类疾病（如风湿性关节炎、肩周炎、腰椎间盘突出、颈椎病、骨质增生、坐骨神经痛等）。

1. 肺癌化疗所致呕吐　选用低频脉冲治疗仪，治疗前常规消毒双侧内关穴，将一次性理疗用电极片套于治疗电极板上，分别放在双侧内关穴，正负极相对贴合，并用固定带固定。调整脉冲强度，从弱到强，至患者最大耐受强度，每次 25 分钟，每日 1 次，7 日为一个疗程。低频脉冲内关穴治疗肺癌含顺铂方案化疗所致的呕吐，疗效确切，不仅可改善患者的生活质量，保证化疗按时、按效完成，且安全性好，不良反应小，操作方便。

2. 产后缺乳及乳房胀痛　充分暴露双侧乳房，常规清洁消毒，在电极片上涂抹耦合剂后放置在双侧乳房上，使用束带将其固定，保证电极片与乳房完全贴合。根据具体情况选择合适的治疗系统和调整电频大小，以患者能耐受为度，每次 25 分钟，每日 2 次。应用低频脉冲治疗仪并结合乳房按摩，不仅能够保证泌乳量充足，还能缓解乳房胀痛，更能有效提高母乳喂养的效率。

3. 产后护理　干预前对产妇及其家属讲解治疗原理、目的、方法及注意事项，使其提高治疗配合度。指导产妇取仰卧位，常规清洁消毒干预部位及周围皮肤，将耦合剂均匀涂抹在治疗仪的电极板上，分别放置在乳房和腹部，并使用固定带将电极固定，开启电源进行治疗。治疗遵循循序渐进的原则，强度由最低开始，逐渐增加，每次增加后询问产妇的感受，若可以承受则继续增加，若不可承受则下调至其可承受的范围。依据产妇的分娩方式控制治疗频率，若为自然分娩，则每次 30 分钟，每日 1 次；若为剖宫产，则每次 30 分钟，每隔

2 日一次。治疗过程中需严密观察产妇的情况,若出现不适症状应立即停止并进行处理。低频脉冲治疗仪在足月分娩产妇产后护理中的临床应用效果较好,可有效缓解宫缩疼痛,减少产后出血量,缩短宫缩持续时间、恶露持续时间及住院时间。

4. 脑性瘫痪患儿康复　在康复训练的基础上,联合应用低频脉冲治疗仪。治疗条件为单一波形方波,波宽为 0.6s,工作频率为 1.67Hz,电流为 50mA 以内。采用一次性电极板,共 3 组,第 1 组为脑部,固定于平衡区、足运感区、双侧运动区;第 2 组为上肢,第 3 组为下肢,均固定于相关肢体无力的肌肉上。每次 20 分钟,每日 1 次,每周 6 次。康复训练配合低频脉冲治疗脑性瘫痪合并运动障碍效果明显,能有效改善患儿智力及运动功能,提高生活质量。

5. 早泄　在每日口服帕罗西汀排尿 20mg/ 晚的基础上,联合低频脉冲治疗。选取天枢、气海、关元、肾俞、志室、三阴交、太溪、足三里,粘贴专用电极片,连接低频脉冲治疗仪,每个穴位治疗 5 分钟,共 40 分钟,疗程为 8 周。口服帕罗西汀联合低频脉冲治疗早泄疗效确切,较单一口服帕罗西汀或单独行低频脉冲治疗效果好,安全可行。

6. 老年抑郁症　应用低频脉冲治疗仪,通过电刺激的方式达到扩张脑血管、改善脑部微循环的作用,同时可保护中枢神经,降低神经元兴奋性。重复单调刺激可引起泛化抑制和条件反射;电流刺激与睡眠有关的中枢,或电流刺激大脑皮质,使网状结构发生被动性抑制而导致睡眠,可以达到放松、暗示等心理治疗的作用。在运用低频脉冲治疗的同时,灵活地辅助运用说理、启发、诱导、鼓励、保证、暗示等心理治疗方法,又可帮助患者提高对疾病的认识,促进病理心理向生理心理转化。

7. 尿潴留　将两块大小为 200cm^2 的电极用水浸湿,挤掉多余水分,一块放置于膀胱体表投射区,另一块放置于 L_1~S_2,两电极前后对置。输出下述三种波形各 1 分钟。锯齿波:频率(100 ± 10)Hz,输出电压峰值,负载时为 100~102V。疏密波:疏波与密波交替出现,两波交替时间为 1.5s,频率 20 次 /min。断续波:成组的密波间歇地出现,密波持续时间与间歇时间有一定比例,交替时间 2 次 /min。可耐受者每日 1 次,必要可每日 2 次。

8. 人工流产术后　在常规连续口服抗生素 7 日预防感染的基础上给予低频脉冲辅助治疗。患者术后完全清醒后,清洁骶尾部皮肤,将涂抹耦合剂的治疗极片放置于骶尾部,调节输出频率为 30~50Hz,低频持续刺激 20~30 分钟。可显著降低人工流产术后痛经的发生率,可能与低频脉冲促进子宫创面修复、减少盆腹腔炎症反应有关。

9. 产后尿潴留　在常规健康指导及传统诱导排尿(如缓解心理压力、协助产妇恢复及保持安静情绪、提供私密排尿环境、鼓励自行起床排尿,对部分伴有排尿困难的产妇,嘱其听流水声、环形按摩下腹、温开水冲洗外阴,刺激逼尿肌收缩排尿)的基础上采用低频脉冲治疗仪治疗。产后 4 小时,协助产妇取仰卧位,将脉冲治疗仪治疗片涂抹耦合剂后置于产妇骶尾部、膀胱及双乳房,保持电极间距 4~5cm,接通电源,治疗电压 150~200mV,每次 20 分钟,每日 1~2 次,连续治疗 3~5 日。低频脉冲治疗操作十分简单、无痛无创,可预防产后尿潴留,在电磁波的刺激下,子宫平滑肌筋膜松弛,子宫收缩,可加快恶露排出。

10. 肩周炎　在常规康复训练(包括肩关节辅助活动至自主活动,前屈、后伸、外展及旋转活动等)配合口服非甾体抗炎药的基础上,联合电针及低频脉冲治疗。取肩井、臂臑、肩髃、肩髎、合谷、条口、曲池、肩峰、阿是穴等,以 1.5 寸毫针直刺或斜刺,施平补平泻法,予连接直流电刺激。于疼痛部位施以低频脉冲治疗。上述两法均每次 20 分钟,每日 1 次。

电针联合低频脉冲治疗可促进血液循环、缓解关节僵硬、减轻康复训练痛苦,于短期恢复肩关节活动度,临床取得良好疗效。

【注意事项】

1. 心力衰竭及恶病质者禁用。

2. 外周血管疾病、血栓性静脉炎、有出血倾向者禁用。

3. 不能对刺激提供感觉反馈者禁用。

4. 急性皮炎、急性湿疹、较严重的心脏病、恶性肿瘤、破伤风、局部皮肤破损、活动性肺结核者禁用。

5. 对电流不能耐受者禁用。

6. 局部有金属异物、植入心脏起搏器者,以及心脏部位、孕妇腰腹部禁用。

第三章 中药外治设备

一、医用智能汽疗仪

医用智能汽疗仪通过数字智能化控制恒温,将中药药液加热为中药蒸气,利用中药蒸气,对皮肤或患部进行直接熏蒸,通过皮肤的吸收、渗透、排泄作用,达到疏通经络、调和气血、使机体内毒外出、扶正祛邪,最终达到治愈疾病的目的(图3-1)。

【仪器原理】

医用智能汽疗仪通过数字智能化控制恒温,并设有过温保护。整个设备机电分离,安全可靠。底座内的微电脑电磁炉加热电源为强电,与治疗舱的弱电分离,而治疗舱内的电器按钮通路均为弱电控制,全部采

图 3-1 医用智能汽疗仪

用 24V 安全电压,做到强、弱电严格分离。每个步骤都有相应的语音提示,治疗人员可根据自身需要,随时按动舱内呼叫按钮要求服务。

将中药的药理作用与蒸气的温热作用融为一体,中药蒸气中含有生物碱、氨基酸、苷类和多种微量元素,以及具有强烈挥发性的芳香酮、醛酮、醇等物质,温热作用使汗腺打开,中药蒸气经肌肤腠理渗透、吸收而深入脏腑,发挥祛风散寒、活血通络、消肿止痛、扶正固本的功效,调整机体阴阳平衡,增强免疫力,调节高级神经中枢和全身生理过程。其降低神经末梢兴奋性及松弛骨骼肌的作用,可迅速镇痛,恢复关节活动功能。

该疗法能够快速消除或缓解外在症状,不仅加快了药物的渗透、吸收和输送,而且由表及里,增强白细胞吞噬力,加速代谢,调节免疫功能,具有抗炎、消肿止痛、镇静等作用。医用智能汽疗仪采用双层洁具级玻璃钢材料制成,保温性好,节约能源,无皮肤接触性过敏。

【操作方法】

1. 将准备好的中药放入锅内,加入适量水。
2. 把设备电源线连接到220V交流电源上,打开电源开关。
3. 打开水源开关,设备补水,至上下水位线之间,关闭水源。
4. 根据患者治疗部位,调整床面充填块。
5. 根据医嘱及患者感受,调整治疗温度及治疗时间。
6. 治疗结束后关闭电源,排出药液,冲洗盛药锅。

【临床应用】

1. 适应证

(1)骨与关节疾病:如骨性关节炎、脊柱炎、痛风、颈肩腰腿痛、腰椎间盘突出、软组织损伤、肌腱炎等。

(2)皮肤病:如皮炎、银屑病、湿疹、皮肤瘙痒症、硬皮病、带状疱疹后遗神经痛等。

(3)内科疾病:如感冒、失眠、尿毒症、慢性肠炎、胃痛、便秘等。

(4)男科疾病:如男性性功能障碍、前列腺炎等。

(5)其他:也可用于消除疲劳、恢复体能、美肤美体、减肥、保健养生等。

2. 应用举例

(1)银屑病:根据患者皮损情况及关节损害情况,采用驱银方(枯矾120g、川椒120g、朴硝500g、野菊花150g等)加减。将中草药装进特制的纱布袋,放入蒸气发生器内。通水通电后,按下开关键,将温度设为40℃,预热30分钟。再按实际需要设定治疗温度和治疗时间。患者穿上专用衣裤,坐进汽疗舱内,头部暴露于舱外,开始熏蒸治疗。治疗结束后,患者离开汽疗舱,外涂20%尿素霜。隔日治疗1次,10次为一个疗程。根据临床治疗观察,医用智能汽疗仪对红皮病型银屑病及大斑块型银屑病尤为有效,无痛苦,无不良反应,患者易于接受。

(2)痹证:辨证配方,将药物放入医用智能汽疗仪中,并加适量的水,关闭气盖,启动电源,煮沸药液产生蒸气,调整汽疗舱内温度至37℃。患者进入汽疗舱,头部暴露于舱外,关闭舱门,按体位调节键至舒适的体位,根据患者的体质及耐受能力调节温度、时间,一般控制在39~42℃之间,每日1次,连续治疗5日,休息2日,12日为一个疗程。

(3)类风湿关节炎:将中药(可使用透骨草60g、白芷30g、草乌30g、川芎30g、细辛30g、川乌30g、地龙30g、元胡30g,1剂可供3人次使用)装在透气的中药包装袋内,封紧袋口,放在汽疗仪的蒸气锅内,加入适量热水,打开开关加热。当舱内温度达到38℃时,患者进入舱内,头部暴露在舱外。根据病情选择坐位或仰卧位,按体位调节键至舒适的体位,根据患者的体质及耐受能力调节温度、时间,一般在38~43℃之间。每次治疗20分钟,每日1次,连续治疗2周为一个疗程。

(4)神经性皮炎:将神经性皮炎外用熏药方(大风子、蛇床子、苦参、牛蒡子、防风、赤芍、牡丹皮、皂角刺、白鲜皮各10g)装于煎药袋中扎紧袋口,置于汽疗仪高压蒸锅中,加适量水,关闭蒸锅盖并拧紧,启动电源,加热产生中药蒸气,待汽疗舱内温度达到37~38℃时,患者穿特制浴衣进入舱中坐好,头部暴露于舱外,关闭舱门,调节舱体角度至舒适体位,将舱温设置为38~42℃(视患者的感觉及耐受程度调节),熏蒸20分钟,隔日1次,20日为一个疗程。熏蒸前测量脉搏、血压,饮用500~600ml温开水;熏蒸过程中注意观察患者的面色并询问其有无头晕、心慌、乏力等不适;熏蒸后协助其擦干皮肤、更换衣服,休息15分钟后再回病房,以免温差过大而引起受凉、头晕。中药蒸气熏蒸可改善皮肤血液循环,促使皮肤对药物的吸收,加快新陈代谢,使皮肤组织的营养得以改善,同时软化角质层和痂壳,使其自行脱落,促使体内毒素排出体外,达到疏通经络、活血化瘀、祛风止痒、通络止痛的目的。

(5)带状疱疹后遗神经痛:熏蒸中药以活血化瘀、理气通络为主,主要组成为桃仁、红花、当归、川牛膝、鸡血藤、虎杖各30g,玄胡索、柴胡、郁金、香附各20g,全蝎、地龙、桑枝、黄芪各15g。将上述药物放入汽疗仪专用煎药器中,加适量水,煎煮30分钟,产生中药蒸气,由管道输送到汽疗舱中,当舱内温度达到38℃时,患者进入汽疗舱,头部暴露于舱外,调节舱体,使患者处于舒适的半卧位,温度控制在40~48℃之间,至熏蒸出汗。每次30~40分钟,隔日1次,5次为一个疗程。

(6)腰椎间盘突出症:辨证选方,寒湿证:羌活、防风、独活、秦艽各15g,制川草乌各10g,细辛6g,附子10g;湿热证:防己15g,杏仁15g,滑石20g,连翘、生山栀各12g,石膏30g,知母12g;瘀血证:川芎20g,木香10g,当归15g,红花10g,细辛6g,制乳香、制没药各10g;肾虚证:仙茅、仙灵脾各15g,制马钱子1g,附子10g,旱莲草、女贞子各6g。将中药放置于汽疗仪的药物雾化器中并加适量水,关闭器盖,启动电源,煮沸药液产生蒸气,当汽疗舱内温度达到40℃时,患者进入舱内,暴露头部于舱外,关闭舱门,按体位调节键至舒适的体位,根据患者的体质及耐受能力调节温度、时间,温度一般控制在40~45℃之间。每次15~25分钟,每日1次,连续治疗5次,休息2日,30日为一个疗程。

(7)腰背部肌筋膜炎:基本方为威灵仙、桑寄生、鸡血藤、独活、秦艽、川断、伸筋草、牛膝各15g。寒湿痹阻加川草乌、海风藤各10g,细辛5g,肉桂10g;痰瘀互结加陈皮、当归、川芎各15g,制乳香、没药、制南星各10g;肝肾亏虚加熟地黄、仙茅、巴戟天各20g,制马钱子1g。汽疗舱内温度控制在(42±2)℃,患者体表温度控制在(37±2)℃,时间(20±5)分钟,治疗过程中嘱患者做挺胸锻炼。每日1次,连续治疗10次,休息3日,为一个疗程。本疗法消除了口服给药的弊端(口感不适、消化道副作用、药效分散等),也因其透皮给药使药力直达病所,提高了患处的血药浓度,疗效显著。

(8)老年性皮肤瘙痒:药物组成为苦参20g、百部15g、冰片3g、当归30g。将诸药用无菌纱袋包裹,浸泡半小时后放入汽疗仪的专用药锅内煎煮,当汽疗舱内温度达到37℃时,患者进入舱内熏蒸。温度控制在42℃左右,时间20分钟,患者出舱后将维生素E软膏均匀涂于患处,隔日1次,5次后观察疗效。汽疗仪产生的中药蒸气,直接作用于皮肤,使皮肤血管扩张,血流量增加,药物有效成分进入体内发挥养血润燥、祛风止痒的作用。此法简单方便,疗效确切,使良药不再苦口,让治疗成为享受。

(9)压力性尿失禁:以健脾益肾、利气化湿为主,基础方为益智仁30g、沙苑蒺藜15g、黄精30g、扁豆花12g、败酱草30g、百条根30g、沉香6g、藿香12g、甘松51g。肾阳不足加补骨脂、菟丝子;中气不足配合口服补中益气丸(10g,3次/日);肝郁甚加香附、川楝、麦芽;湿热甚加佩兰、泽泻、白豆蔻。每日1~2次,14日为一个疗程。中药熏蒸使药液直接或间接传入相关冲动波及排尿中枢,从而抑制过度兴奋的有关神经元,起到松弛尿道括约肌、盆底肌,从而降低尿道阻力的作用。

（10）玫瑰糠疹：中药处方为金银花、野菊花、防风、苦参、白鲜皮、赤芍、生地、生石膏、生槐花、乌梢蛇；痒甚加全当归、钩藤。将中药放入汽疗仪的专用压力锅内，加水2 500~3 000ml，旋紧锅盖。启动电源，煮沸药液，蒸气进入汽疗舱内，待舱内温度为37℃时，患者穿着消毒无纺布隔离衣进入舱内。设定舱温39~41℃，熏蒸20~25分钟，治疗完毕用干毛巾擦干汗液，更换衣服。每日1次，7日为一个疗程，2个疗程无好转则停止治疗。

（11）尿毒症皮肤瘙痒：在低蛋白低磷饮食及西医对症处理（包括纠正水电解质紊乱及酸碱平衡失调、降血压、利尿等）的基础上，结合中药熏蒸。中药处方为地肤子、大黄各100g，葛根35g，桂枝30g，生姜15g，蝉衣50g。汽疗舱温度控制在37~42℃之间，15次为一个疗程，治疗2个疗程。

【注意事项】

1. 不能使用具有腐蚀性的化学药物及油脂淀粉类药物。
2. 开机时阀门必须关好。
3. 放药时务必于关机冷却后打开蒸气炉盖，以防烫伤。
4. 儿童、年迈及行动不便者禁用。
5. 打开和关闭上盖时必须确认后再松手。
6. 提前预热舱内温度不得低于40℃，预热时防止蒸气外泄。
7. 每周至少清洗蒸气炉1次，擦净水位探针上的污垢。
8. 治疗者进入汽疗舱前先用手背感受舱内温度。
9. 严禁更改线路或使用不符合要求的配件及不正当的使用方法。

二、全电脑多功能汽疗机

全电脑多功能汽疗机是以中医理论为指导，采用现代化技术，借助药力与热力的作用，使药物直达病所，以疏通经络、活血化瘀、扶正祛邪，达到防病治病、保健康复的目的。同时，结合现代生物电场技术及电脑数字技术，使疗效大为提高（图3-2）。

【仪器原理】

全电脑多功能汽疗机集药物汽疗、药疗、浴疗、按摩、监控等功能为一体，自动定位，可进行全身多部位喷汽治疗。利用药物的治疗作用，结合热疗及现代科学技术，达到治疗疾病与保健的目的。中药蒸气的温热刺激使皮肤温度升高，毛细血管扩张，促进血液及淋巴液循环，促进新陈代谢，使周围组织营养得以改善；中药蒸气的温热刺激还使毛孔开放，体内"邪毒"随汗排出体外，既扶元固本又消除疲劳，给人以舒畅之感；同时又能刺激皮肤的感受器，保护细胞和恢复皮肤弹性，达到治愈疾病的目的。

【操作方法】

1. 将浴疗用中药用医用纱布缝合成包，置水箱内。
2. 加清水至水箱2/3高水平。

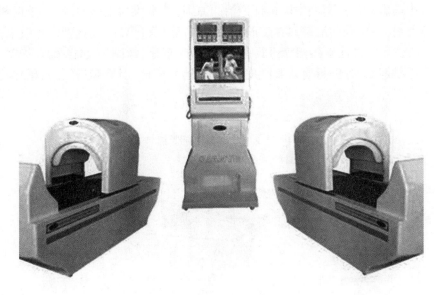

图 3-2 全电脑多功能汽疗机

3. 打开电脑控制板上的开关,预热(煎药)40分钟,调至汽疗(文火)选项。

4. 待蒸气从机顶溢泄时,患者脱衣入浴,调节浴疗时间。

【临床应用】

适用于颈、腰、肩、腿疾病的药物蒸气辅助治疗。

患者取舒适体位,暴露施治部位。将药袋放入汽疗机中,调节温度,选择按摩方式(指压、拍打、捶搓、捶击、慢揉、循环),治疗时间为15~20分钟。需要注意的是,一定要将治疗部位完全放入汽疗机中。治疗过程中时刻观察患者的反应,如有不适,立即停止治疗。治疗后及时补充水分。10次为一个疗程,可连续治疗2~3个疗程。

1. 肩周炎 中药处方:独活30g,桂枝、透骨草、生艾叶、乌头各20g,当归30g,红花20g,防风15g。每次30分钟,5次为一个疗程,可连续治疗2~3个疗程。

2. 腰肌劳损 中药处方:乳香、没药、威灵仙、鸡血藤、透骨草、制附子各30g。每次30分钟,5次为一个疗程,可连续治疗2~3个疗程。

【注意事项】

1. 危重高血压、急慢性心功能不全、高热、有急慢性传染病史、孕妇等禁用。

2. 急性出血、外伤急性期、意识障碍者禁用。

3. 汽疗机操作项目繁多,操作人员需要经过专业培训。

三、多功能熏蒸治疗机

熏蒸疗法又叫蒸气疗法、汽浴疗法,是借助药力和热力通过皮肤而作用于机体的一种治疗方法。中药熏蒸疗法遵循中医辨证论治的原则,依据疾病治疗的需要,选配相应的中药组成熏蒸方剂,将中药煎液趁热在皮肤或患处进行熏蒸、熏洗,而达到治疗效果,是一种常用的外治方法。多功能熏蒸治疗机具有药物汽疗、浴疗、按摩等功能,配置气罩,自动定位,可上下交叉喷汽治疗。可有效刺激皮肤,加速药物渗透,具有疏通经络、活血化瘀等作用(图3-3)。

图3-3　多功能熏蒸治疗机

【仪器原理】

1. 中医机理

(1)理论依据:以中医理论为基础,以脏腑经络学说为依据(脏腑体表相关理论、经络运行学说)。《理瀹骈文》:"外治之理,即内治之理,外治之药,亦即内治之药,所异者法耳。"

(2)治疗原则:以中医"八法"为基本治疗原则(调整脏腑、平衡阴阳、补偏救弊)。《理瀹骈文》:"郁者以宣,乖者以协,泛者以归,停者以逐,满者以泄,劳者以破,滑者以留,阻者以行,逆上者为之降,陷下者为之提,格于中者为之通,越于外者为之敛。"

2. 现代作用机理

(1)药物的渗透作用:煎煮时产生含药蒸气,其中药有效成分可渗透皮肤进入体内,产生治疗作用。

(2)皮肤的吸收作用:熏蒸时皮肤毛孔开放,表皮的微循环加快,有利于药物蒸气的吸收。

(3)改善局部微循环:熏蒸使局部血管扩张,血流加快,促进新陈代谢,减少炎症产物堆积,有利于炎症和水肿的消退,加速组织修复。

(4)蒸气的温热刺激:温热刺激可降低神经兴奋性,缓解痉挛及僵直,提高痛阈。

【操作方法】

1. 将药物装入药袋,并用绳子扎紧袋口(防止药渣外漏,堵塞蒸气孔),放入塑料盆内加温水浸泡半小时,将药袋和水一同放入蒸锅内,加适量水,盖紧锅盖避免输气管扭曲。

2. 接通电源,打开总开关,根据要求在控制面板上设定各参数。

3. 当听到电脑语音提示舱内温度达到37℃后,嘱患者脱去外衣,换上专用衣裤,将治疗舱体立起,患者进入治疗舱,双下肢放在舱体两侧,合上治疗舱盖,头部暴露于治疗舱外,颈部用毛巾围裹,以防气雾外漏。然后缓缓调节舱体至舒适卧位接受治疗。

4. 舱内温度应自动控制在 39~42℃之间,治疗时间不宜超过 30 分钟。每日 1 次,2 周为一个疗程。在治疗过程中,温度和时间可根据患者的体质、耐受程度而灵活调整。

5. 治疗过程中要加强巡视,密切观察患者的身体状况,如有头晕、心慌、胸闷等不适,应停止熏蒸,让患者卧床休息。对初次使用者,尤其是年老、体弱者,治疗时间和温度应循序渐进,每隔 5~10 分钟观察询问一次。

6. 治疗完毕提示患者走出熏蒸舱,并及时冲淋清洗皮肤表面残留的药物,更换衣服,并饮用约 300ml 温开水或果汁等。

7. 每次熏蒸治疗后,均应按"消毒"键对治疗舱内腔进行喷淋消毒(常规用 1∶100 的 84 消毒液),再用清水和纱布擦去残留的消毒液。

8. 整理用物,物归原处。

【临床应用】

1. 内科　神经衰弱、慢性肾炎、各种水肿、腹胀、消化不良、慢性肠炎、重症肌无力、面神经麻痹、流行性感冒等。

2. 骨伤科　类风湿关节炎、风湿性关节炎、腰椎间盘突出症、颈椎病、落枕、颈部软组织损伤、肩关节周围炎、慢性腰肌劳损、骨性关节炎、骨折及关节脱位的康复期等。

3. 妇科　陈旧性宫外孕、子宫脱垂、闭经、月经不调、带下病、慢性盆腔炎、输卵管炎、痛经、乳腺炎等。

4. 五官科　角膜炎、虹膜睫状体炎、过敏性鼻炎、鼻窦炎、龋齿疼痛等。

5. 皮肤科　痤疮、慢性荨麻疹、湿疹等。

6. 儿科　小儿感冒初期、脊髓灰质炎初期、消化不良、蛲虫病等。

7. 其他　可用于空气消毒等。

【注意事项】

1. 全身熏蒸时治疗舱温度不要过高,控制在 37~42℃,以防汗出过多,造成窒息、昏厥或虚脱跌倒,体虚者尤须审慎。

2. 局部熏蒸温度不可过高,控制在 50~55℃,以防烫伤皮肤。

3. 严寒季节要注意保暖,尤其局部熏蒸者,应在患处盖毛巾,防止受凉感冒。

4. 熏蒸结束后应适当休息,适量饮水,待恢复后再离开治疗室。

5. 熏蒸器具和物品要注意清洁、消毒,全身熏蒸时要穿一次性衣裤。

6. 压力锅务必放在加热器的中央,使锅底红灯亮。

7. 重症高血压、重症贫血、高热、结核病、大失血、精神病、某些传染病(如肝炎、性传播疾病等)、皮肤破溃、心血管疾病代偿功能障碍、青光眼、严重肝肾疾病、孕妇及经期妇女等禁用。

四、中药熏蒸器

中药熏蒸是用中草药煎煮产生的蒸气熏蒸人体来治病的一种外治疗法,也称"皮肤给药"。中药熏蒸器通过熏蒸将药力和热力有机结合作用于人体的皮肤和官窍,采用由下而上的循环途径,透过渗透穴位,疏通经络,益气养生,自内而外达到排毒、减压、调节机体阴阳、美容健体、养生的功效,全方位调理(图3-4)。

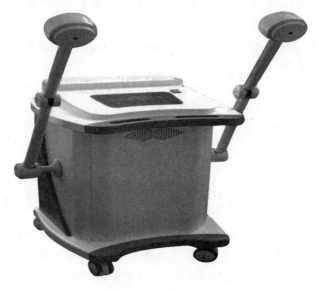

图3-4 中药熏蒸器

【仪器原理】

中药熏蒸器通过数字智能化控制恒温,将中药药液加温为中药蒸气,直接熏蒸皮肤或患处,利用皮肤的吸收、渗透、排泄作用,达到疏通经络、调和气血、使机体内毒外出、扶正祛邪的目的。中药熏蒸不仅加快了药物的渗透、吸收,而且由表及里,增强代谢,调节免疫功能,最终达到治愈疾病的目的。

【操作方法】

1. 熏蒸方法 包括全身熏蒸和局部熏蒸。

(1)全身熏蒸:治疗时头部暴露在舱外,汽疗舱、熏蒸药浴器等有自动控温、自动计时、音响提示、异常报警等功能,有的兼有按摩水疗作用。

(2)局部熏蒸:治疗时将病变局部置于蒸气孔上,或将四肢伸入治疗仪内,有温控及显示功能,有的兼有熏洗、红外线或磁疗等作用。

2. 中药处方

(1)肩周炎:独活30g,桂枝、透骨草、生艾叶、乌头各20g,当归30g,红花20g,防风15g。每次30分钟,5次为一个疗程,可连续治疗2~3个疗程。

(2)慢性腰痛:乳香、没药、威灵仙、鸡血藤、透骨草、制附子各30g。每次30分钟,5次为一个疗程,可连续治疗2~3个疗程。

3. 操作 患者取舒适体位,暴露施治部位。将病变局部置于蒸气孔上,或将四肢伸入治疗仪内,将药袋放入仪器中,调节温度,治疗时间为15~20分钟,每日1次。需要注意的是,一定要将治疗部位完全放入仪器中。治疗过程中时刻观察患者反应,如有不适,立即停止治疗。治疗后及时补充水分。

【临床应用】

主要用于治疗失眠、多梦、头痛、头晕、抑郁症、焦虑症、强迫症、恐惧症、神经症、精神分裂症、更年期综合征、智力障碍、神经衰弱、自主神经功能紊乱等,以及感冒、肩周炎、慢性腰痛、慢性胃病、内分泌失调等。

【注意事项】

1. 治疗时机械手表等物品应远离治疗区。
2. 治疗帽应小心使用,防止摔碰,外壳或导线断裂禁止使用。
3. 治疗帽禁止液体浸泡消毒及高压熏蒸灭菌。
4. 严禁拉扯主、辅治疗线。人为拉扯是造成治疗线连接失效,导致治疗信号传输失灵的主要原因之一。
5. 外接电源应接地可靠,以防意外漏电。

五、中药熏蒸治疗器

中药熏蒸治疗器,又名中药熏蒸机、定向药透仪或中药热雾治疗仪,是一种新型实用中药熏蒸综合治疗仪。其主要用于中药定向药透、中药熏蒸、热疗和理疗。以中药蒸气直接熏蒸皮肤或患处,利用皮肤的吸收、渗透、排泄作用,发挥疏通经络、调和气血、使机体内毒外出、扶正祛邪的作用(图3-5)。

图3-5 中药熏蒸治疗器

【仪器原理】

1. 治疗原理 通过药物的热辐射作用,使患部血管扩张,血液循环改善。药物熏蒸机体,其挥发性成分经皮肤吸收,局部可保持较高的浓度,能长时间发挥作用,对改善血管的通透性和血液循环、加快代谢产物排泄、促进炎性致痛因子吸收、提高免疫力、促进功能恢复具有积极的作用。

2. 仪器原理 使药物在加热状态下定向透入患处,充分发挥药效。中药熏蒸治疗器由主机、控制器、治疗器、脉冲电极及导电连接件构成,主机与控制器、治疗器之间以导线连接,并接以脉冲电极;主机包括变压器、辅助电子电器、中央处理器及壳体、前面板、后面板;治疗器由内壳和外壳通过连接件固定而成,并设有相应的软垫,软垫上设有药物层,内壳外壁设有防水绝缘层,内壳内壁设有电热涂层,电热涂层与外壳之间设有隔热材料,并于密封连接处设有密封圈。

利用物理热效应和药疗效应的双重作用达到内病外治、由表透里、舒筋通络、发汗而不伤营卫的目的。熏蒸过程的热效应是源源不断的热药蒸气以对流和传导的方式直接作用于人体，而药疗效应是熏蒸药物中逸出的中药粒子作用于体表，直接发挥疏松腠理、发汗祛邪、疏通经脉、温经散寒、活血止痛、杀菌消炎等作用，从而起到未病先防、治疗疾病的目的，且避免了良药苦口及内服药对人体产生的毒副作用。

【操作方法】

1. 核对医嘱，评估患者的一般情况，了解相关病情，询问既往病史及传染病史。

2. 评估患者的心理状态、对健康知识的掌握情况及合作程度，告知其操作的目的、配合要点及使用药物的作用等，取得合作。

3. 操作者洗手、戴口罩，向熏蒸机药锅内放入 2 袋煎好的熏蒸药液，接通电源，打开开关。

4. 调节设定参数，包括时间和温度，进行预热，温度最高 40℃，时间 30 分钟。

5. 待温度达到预设温度后，帮助患者脱衣物，进入熏蒸舱，并关闭舱门。

6. 设定熏蒸温度（不超过 40℃），熏蒸时间为冬季 30 分钟，夏季 20 分钟。

7. 按运行按钮，开始治疗。

8. 治疗过程中询问患者有无胸闷、憋气、心慌等不适，如有不适立即停止，并通知医生。

9. 治疗结束后，帮助患者开舱门出舱，协助患者整理衣物。

【临床应用】

1. 适应证

（1）精神疾病：失眠、抑郁症、焦虑症、头痛、精神障碍、精神分裂等。

（2）风湿病：风湿性关节炎、类风湿关节炎、强直性脊柱炎。

（3）骨与关节疾病：腰椎间盘突出、肩周炎、退行性骨关节病、急慢性软组织损伤。

（4）皮肤病：银屑病、硬皮病、皮肤瘙痒症、脂溢性皮炎等。

（5）内科疾病：感冒、咳嗽、高脂血症、高蛋白血症、糖尿病、血栓闭塞性脉管炎、慢性肠炎。

（6）妇科疾病：痛经、闭经等。

2. 应用举例

（1）产后切口护理：讲解产后注意事项及禁忌，指导母乳喂养，提高产妇认知度，耐心倾听解答疑惑，以消除隔阂，提高患者依从性。做好切口护理，保持外阴清洁，避免伤口浸湿；合理饮食，补充高蛋白、粗纤维及富含胶原蛋白的食物，以促进血液循环，改善表皮代谢功能。给予中药熏蒸治疗前，认真讲解熏蒸原理，告知中药功效，观察熏蒸部位皮肤状况及患者的精神状态，尽可能满足其合理需求，营造良好的心理状态。准备物品（治疗盘、药液、水温计、熏洗桶、治疗巾、纱布、弯盘），选用合适方剂配置药液（方药：黄柏 12g、金银花 20g、苦参 20g、地榆 20g、蒲公英 30g、大血藤 30g、薏苡仁 20g、艾叶 20g、马鞭草 20g），确定熏蒸部位。熏蒸前核对医嘱，评估患者情况和病室环境，调节室温，协助产妇坐于熏洗桶，注意观察药液温度（43~46℃），偏凉时可加入适量热水，保持药液温度，询问患者有无不适感。

熏蒸完毕清洁会阴部，协助患者穿好衣裤，整理床单元及所用物品，做好终末处置，及时书写护理记录，签名确认。每次 30 分钟，每日 1 次，持续治疗 3 日。鼓励产妇适当下床活动，以利恶露排出，指导产妇循序渐进地做产后塑身操。

（2）老年焦虑症：中药熏蒸处方为桃仁 12g、赤芍 30g、红花 12g、制川乌 15g、麻黄 15g、海桐皮 20g、制没药 12g、白芷 15g、透骨草 12g、伸筋草 12g、千年健 15g、大黄 10g、连翘 12g。凉水泡 1 小时后水煎，煮沸 30 分钟取 1 000ml 药液，倒入熏蒸治疗器中加热熏蒸 40 分钟，每日 1 次，每剂中药液使用 3 日，10 日为一个疗程。热力刺激协同药物作用促进患处皮肤血管扩张，并促进淋巴液和血液循环，改善局部组织营养与整体功能，提高治疗效果。

（3）脑卒中后上肢肌肉痉挛：中药熏蒸处方为当归 30g、川芎 30g、白芍 30g、红花 15g、鸡血藤 30g、透骨草 30g、伸筋草 30g、刘寄奴 15g、苏木 30g、乳香 20g、没药 20g、桂枝 15g。每剂煎取药液 400ml，分 2 袋密封包装，每袋 200ml。将中药液倒入熏蒸治疗器的水槽，取掉熏蒸部位的隔板，将不需要熏蒸的部位用隔板挡住熏蒸孔。患者脱掉外衣，暴露上半身皮肤，平卧在熏蒸治疗器上，盖上露头的半熏蒸罩，根据患者身高将半熏蒸罩调节至合适的长度，用毛巾围住患者的颈部处，设定舱内温度为 40℃，每日 1 次，每次 30 分钟。操作前需要仔细评估患者情况，向患者解释操作目的及注意事项，取得患者的配合；关闭门窗，屏风遮挡，注意保护患者隐私；熏蒸过程中密切观察，并及时询问患者有无不适，如出现头晕、头痛、心悸或其他不适，应立即停止治疗，并请医护人员酌情处理。熏蒸后注意观察患者局部皮肤有无皮疹及烫伤，及时为患者擦干肢体，并更换清洁干燥的衣服，在治疗室停留几分钟后返回病房，冬季治疗时要注意室温的调节，避免受凉。饭前及饭后半小时内不宜熏蒸，周一至周六每日熏蒸 1 次，每次 30 分钟，周日休息，4 周为一个疗程。中药熏蒸后再给予康复训练的序贯性治疗，有利于运动疗法的实施，对脑卒中后偏瘫肢体的功能恢复有积极的治疗作用。

（4）脑性瘫痪患儿康复：首先进行常规治疗，完善相关检查，结合现有资源和患儿病情，实施推拿按摩、针灸、功能训练等，还应使用脑细胞营养药物。同时实施中药熏蒸治疗，中药熏蒸处方为丹参 25g、伸筋草 20g、黄芪 20g、白芍 15g、艾叶 15g、桂枝 12g、川牛膝 10g、独活 10g、续断 10g、红花 5g、桑枝 5g。清水浸泡 30 分钟，将药物放入中药熏蒸治疗器中，药液温度控制在 41℃左右。患儿平卧在治疗器中，仅露出头部，每次 30 分钟，每日 1 次，每周 6 日，连续治疗 3 个月。温热的环境可促进淋巴循环和血液循环，改善肌肉营养，加快新陈代谢，降低肌张力，加强粗大运动功能。

（5）面瘫：中药熏蒸处方为地龙 10g，羌活、防风、当归、川芎、伸筋草、延胡索各 50g，桂枝 30g，麻黄、生甘草各 20g。药物浸泡 30 分钟后加水煎煮，取药汁 1 800ml，放入中药熏蒸治疗器中。患者取坐位，将中药熏蒸治疗器的喷头对准面部的翳风穴，喷头与面部的距离保持在 50cm 左右，使药物能够均匀地喷洒在面部皮肤上，治疗 20 分钟左右，温度控制在 37~40℃之间，每日 1 次，连续治疗 15 日。

（6）产后病：中药熏蒸处方为刘寄奴 12g、独活 12g、防风 12g、秦艽 12g、红花 9g、艾叶 9g、桑枝 30g、赤芍 15g、花椒 9g、川芎 9g、草乌 9g、生姜 30g、栀子 9g、五加皮 15g、透骨草 12g、大血藤 30g、败酱草 20g、丹参 12g、乳香 10g、没药 10g、苍术 12g、白芷 12g、三棱 10g、莪术 10g、细辛 6g，随证加减。用食醋将药拌湿，用纱布包裹，放入治疗器的电锅中加热。患者露出下腹部，俯卧于熏蒸机上，每次 50 分钟，每日 2 次，1 周为一个疗程，间隔治疗 2 个疗程。中药熏蒸以温通经脉、软坚散结止痛的药物为主,可加强盆腔血液循环,从而改善血管通透性,使药物能直接充分地被吸收利用,更好地促进局部结缔组织、盆腔腹膜炎症、积液及肿物包块的有效吸收及消散。

（7）腰椎间盘突出症:采用熏蒸床熏蒸腰部,如有腿部症状则一同熏蒸。熏蒸所用中药为自拟方通络祛痛方,药物组成为红花20g、川芎10g、威灵仙10g、透骨草10g、当归10g、鸡血藤10g、草乌10g、川乌10g、生艾叶10g、川牛膝10g。每日1剂,每次熏蒸20分钟,以患者能耐受为宜。中药熏蒸治疗时注意温度变化,防止烫伤。

（8）荨麻疹:中药熏蒸处方由防风、荆芥、当归、蝉蜕、紫草、蛇莓、苦参、苍术、白鲜皮、蛇床子、地肤子、黄柏、赤芍、刺蒺藜、乌梢蛇等组成,加水1 500ml,置于熏蒸锅中,煮沸15分钟后,温度设置在38~40℃之间,协助患者躺入温度适宜的熏蒸机床内,夏季熏蒸25~30分钟,冬季30~40分钟,5~7次为一个疗程,一般治疗2~3个疗程,小儿酌减。熏蒸后嘱患者多饮水,补充体液,尽量卧床休息,避免风寒,防止感冒。熏蒸过程中,应注意观察病情,如出现不适,应及时停止熏蒸,给予相应处理措施。妇女月经期间、老年体弱、高血压、急性外伤者不宜熏蒸。

（9）与针刀结合治疗旋前圆肌综合征:患者取坐位,于肱二头肌腱止点、旋前圆肌肌腹分别行针刀松解术,每周1次,次日予患处中药熏蒸治疗,每日1次,7日为一个疗程。中药熏蒸处方为荆芥10g、防风10g、苍术10g、威灵仙10g、透骨草15g、川芎15g、红花10g、羌活10g、乳香10g、没药10g、桑枝15g、海桐皮10g。加水适量,煎沸5分钟后将药液倒出,先熏蒸患处,待药液降至人体可耐受的温度后,浸泡患处约20分钟。

（10）糖尿病周围神经病变:予0.9%氯化钠注射液250ml+硫辛酸注射液0.6g,静脉滴注,每日1次,以及甲钴胺0.5mg,静脉注射,每日1次。在此基础上,加用中药熏蒸及气压治疗。①中药熏蒸:以黄芪桂枝五物汤为主方,辨证加减(黄芪30g、桂枝12g、白芍15g、赤芍15g、生姜18g、大枣4枚、鸡血藤30g、乳香10g、没药10g),制备成2 000ml药液。将药液置入中药熏蒸机内,充分暴露施治部位后进行熏蒸,设定温度43~46℃,每次30分钟,每日1次。②气压治疗:将气压治疗仪的压力带绑于患者双下肢,连接通气阀,打开开关即可,注意及时调节压力强度,每次30分钟,每日2次。治疗周期均为4周。中药药液熏蒸可使中药药力直接渗透皮肤,直透病所,缓解血脉瘀滞,同时可以刺激血管扩张,改善组织供血供氧。

【注意事项】

1. 饭前及饭后半小时内不宜进行熏蒸治疗,熏蒸时室温不应低于20℃,冬季熏蒸后走出治疗室应注意保暖。

2. 中药蒸气温度以不烫为宜,治疗时间不宜过长,老人、儿童及急性病患者应有专人陪护,并适当降低温度、缩短时间。

3. 必须备有严格的接地线,并与设备做可靠连接。熏蒸治疗应在湿度小、地面无水的环境下进行。

4. 每天治疗结束后,将药液排出,然后用清水反复冲洗蒸气发生器2~3次。若3天以上不清理则会产生药渍,造成排水口堵塞或加热慢。

5. 使用中药熏蒸治疗器时应远离电磁辐射干扰源,如短波、微波、CT、磁共振等高频设备,一般距离30m以上,并隔房间使用或屏蔽。不要与其他设备同用一个电源,否则可能引起治疗器工作不稳定。

6. 与患者接触的皮革、床板等，在每个患者治疗完毕时，使用医用酒精棉球擦拭消毒。

7. 每月由专业人员维护设备，出现故障时由专业维修人员维修。

8. 注意防止烫伤，确保各种用具牢固稳妥，热源应当合理，药液不应接触皮肤。

9. 熏蒸浴具注意消毒。

10. 熏蒸治疗后饮 300~500ml 温水。

11. 急性传染病、严重心脏病、高血压、贫血、动脉硬化、心肺功能衰竭、中风、急性感染期、急性炎症期、恶性高热患者，以及孕妇、妇女妊娠及月经期、皮肤有出血倾向者、对药物过敏者、醉酒人员、婴幼儿、皮肤温度感觉缺失者禁用。

六、熏蒸床

熏蒸床由微电脑控制，采用先进的温控技术和高智能控制软件，具有高清晰的数字显示形式，操作简单、方便，是中医外治颈腰腿痛的医疗设备。通过熏蒸透皮吸收给药，中药蒸气中的有效成分渗透肌肤，使局部血管扩张，促进血液和淋巴循环，改善周围组织的营养，起到活血、排毒、驱风寒、温经络之功效（图 3-6）。

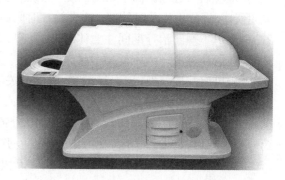

图 3-6 熏蒸床

【仪器原理】

1. 仪器原理 熏蒸床主要通过药疗、热疗、浪涌压力三种手段的协同作用取得疗效，临床上可选择不同的中药处方用于多种疾病的治疗。

2. 治疗原理

（1）热能可以充分扩张体表毛细血管网，使外周血容量迅速增多，促进全身血液循环，同时促进药物的渗透与吸收。

（2）中药蒸气作用于人体所产生的"发汗"效应，具有解表祛邪、祛风除湿、利水消肿、排泄体内有毒有害物质的功能，可有效清洁机体内环境、维护机体健康。

（3）中药蒸气的有效成分可直接在接触的肌肤部位产生药效或在向体内转运的透皮吸收过程中发挥抑菌、消炎、杀虫止痒、消肿止痛等作用，用于治疗皮肤痈疽疮疡及多种皮肤病。

【操作方法】

1. 使用熏蒸床前先检查熏蒸桶里的药液是否浸过加热管。

2. 按下漏电保护电源线的开关，再按下面板上的船形开关，此时温控仪显示所测温度指示值，加热器开始加热，熏蒸床开始工作。

3. 根据患者耐受情况调节温度，调节温度时按"SET"键，再按上升键或下降键。

4. 熏蒸完毕后按下船形开关停止熏蒸床运行。

【临床应用】

1. 适应证

（1）呼吸科：哮喘、感冒、咳嗽等。

（2）神经科：脑血管意外后遗症。

（3）骨科：肩周炎、颈椎病、落枕、骨关节炎、肌腱炎、筋膜炎、腱鞘炎、腰肌劳损、腰背软组织挫伤、腰部软组织无菌性炎症等。

2. 应用举例

（1）腰椎间盘突出症：与患者交流沟通，讲解中药熏蒸床的治疗原理和注意事项。严格消毒，用1∶200的84消毒液擦拭熏蒸床的台面。将中药装在特制的纱布袋中，放入熏蒸床中，按下开关键，将温度设为40℃，预热。患者取仰卧位，暴露熏蒸部位。取出熏蒸部位对应的海绵块，调节治疗温度在46~50℃，对于初次接受中药熏蒸治疗的患者，可将温度适当调低，待适应后再逐渐调高至耐受温度。在熏蒸过程中密切观察患者的情况，如有异常应立即关闭仪器，通知医生及时处理。熏蒸治疗时间通常为30分钟。熏蒸后可卧床休息片刻，避免着凉、受风。熏蒸治疗期间注意休息，加强腰、背肌功能锻炼，仰卧硬板床休息，活动时佩戴腰围，注意补充水分。每次30分钟，每日1次。12日为一个疗程，治疗1~2个疗程。

（2）风湿性关节炎：以温经散寒、除湿利关节为法。中药熏蒸处方为生川乌20g、生草乌20g、麻黄20g、桂枝20g、北细辛20g、白芷20g、当归20g、制马钱子10g，每剂用3日，以患者全身少量出汗为度，每日1次，每次30~40分钟，10次为一个疗程，观察2个疗程。运用中药外敷的原理，借助熏蒸床，更好地发挥药物弥散和吸收的效果。

（3）颈椎病：将药袋放入熏蒸床的不锈钢电热锅中，蒸馏水液面没过药袋，加热出蒸气时间为35分钟（实际温度达到48℃）。待蒸气充满熏蒸舱后，打开熏蒸部位对应的皮垫，根据不同的熏蒸部位手动调整熏蒸温度。10次为一个疗程，观察2个疗程。熏蒸床设有蒸气分流盘管，蒸气量大，分布均匀，优于缓慢小蒸气量的治疗效果。熏蒸舱分为3个舱体，局部熏蒸只需要单独打开一个熏蒸舱开关，蒸气迅速到达舱体，依靠3个舱体的物理位置自然区分温度，既节约成本，又能很好地维持温度，保证治疗效果。

（4）强直性脊柱炎：辨证选用中药熏蒸处方。①肾虚寒湿型：透骨草、桂枝、羌活、独活、制川乌、川芎、红花等。②寒热错杂型：透骨草、苦参、土茯苓、桂枝、羌活、川芎、红花等。③湿热毒瘀型：苦参、黄柏、忍冬藤、薏苡仁、金银花、连翘、川芎等。④痰血瘀阻型：威灵仙、天南星、白芥子、乳香、没药、川芎、红花等。⑤肝肾不足型：黄芪、骨碎补、淫羊藿、鸡血藤、川芎、红花等。确认设备连接正确、性能良好后，将药物置入电热锅内，加水浸泡30分钟后煎沸，将药液倒入熏蒸床的蒸气容器内，继续电加热后产生蒸气，当温度调整到38~55℃时，患者更衣，仰卧于熏蒸床上，根据患者的忍受程度调节温度，每次30~40分钟，每日1次，15~20日为一个疗程。

（5）关节功能障碍：将中药装入纱袋中包好，放在熏蒸床的水槽中，槽内放自来水，按照操作规程打开设备，根据情况调节温度（41~43℃）及时间（30分钟）。水槽中的水加热后，患者平卧于熏蒸床上，暴露局部后关闭熏蒸床外盖，加热的药液通过水槽上方的透气孔作用于患肢。根据患者的年龄、熏蒸部位、耐受力调节温度。熏蒸温度不可过高，以免烫伤皮肤；也不可过凉，以免产生不良刺激。药液稍凉时设备会自动再加热，持续温热熏蒸效果良好。一旦发生烫伤,应及时通知医生进行对症处理。在熏蒸过程中,由于室温、熏蒸床内及患肢温度均较高,患者出汗较多,应及时补充水分,可饮用淡盐水或果汁。密切观察患者情况,询问有无头晕、心慌、乏力等虚脱症状,若发生头晕等不适时,应立即停止治疗并卧床休息;若出现皮肤过敏应立即停止熏洗,遵医嘱对症治疗。注意避风保暖,室温保持在22~24℃,遮挡暴露肢体,治疗结束后及时擦干患肢上的水蒸气,穿好衣服,稍事休息后再离开熏蒸室,防止受凉后感冒。

(6)中风偏瘫:将制川乌 60g、制乌草 60g、苏木 30g、稀莶草 60g、独活 30g、羌活 30g、川断 30g、麻黄 30g 放入药袋内,用熏蒸锅加水煮沸 1 小时,将煮好的药液加热至 50~70℃,放置于专用熏蒸床下。患者平卧于熏蒸床上,暴露患肢,经加热的药液蒸气缓缓通过熏蒸床上的治疗孔洞作用于患侧肢体,每天 1 次,每次 30 分钟。熏蒸时,药液应加热至蒸气上冲,但必须严格控制温度,不可过热,避免烫伤。因偏瘫患者的皮肤浅感觉减退,对热刺激不敏感,容易造成烫伤,因此要求严格控制温度。一旦发生烫伤,应及时通知医生对症处理。注意保暖,避免风寒。在熏蒸过程中患者皮温升高,毛孔开放,容易受到风邪侵袭,因此室内应避风,关闭门窗,治疗结束后擦干患者身上的药液,及时穿好衣服,并让患者稍事休息,防止感冒着凉。在更换熏蒸专用治疗服时,对于患者过分暴露的肢体要加以遮挡,消除患者因身体过分暴露而带来的不适和不安。要保护患者的安全,防止因活动不便导致摔伤。在治疗过程中,由于治疗室及患者皮肤的温度均较高,要随时观察病情变化,询问患者的感受,当患者出现头晕、心慌、乏力等虚脱症状时,应立即采取有效措施。

(7)膝骨关节炎:中药熏蒸处方为当归 15g、川芎 15g、红花 10g、乳香 15g、没药 15g、川乌 15g、草乌 15g、天南星 15g、伸筋草 15g、透骨草 15g、川牛膝 15g、五加皮 20g。将上述药物装入专用煎药袋,放入熏蒸床的治疗水槽内,加水淹没药袋,以符合熏蒸水位标准。将熏蒸床通电加热使其产生蒸气,熏蒸温度调至 45~50℃,患膝伸入床内进行熏蒸,每次 30~40 分钟。在第一次及第二次针刀治疗结束后 1 周分别熏蒸治疗 1 次。针刀和熏蒸两种治疗方法有效地结合,可纠正膝关节内部的力平衡失调,缓解关节疼痛、肿胀,恢复功能。

(8)过敏性紫癜:中药熏蒸处方为苍术 50g、黄柏 30g、牛膝 30g、薏苡仁 30g、紫苏 50g、白鲜皮 50g;寒盛肢凉加艾叶 50g、桂枝 30g;热盛口干加苦参 50g、黄芩 30g;血虚皮肤干燥加熟地 50g、当归 30g;肾虚腰膝酸软加杜仲 50g、首乌 30g。每次 40 分钟,每周 4 次,2 周为一个疗程。中药熏蒸改善毛细血管通透性,促进皮肤血液循环,使组织液尽快吸收。

(9)髌骨骨折术后:中药熏蒸处方为当归、牛膝、木瓜、乳香、没药、五加皮、芙蓉叶、金果榄各 100g。上药共为细末,装入纱布袋,放进熏蒸床的蒸盆内,接通电源,调节电脑开关,根据个人的耐受能力调节温度,一般在 45~55℃。患者取俯卧位,将患膝置于熏蒸孔内熏蒸,每次 30 分钟,每日 1 次。术后 6 周开始熏蒸治疗,熏洗后马上配合膝关节主动和被动屈伸功能锻炼,力度以关节轻度酸痛并能忍受为限。7 日为一个疗程,共 3 个疗程,疗程之间相隔 1 周。

(10)痹证:选用自拟痹痛宁方,组成为三七、红花、白芍、当归、生马钱子(粉碎)、红藤、伸筋草、透骨草、桂枝、生川乌、生草乌、威灵仙、白芥子、生半夏等,共约 300g,加入食醋 250ml。将上药置于熏蒸床蒸气发生器中,加适量清水,关闭发生器盖,开启电源,煮沸 25 分钟。按温度调控键,将温度设定于 46~55℃。患者卧床,将治疗窗对准病变部位,按熏蒸治疗键,进入治疗状态。根据患者耐受情况,调节至最适温度。每次 30 分钟,每日 1 次,连续治疗 20 次为一个疗程。

【注意事项】

1. 对于初次接受中药熏蒸治疗的患者,可适当调低温度,待适应后逐渐调高至耐受温度。在熏蒸过程中密切观察患者的情况,并及时询问患者对熏蒸的感受、疼痛缓解程度、有无不适等。如有异常应立即关闭仪器,通知医生及时处理。

2. 记录熏蒸治疗过程,掌握患者的适应温度范围,便于整个疗程的观察和护理。

3. 熏蒸治疗时间通常为 30 分钟,熏蒸后可卧床休息片刻,及时更换清洁、干燥的衣裤,避免着凉、受风。

4. 熏蒸治疗期间,注意休息,加强腰、背肌功能锻炼,仰卧硬板床休息,适度活动,活动时佩戴腰围或颈托。加强营养,注意补充水分或温度适中的果汁和淡盐水。治疗期间禁烟,忌生冷海鲜类饮食。

5. 使用熏蒸床时必须保证熏蒸桶里的药液浸过加热管,以免加热管干烧,损坏加热管。

6. 保护电源线上的漏电保护按键需每月试用 1 次,以确保漏电保护有效,避免人身伤害。

7. 操作人员只需调节温度的高低,不能调节温控仪的参数,如需更改必须有专业人员或厂家指导。

8. 在使用熏蒸床时,必须有医护人员在场随时观察患者的情况,避免烫伤。

9. 定期清洁熏蒸床和熏蒸桶,保持床身整洁。

七、电脑熏蒸治疗床

电脑熏蒸治疗床通过数字智能化控制恒温加热,将中药液加热为中药蒸气,通过中药蒸气的温热作用,使毛孔张开,毛细血管网开放,中药有效成分经皮肤吸收,药力直达病所,有效松解痉挛、镇痛,降低肌张力,改善微循环和运动功能,为后续肢体康复锻炼创造条件(图 3-7)。

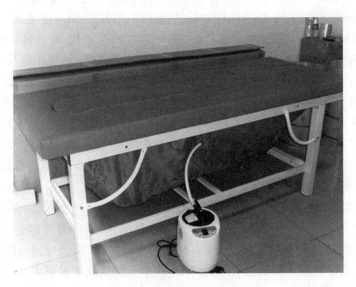

图 3-7 电脑熏蒸治疗床

【仪器原理】

电脑熏蒸治疗床主要通过热、压力、按摩、药、生物电疗五种医疗手段的协同作用来取效。热能加速人体的血液、淋巴液循环，促进新陈代谢、加快代谢产物清除，扩张毛孔；经过毛孔的药物分子在压力的作用下，通过毛孔渗透至患处。

【操作方法】

1. 开机前检查控制台与主机配电箱连接线。

2. 打开主机下部，提出药缸，置入专用熏蒸配件袋，注入清水至药缸的五分之四处，擦干外壳后放回加热器中，盖好上盖，把主机拉出的部位推回原位。

3. 检查各部位连线无误后，方可合上空气开关接通电源。

4. 医生根据患者的病情设定治疗时间。

5. 具体模式选择按控制操作说明执行。

6. 治疗结束必须关闭总电源，取出药缸，倒掉废液，擦干加热器外壳放回原位，以便下次使用。

【临床应用】

1. 适应证

（1）风湿病：风湿性关节炎、类风湿关节炎、强直性脊柱炎等。

（2）骨伤科疾病：腰椎间盘突出症、骨关节病、急慢性软组织损伤。

（3）皮肤科疾病：神经性皮炎、癣、疥疮、湿疹、皮肤瘙痒、扁平疣等。

（4）内科疾病：感冒、咳嗽、糖尿病、失眠、神经症、血栓闭塞性脉管炎、慢性肠炎。

（5）妇科疾病：痛经、闭经等。

（6）五官科疾病：近视、远视、泪囊炎、过敏性鼻炎、鼻窦炎等。

2. 治疗方法　患者取舒适体位，暴露施治部位，将病变局部置于蒸气孔上。将药袋放入治疗床中，调节温度，治疗时间为 15~20 分钟，每日 1 次。治疗过程中注意观察患者反应，如有不适，立即停止治疗。皮肤病患者治疗后，注意清洁及消毒治疗床。治疗后提醒患者及时补充水分。

（1）肩周炎：中药熏蒸处方为香加皮、木瓜、伸筋草、制川乌、羌活、地龙各 20g，川芎、防风、艾叶、红花各 15g，鸡血藤、牛膝各 10g。每次 30 分钟，每日 2 次，5 日为一个疗程，可连续治疗 2~3 个疗程。

（2）慢性湿疹：中药熏蒸处方为苦参、黄柏、地肤子、白鲜皮、虎杖、蛇床子、马齿苋、金银花、蒲公英、野菊花各 20g，土茯苓 30g，硫黄、冰片各 6g，每日 1~2 次，10 日为一个疗程，可连续治疗 2~3 个疗程。

【注意事项】

1. 操作者在使用设备前应认真阅读使用说明书。

2. 必须严格按照电源插头标志进行连接，主机必须连接保护地线。

3. 使用前必须将主设备与控制台导线连接到对应的接口上，再接通电源线打开空气开关。

4. 维修或移动前必须先断开总电源,再断开主机与控制台连接线。

5. 注意药液蒸发量,及时注入清水,避免损坏蒸气发生器。

6. 患者使用后床面应消毒。

八、智能熏蒸仪

智能熏蒸仪是以中医熏蒸疗法为基础,结合当代生产工艺的中药熏蒸治疗设备(图3-8)。

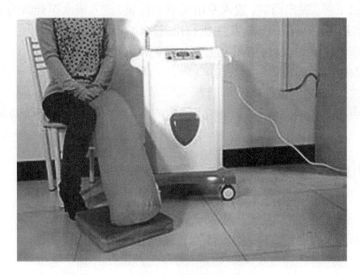

图 3-8 智能熏蒸仪

【仪器原理】

智能熏蒸仪通过电能将中药液转为蒸气,通过远红外线热辐射、蒸气压力及气流的恒温恒压协调作用,对人体局部穴位进行物理、热辐射和药物渗透治疗,从而达到通经活络、祛瘀生新、温经止痛、养生保健的目的。

1. 中药蒸气中的有效成分通过皮肤吸收进入体内,发挥治疗疾病的作用。

2. 在熏蒸过程中,皮肤温度升高,毛细血管扩张,血液循环加快,促进了皮肤和机体的新陈代谢,进而促进关节肿胀消退,提高组织的再生能力。

3. 物理温热作用能消除疲劳,同时可以降低皮肤末梢神经的兴奋性,缓解肌肉痉挛和强直,从而减轻和缓解关节疼痛。

4. 发汗解表、和卫散邪、疏通腠理、调气和血、解毒避秽、防疫保健、杀虫止痒等诸多功用,可广泛用于全身多种病症的治疗。

5. 药物熏蒸还能使皮肤光滑细润、补肾壮骨、养容生肌、延年益寿。

【操作方法】

1. 打开阀门排净残液。

2. 关闭阀门。

3. 将清水倒入容器内并排净。

4. 将 600ml 中药液倒入容器后,打开绿色电源开关,按"开始"键准备工作。

5. 待设备喷出蒸气后按"开始"键,调节喷头进行治疗。

6. 治疗结束按液晶屏右下角"结束"键。

7. 逆时针旋转放水阀(黄色手柄)至竖直为排液。

8. 向容器内倒入清水再排净即可。

9. 设备不用时用清水浸泡容器。

【临床应用】

1. 适应证

(1)骨伤科:术后关节僵硬、软组织扭挫伤、腰肌劳损、急性腰扭伤、肩周炎、网球肘、腱鞘炎、梨状肌综合征、外伤血肿(24 小时以后),对缓解骨质增生、颈椎病、腰椎间盘突出局部疼痛有一定疗效。

(2)皮肤科:牛皮癣、顽固性湿疹、疥疮、皮肤瘙痒、粉刺(痤疮)、扁平疣、冻疮、神经性皮炎、其他癣。

(3)妇产科:慢性盆腔炎、外阴炎、外阴瘙痒、痛经、阴道炎、产后子宫恢复。

(4)内科:慢性支气管炎、支气管哮喘、慢性非特异性结肠炎、风湿性关节炎,对改善中风后遗症、痛风也有一定疗效。

(5)外科:痔疮、急性乳腺炎、前列腺炎、血栓闭塞性脉管炎、急性淋巴管炎。

(6)五官科:颞下颌关节炎、慢性咽炎、结膜炎、鼻旁窦炎、麦粒肿。

(7)其他:肌肤美白、黄褐斑、皮肤皱纹。

2. 治疗方法　患者取舒适体位,暴露施治部位,将病变局部置于蒸气孔上。将药袋放入熏蒸仪中,调节温度,治疗时间为 15~20 分钟,每日 1 次。治疗过程中注意观察患者反应,如有不适,立即停止治疗。皮肤病患者治疗后,注意清洁及消毒治疗床。治疗后提醒患者及时补充水分。

(1)慢性盆腔炎:中药熏蒸处方为小茴香、干姜、肉桂各 6g,当归、川芎、赤芍、没药、茯苓、五灵脂、蒲黄、延胡索、苍术各 10g。每次 30 分钟,6 次为一个疗程,可连续治疗 2~3 个疗程。

(2)肩周炎:中药熏蒸处方为独活 30g,桂枝、透骨草、生艾叶、乌头各 20g,当归 30g,红花 20g,防风 15g。每次 30 分钟,5 次为一个疗程,可连续治疗 2~3 个疗程。

(3)腰肌劳损:中药熏蒸处方为乳香、没药、威灵仙、鸡血藤、透骨草、制附子各 30g。每次 30 分钟,5 次为一个疗程,可连续治疗 2~3 个疗程。

【注意事项】

1. 施行熏蒸疗法应注意防止烫伤,确保各种用具牢固稳妥,热源应当合理,药液不应接触皮肤。

2. 小儿及年老体弱者熏蒸时间不宜过长,需家属陪同。

3. 熏蒸浴具注意消毒。

4. 治疗期间适当控制辛辣、油腻、甘甜等食物的摄入量。

5. 皮肤病患者治疗期间停用各种洗面奶。

6. 熏蒸治疗后饮 300~500ml 温水。

九、智能型中药熏蒸气自控治疗仪

智能型中药熏蒸气自控治疗仪实现了药疗、热疗、氧疗、电疗、水疗、按摩六种治疗手段协同作用,可局部、半身、全身熏蒸,且高效节能(图 3-9)。

【仪器原理】

通过物理温热和中药药理的双重作用达到治疗目的。熏蒸时全身毛孔开放、排汗,一方面可以将体内新陈代谢产物和有害物质排出体外,另一方面中药有效成分通过开放的毛孔进入体内,发挥活血化瘀、温经散寒、驱风祛湿、消炎止痛的作用,药物直接作用于病变部位,避免了内服药的毒副作用。

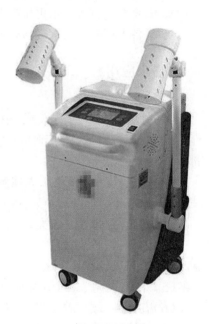

图 3-9　智能型中药熏蒸气自控治疗仪

【操作方法】

1. 核对医嘱,评估患者的一般情况,了解相关病情、既往病史、传染病史。

2. 评估患者的心理状态、对健康知识的掌握情况及合作程度,告知其操作的目的和配合要点,以及使用药物的作用等,取得合作。

3. 操作者洗手、戴口罩,向治疗仪药锅内放入煎好的熏蒸药液 2 袋,接通电源,打开开关。

4. 设定参数,包括时间和温度,进行预热,温度最高 40℃,时间为冬季 30 分钟,夏季 20 分钟。

5. 待到达预设温度后,进行局部熏蒸。

6. 按"运行"按钮,开始治疗。

7. 治疗结束后,协助患者整理衣物。

【临床应用】

1. 适应证

(1)风湿病:风湿性关节炎、类风湿关节炎、强直性脊柱炎等。

(2)骨伤科疾病:腰椎间盘突出症、骨关节病、急慢性软组织损伤。

(3)皮肤科疾病:神经性皮炎、癣、疥疮、湿疹、皮肤瘙痒、扁平疣等。

(4)内科疾病:感冒、咳嗽、糖尿病、失眠、神经症、血栓闭塞性脉管炎、慢性肠炎。

(5)妇科疾病:痛经、闭经等。

(6)五官科疾病:近视、远视、泪囊炎、过敏性鼻炎、鼻窦炎等。

2. 应用举例

（1）膝骨关节炎：建议在针刺治疗结束后，根据患者病情由医生拟中药熏蒸方，布包浸泡后煮取药汁适量，加入中药熏蒸气自控治疗仪中，待出气口有蒸气喷出后，调整喷头对准膝关节。患者坐位屈膝 90°，熏蒸 20 分钟，可自行调节距离，防止烫伤。以上治疗均隔日 1 次，每周 3 次，3 周为一个疗程。

（2）寻常性银屑病：建议结合口服中药汤剂治疗，并根据患者病情由医生拟中药熏蒸方，布包浸泡后煮取药汁适量，加入中药熏蒸气自控治疗仪中，待出气口有蒸气喷出后，调整喷头对准患处皮肤，熏蒸 30 分钟，每周 2 次，4 周为一个疗程，治疗 3 个疗程。

（3）下肢溃疡：根据患者病情由医生拟中药熏蒸方，布包浸泡后煮取药汁适量，加入中药熏蒸气自控治疗仪中，待出气口有蒸气喷出后，调整喷头对准患处皮肤，与皮肤保持 25~30cm 距离，以患者能耐受为度。每次熏蒸 40 分钟，每日 1 次，连续 3 周为一个疗程。

（4）腰椎间盘突出：根据患者病情由医生拟中药熏蒸方，布包浸泡后煮取药汁适量，加入中药熏蒸气自控治疗仪中，待出气口有蒸气喷出后，调整喷头对准患处，每次 30 分钟，每日 1 次。

（5）带状疱疹：建议中药熏蒸作为辅助治疗手段。根据患者病情由医生拟中药熏蒸方，布包浸泡后煮取药汁适量，加入中药熏蒸气自控治疗仪中，待出气口有蒸气喷出后，调整喷头对准患处，距皮肤约 5~10cm，温度控制在 40~50℃。每次治疗时间为 20 分钟，每日 1 次，8~13 次为一个疗程。

【注意事项】

1. 饭前及饭后半小时内不宜进行熏蒸治疗，熏蒸时室温不应低于 20℃，冬季熏蒸后走出治疗室应注意保暖。

2. 中药蒸气温度以不烫为宜，治疗时间不宜过长，老人、儿童及急性病患者应有专人陪护，并适当降低温度、缩短时间。

3. 必须备有严格的接地线，并与设备做可靠连接。熏蒸治疗应在湿度小、地面无水的环境下进行。

4. 每天治疗结束后，将药液排出，然后用清水反复冲洗蒸气发生器 2~3 次。若 3 天以上不清理则会产生药渍，造成排水口堵塞或加热慢。

5. 使用中药熏蒸治疗器时应远离电磁辐射干扰源，如短波、微波、CT、磁共振等高频设备，一般距离 30m 以上，并隔房间使用或屏蔽。不要与其同用一个电源，否则可能引起治疗器工作不稳定。

6. 与患者接触的皮革、床板等，在每个患者治疗完毕时，使用医用酒精棉球擦拭消毒。

7. 禁忌证

（1）重症高血压、重度贫血者禁用。

（2）高热、结核病、大失血、精神病、某些传染病（如肝炎、性传播疾病等）者禁用。

（3）皮肤破溃、心血管疾病代偿功能障碍者禁用。

（4）青光眼、严重肝肾疾病者禁用。

（5）孕妇禁用。

（6）糖尿病神经病变致皮肤感觉迟钝或丧失者、偏瘫肢体无感觉者禁用。

十、智能肛周熏洗仪

智能肛周熏洗仪包括外壳及内部的容器,容器下部安装加热元件,容器一侧连接进水管,另一侧依次连接水泵、出水管。由微电脑控制,同时具备座圈加热功能。其臀部冲洗功能可自由调节水温和冲洗水力,还可根据男女所需,选择专用的冲洗功能。臭氧杀菌功能避免交叉感染,确保治疗安全。使用过程中无需对容器内的水进行加热处理,从而保证了排水时的电隔离;双重温度控制装置防止温度控制失灵,降低烫伤风险(图3-10)。

图3-10　智能肛周熏洗仪

【仪器原理】

1. 技术原理　利用中医外治原理,辨证选方,药液直接作用于肛门局部,有效缓解炎症刺激,抑制和杀灭病原,防治感染。具有清洁肛门、减轻水肿、止痛止痒、缓解括约肌痉挛、松弛肛门、利于创口引流、促进伤口愈合等多种作用,适用于内痔、外痔、肛瘘、脱肛、肛周湿疹、肛门瘙痒等病症。

2. 仪器原理

(1)热熏蒸功能:药液在电磁互感悬浮加热系统的作用下,急速转化成气溶胶,直接作用于病灶,从而达到杀菌、消炎、去腐生肌的效果。

(2)局部热水疗作用:矿化水系统将自来水进行四重矿化,调节水的pH值,最终产生接近人体体液pH的弱碱性矿化水,经过电磁互感悬浮加热系统的作用,变成37℃恒温热水,促进病灶血液循环,且可清洁残存粪便、分泌物或术后淤积物。

(3)红外热风疗作用:不仅能消炎、促进病灶局部血液循环,而且具有熏蒸疗、热水疗后烘干皮肤的作用。

【操作方法】

1. 熏洗应在医生的指导下进行。熏洗前询问病史,有皮肤过敏史、皮肤破损及出血倾向者,均不宜使用熏洗疗法。另外,要根据病情辨证选方。

2. 患者清洁后,做好卫生保护措施,端坐于熏洗仪上,设定时间和温度。体表与药液的距离要适当,过近则易烫伤皮肤,过远则热力不够,可采用先远后近或不断移动调节的方法。同时,注意与其他治疗方法相配合,如按摩、运动等,发挥综合治疗的优势。

3. 熏洗后开启清洗系统,避免治疗过程中的交叉感染。

【临床应用】

可用于内痔、外痔、混合痔、肛门瘙痒、肛周湿疹、肛周脓肿等肛门疾病,以及妇科和前列腺疾病等,还可用于日常肛周清洁、肛肠术后理疗等。

1. 痔疮术后　方用解毒生肌汤，药物组成为生侧柏叶 15g、五倍子 15g、地榆 15g、川椒 15g、大黄 20g、苦参 15g、甘草 15g、冰片 10g、黄柏 15g、赤芍 15g、全虫 5g、蒲公英 15g、芒硝 30g、防风 15g、苍术 15g。从术后第 2 天开始，每日 1~2 次，每次熏蒸 5 分钟、冲洗 5 分钟、热疗 5 分钟，7 日为一个疗程，治疗周期视病情而定，至病愈止。

2. 肛周脓肿术后　中药熏洗处方为五倍子、苦参、苍术、侧柏叶、黄柏、赤芍、重楼、地榆各 21g，蒲公英 13g，芒硝 31g，土茯苓 31g，甘草 11g。调整设备参数，设定各项时间，视病情使用臭氧以提高疗效。

3. 痔疮术后创面修复　方用痔瘘外洗方，药物组成为苦参 50g，芒硝 40g，醋艾叶、黄柏、紫草各 20g，明矾 30g。趁热先熏后洗约 15 分钟，每日 1 次。

4. 痔疮术后水肿　方用肛周坐浴经验方，药物组成为苦参 15g、苍术 15g、芒硝 10g、马齿苋 15g、大黄 15g、黄柏 15g、土茯苓 15g、牛膝 15g、延胡索 15g、三七 6g、地榆 15g、槐花 15g。加水煎取约 2 000ml，先以热气熏蒸，待水温适中后坐浴，坐浴温度以能耐受为度。一般坐浴 15~20 分钟为宜，早晚各 1 次，便后坐浴 1 次尤宜。

【注意事项】

1. 患有严重器质性疾病者（如心脏病、高血压、肾病）慎用，以防熏洗热敷时出现意外。
2. 儿童、老人、行动和自控能力弱者慎用。
3. 皮肤感觉减退或丧失、发热性疾病、有出血性倾向、疾病危重阶段者慎用。
4. 妇女妊娠期或月经期不宜熏洗。
5. 对药液过敏、熏洗后皮肤瘙痒者，应注意及早停用。
6. 体弱及传染病、高血压等患者慎用。
7. 治疗前应了解患者有无药物过敏史。
8. 冲洗药液必须使用无颗粒状杂质的药液，使用后废弃。
9. 雾化液必须根据患者病情由院方当日新鲜配制。
10. 治疗前应鼓励患者排便，治疗结束后应稍事休息。
11. 每天治疗结束后按照说明书要求对设备进行清洗、消毒。

十一、超声雾化熏洗仪

超声雾化熏洗仪主要用于肛门及外阴的熏洗清洁、烘干，同时也具有治疗作用。超声雾化熏洗仪利用电子高频震荡（振荡频率为 1.7MHz 或 2.4MHz），通过陶瓷雾化片的高频谐振，将液态水分子结构打散而产生水雾，不需加热或添加化学试剂。另外，在雾化过程中释放大量的负离子，并能有效去除甲醛、一氧化碳、细菌等有害物质，使空气得到净化，减少疾病的发生（图 3-11）。

图 3-11　超声雾化熏洗仪

【仪器原理】

超声雾化熏洗仪利用超声波的雾化作用,将药液变成细微的雾状颗粒(气溶胶),直接作用于肛门局部病灶,达到治疗疾病的目的。用于缓解肛门手术后及肛周疾病发作期炎症肿痛。

【操作方法】

1. 接通电源,向水槽内加水约 3 000ml。
2. 向雾化器水箱加满蒸馏水,约 350ml。
3. 装入雾化器药杯,加入中药液 100ml,旋紧雾化杯上盖。
4. 设置水温、风温、座温,按"启动"键,进入工作状态。

【临床应用】

可用于妇科疾病(如急慢性外阴炎、阴道炎、宫颈炎、前庭大腺囊肿)、呼吸系统疾病(如感冒、过敏性鼻炎、鼻息肉、肺气肿、急慢性咽炎、喉炎、气管炎、支气管哮喘等)及肛肠科疾病。

1. 痔疮 方选自制参花洗剂,药物组成为苦参 30g,仙鹤草 15g,槐花、醋元胡、地榆炭各 10g,甘草 3g。将 50ml 药液倒入超声雾化熏洗仪,打开仪器开关,调节参数,协助患者坐在熏洗仪上,肛门手术部位对准药液上方;设定水温 42℃,模式为超声雾化熏蒸 15 分钟 + 坐浴 10 分钟。于术后 24 小时开始熏洗,熏洗后换药,每日 1 次,连续治疗 7 日。

2. 混合痔 中药熏洗处方为苦参 50g,芒硝 40g,明矾 30g,黄柏、紫草、醋艾叶各 20g。水煎制成中药包(100ml/ 包),每次取 2 包,用超声雾化熏洗仪进行熏洗,温度控制在 40℃,每次 30 分钟,每日 1 次,连续治疗 2 周,随访 3 个月。

3. 肛周湿疹 可选用王氏湿疹方,药物组成为黄柏 20g、苦参 10g、白鲜皮 15g、地肤子 15g、蛇床子 15g、明矾 20g、苍术 12g、龙胆草 18g。浓煎至 250ml 放入超声雾化熏洗仪,熏蒸肛周 30 分钟,每日早晚各 1 次,7 日为一个疗程。

4. 肛瘘 中药熏洗处方为醋艾叶、黄柏、紫草各 20g,芒硝 40g,苦参 50g,明矾 30g。每日 1 剂,水煎取汁 100ml,采用超声雾化熏洗,水温控制在 40℃,每次 30 分钟,每日 1 次。创面涂抹黄连素软膏,敷贴无菌纱布,胶布固定,每日 1 次。

5. 肛肠疾病术后 中药熏洗处方为金钱草、虎杖、苍术、金银花、黄柏等。取中药液 50ml 加水 500ml 倒入一次性熏洗盒中,打开电源,调节温度至 41~43℃,待雾状药液喷出,协助患者暴露手术部位,坐于超声雾化熏洗器上,对创面进行熏洗,每次 15~20 分钟,每日 1 次,7 日为一个疗程。

6. 肛周脓肿术后 方选促愈苦参汤,药物组成为苦参、蒲公英、大黄、黄柏、黄芩、五倍子各 30g,以煎药机代煎密封分装,每剂 200ml。将中药液倒入超声雾化熏洗仪的药液杯中,将药液杯放入水盒内,与水盒内雾化器垂直放好后,盖上杯盖。打开电源开关自动加热,至控制面板上仪器表温度显示 38℃后,协助患者坐在熏洗口上,喷口对准患处。按动左控制面板,相应指示灯亮,先臭氧水冲洗 1~2 分钟,再熏蒸 10~15 分钟,最后烘干 3 分钟。结束时自动关闭电源开关。

【注意事项】

1. 提倡使用面罩雾化,不用咬嘴,以防止呼出气流进入雾化器内,锈蚀雾化器内部元件。

2. 勿将设备放在高温、低温、高压或阳光直射的地方。

3. 勿弯折送气管。

4. 每次开机前保证水槽中有足量的蒸馏水。

5. 定时检查雾化杯底膜片是否漏水,防止药液侵蚀晶片。

6. 每次使用完毕,将水槽中的水完全放掉,擦干雾化器,晶片用软布擦干。发现晶片上有水垢,用晶片专用清洗液浸泡 3~5 分钟后擦干,以延长寿命。

7. 勿将雾化吸入器放置于儿童能够触及的地方。

8. 勿使用苯、稀释剂和易燃化学药品清洗设备。

十二、熏洗坐浴器

熏洗坐浴器具有功能齐全、简便易行、安全有效、性能稳定的特点,易被患者接受。在治疗过程中,患处直接接触药物,通过皮肤吸收,使局部血药浓度增加,改善局部血液循环,促进组织修复,从而达到治愈或缓解局部症状的目的(图 3-12)。

图 3-12 熏洗坐浴器

【仪器原理】

1. 理化原理

(1)熏洗过程中,药物的有效成分可透过皮肤或创面的肉芽组织而发挥作用。

(2)利用超声波的雾化作用,使药液变成细微的雾状颗粒,均匀散布于伤口周围。

2. 治疗原理

(1)疏通腠理、解毒消肿:宣通解表,解毒散邪,增加白细胞的吞噬能力,促进肛周炎症渗出物早期吸收而散瘀消肿。

(2)消炎杀菌、清洁伤口:能促进肉芽组织及上皮组织增生、促使伤口愈合。

(3)透皮吸收:通过角质层表皮吸收,使药物沿细胞间隙透过角质层,甚至整个表皮层,由表皮到达真皮,药物通过皮肤吸收进入体循环,不仅发挥局部作用,也产生全身作用。

【操作方法】

1. 接通电源,按下电源键,显示屏亮。

2. 向盆体内加入坐浴药液或药粉,总量控制在 100ml 以内。

3. 显示屏显示坐浴器内温度,按"加热"键调至适宜温度。

4. 按"开始"键。

5. 治疗结束后,清洗坐浴盆,并消毒。

【临床应用】

可用于治疗肛肠疾病(如痔、痔嵌顿及各类痔术后、肛周脓肿术后、肛瘘术后、肛裂术后切口水肿疼痛、肛门瘙痒、创面愈合延迟等)、妇科疾病(如阴道炎、宫颈炎、盆腔炎、外阴湿疹、阴痒等)、泌尿系统疾病(如前列腺炎等)。

1. 内、外、混合痔 中药坐浴处方为马齿苋 30g、花椒 15g、苍术 15g、枳壳 15g、侧柏叶 20g、防风 10g、甘草 10g、火硝 10g、鱼腥草 20g、苦参 15g、陈皮 15g、五倍子 15g。加清水煮开后,把药液倒入盆中。坐浴前为患者测体温、脉搏、血压,嘱其排空大小便,用清水洗净外阴及肛门周围并擦干。先熏蒸肛门周围,药液温度至 39~41℃时嘱患者坐浴,用方巾轻轻擦洗,坐浴结束用干方巾擦干药液。每次 10~20 分钟,每日 2 次,大便后必须坐浴 1 次,连用 7~14 次即可。

2. 各类痔术后 中药坐浴处方为苦参、生大黄(后下)各 40g,白芷、黄柏、蒲公英、炒苍术、石菖蒲各 20g,白鲜皮、虎杖、金银花各 15g。加清水煮开后,把药液倒入盆中。坐浴前为患者测体温、脉搏、血压,嘱其排空大小便,用清水洗净外阴及肛门周围并擦干。先熏蒸肛门周围,药液温度至 39~41℃时嘱患者坐浴。每次 20 分钟,每日 1 次,7 日为一个疗程,连续治疗 2 个疗程。

3. 念珠菌阴道炎 中药坐浴处方为蛇床子 20g、地肤子 15g、苦参 20g、土茯苓 10g、冰片 10g、野菊花 10g。加入 7 000ml 纯净水煎煮浓缩至 2 000ml,滤出药液,先熏洗后坐浴,每次 30 分钟,连续治疗 2 周。治疗过程中嘱患者禁止性生活,保持外阴干燥、卫生,不可服用其他抗生素,如遇经期则停止坐浴。

4. 前列腺炎 中药坐浴处方为赤芍、白芍各 30g,王不留行、丹参、黄芪各 20g,元胡、生白术各 15g,桃仁 12g,红花、水蛭、甘草各 10g,蜈蚣 3g。保持 40℃恒温坐浴,每次 20 分钟,每日 1 次,连续坐浴 4 周。

5. 肛周湿疹 方选自拟祛风止痒汤,方药组成为荆芥 30g、防风 30g、苦参 30g、黄柏 30g、蒲公英 30g、地肤子 20g、花椒 20g、当归 20g、甘草 10g。加清水 3 000ml 浸泡 30 分钟,煮沸 20 分钟,将药液倒入坐浴盆内,局部先以热气熏蒸,待水温降至 40℃时坐浴 15 分钟。每日 1 次,10 次为一个疗程,疗程间隔 2 日,共治疗 2 个疗程。

【注意事项】

1. 坐浴药液的温度不可过高,防止烫伤,水温下降后应及时调节。

2. 坐浴水量不宜过多,一般以坐浴盆 1/2 为宜,以免坐浴时外溢。

3. 女性经期、妊娠期、产后 2 周内,以及阴道出血和盆腔急性炎症期不宜坐浴。

4. 坐浴过程中,注意观察患者的面色和脉搏,如出现乏力、眩晕应停止坐浴。

5. 冬季应注意调整室温及保暖。

十三、腿浴治疗器

腿浴治疗器是以中药药液浸泡双小腿和足部,通过温热、理疗的直接刺激和药物的透皮吸收以治疗疾病、养生保健的方法。腿浴治疗器通过对浸入药液中的患肢进行升温,辅以熏蒸和电磁理疗,促进血液循环、疏松肌表,有助于药物透过皮肤迅速吸收以发挥作用(图3-13)。

【仪器原理】

1. 理化原理　由电磁加热、控温,使浸泡部位的皮肤毛细血管扩张,药物透皮吸收。

2. 治疗原理　腿浴治疗器水位能浸泡到小腿的2/3处,由于小腿皮肤角质层薄,利于中药有效成分通过皮肤吸收,发挥治疗和保健作用。同时结合患者病情,辨证选方,如温阳通络方、舒筋方、痹痛方等。

图3-13　腿浴治疗器

(1)祛风散寒:在温热作用下,促进药物有效成分通过皮肤渗透进入血液循环,起到疏通腠理、祛风散寒、透达筋骨的作用。

(2)理气活血:温浴可使血管扩张,血液循环加快,促进气血运行,理气活血。

【操作方法】

1. 将腿浴治疗器平置于地面,电磁感应板平置于治疗器箱内底部,将脚踏板置于箱底,覆盖于电磁感应板上。

2. 向治疗器内注入清水,水量约占箱内容积的2/3(加至箱体内部最高标线)为宜。

3. 插电源线,此时电源指示灯亮;打开电源开关,听到"嘀"一声提示音仪器开始自动加热。

4. 取药浴专用袋1个,按照药物使用说明加入适量药液,并向袋内注入约1.5L清水进行稀释。

5. 按下"温度"循环按钮,选择适合的治疗温度;按下"时间"循环按钮,选择适合的治疗时间。当达到设定温度时,会听到"嘀"的提示音,此时开始药浴治疗,仪器自动倒计时,治疗结束发出提示音,自动关机。

【临床应用】

可用于治疗内科疾病(如失眠、糖尿病、高血压、便秘、微循环障碍、风湿病、亚健康等)、骨伤科疾病(如膝骨关节炎、关节痛、股骨头坏死、骨折后遗症等)、妇科疾病(如痛经、月经不调、盆腔炎、更年期综合征等)、皮科科疾病(如脚癣、牛皮癣、皮肤瘙痒等),以及美容等。

1. 失眠　患者坐于床边,将一次性塑料袋套在腿浴治疗器上,倒入2 500~3 000ml温水,调整温度至38~50℃,以患者感觉不烫舒适为度。将中药足浴安眠浓缩药液(由夜交藤、柏子仁、远志、红花、酸枣仁、磁石、龙骨、桃仁等组成)250ml和透骨草提取液5ml加入其中。双足放在电磁板上,至下肢及背部微有汗出。嘱患者泡洗双腿30~40分钟,结束后擦干双腿即可入睡。

2. 糖尿病周围神经病变　方选糖痛洗剂,其方药组成为透骨草 30g,赤芍 12g,桂枝、红花、白芷、川芎、麻黄各 10g,艾叶、木瓜、苏木、白芥子各 9g,川椒 6g,草乌 3g。取本方剂 4 剂,加水煎出 1 000ml 药液,倒入腿浴治疗器中,加清水稀释至 4 000ml,开启仪器,将药液温度保持在 38~40℃,嘱患者将双腿置入足浴器中浸泡、熏蒸并辅以搓洗,并施以电磁疗。每次 20 分钟,每日 2 次,连续治疗 3 周。

3. 高血压　方药组成为钩藤 10g、野蒺藜 10g、夏枯草 10g、络石藤 10g、生栀子 10g、罗布麻叶 20g、地骨皮 15g、生大黄 15g、荷叶 10g、赤芍 10g、防己 5g、丹参 15g。上药煎汤取汁 500ml 左右,放入浴器内,再加入适量清水,温度 40~42℃,浸泡双小腿,时间约 30 分钟,以微微汗出为宜。每日 1 次,10 次为一个疗程,疗程间隔 2 日,共治疗 2 个疗程。

4. 膝骨关节炎　方药组成为路路通 10g、伸筋草 10g、麻黄 9g、制川乌 10g、牛膝 15g、透骨草 10g、威灵仙 10g、荆芥 10g、没药 10g、乳香 10g、桂枝 15g、花椒 10g,防风 10g、附子 10g、防己 10g、秦艽 10g。药液没过膝关节为宜,每次 30 分钟,每日 2 次。

5. 老年便秘　方药组成为丹参、红花、夏枯草、决明子、龟甲、玉竹等。每次取药液 50ml,加清水 1 500ml 稀释,加入腿浴治疗器内,浸泡双足及双小腿,每次 30~40 分钟,每日 1 次。

【注意事项】

1. 电源线插头需插在单相 220V 交流电电源插座上;设备不用或清理时,需拔下电源插头。

2. 勿在潮湿处使用仪器,禁止用水直接冲洗机体;药浴箱内不能直接放入 50℃以上的热水;不可与其他仪器合用一个插座,以免超负荷;禁止存放其他杂物在仪器桶内;仪器内禁止人体站立。

3. 有出血症状或活动性结核者禁用或遵医嘱慎用;植入心脏起搏器者禁用。

十四、足疗仪

中医学认为人体的五脏六腑都与脚有相应的关系,人体踝部以下有 60 余个穴位,用足疗仪按摩这些穴位,可起到促进气血运行和温煦脏腑的作用,坚持睡前足疗,有助于安神祛烦、改善睡眠(图 3-14)。

图 3-14　足疗仪

【仪器原理】

1. 理化原理　足疗仪融合微电脑仿真、机械力学等国内领先技术,模拟专业足疗师按摩手法,并将其编成计算机程序,储存于微电脑系统的记忆芯片中。

2. 治疗原理　足疗仪结合了中医经络理论、

生物全息理论和西医学理论,是具有数十种三维立体仿生按摩法、并能自动找准穴位的新型智能足疗设备,可预防和治疗中老年高血压、高脂血症、糖尿病、心脑血管疾病,增强免疫力和抑制自由基。

(1)促进血液循环和新陈代谢:足疗可以改善足部和全身的血液循环,改善心脏功能,降低心脏负荷,调节内分泌功能,促进新陈代谢。

(2)提高免疫力:冬季足疗可加快机体新陈代谢,提高对外来病原微生物的抵抗力。

(3)美容护脑,改善睡眠:经常足疗可以调节经络和气血,使头部血流加快,提供大脑所需氧气和营养物质。常按脚上的睡眠反射区,不仅能加快入睡,还能加深睡眠。

(4)消除疲劳,缓解压力:人在冬季容易感觉困顿疲劳,适当足疗可以在放松身体的同时缓解精神压力。

【操作方法】

1. 连接电源线,待产品运转片刻、按摩揉捏片张开到最大时,把脚放在足疗仪对应的位置上。

2. 按下"电源开关"键,当电源 LED 指示灯亮起,并听到蜂鸣器短响时,表明产品开始工作,自动进入程序Ⅰ。

3. 欲调整按摩速度,则按"速度选择"键,可以在速度Ⅰ、速度Ⅱ、速度Ⅲ档位中切换;欲调整按摩程序,则按"程序选择"键,在程序Ⅰ、程序Ⅱ、程序Ⅲ档位中切换;若需加热,则按"加热"键,LED 灯亮起,表示正在加热。

4. 根据自身情况选择按摩时间,按摩结束后会自动关机。如果想提前结束按摩,可以按下"电源开关"键关机。

5. 在按摩过程中出现停顿时,可以自行调整双脚的位置,使脚尖、脚底、脚跟等重点足部反射区得到按摩。

【临床应用】

可用于治疗内科疾病(如高血压、高血糖、高脂血症、头晕、头痛、失眠、神经衰弱、感冒、鼻炎、咳嗽、气管炎、中风后遗症、肥胖、便秘)、神经科疾病(如糖尿病周围神经病变、脑萎缩、老年痴呆)、外科及骨伤科疾病(如下肢静脉曲张、风湿病、足跟痛、坐骨神经痛、下肢血栓闭塞性脉管炎)、皮肤科疾病(如湿疹足癣),以及日常保健、消除疲劳。

1. 头痛 基础反射区为肾上腺、肾、输尿管、膀胱,该 4 个反射区共按摩 6~8 分钟。症状反射区为大脑、三叉神经、小脑及脑干、垂体、前额等,共按摩 9~10 分钟。关联反射区为上身淋巴腺、胸部淋巴腺、甲状腺、甲状旁腺,共按摩 3~5 分钟。多用轻、中度手法。每次共按摩 30~40 分钟,每日 1 次。

2. 失眠 轻擦足底、足内外侧、足背及足跟部 3~5 遍,并拿捏跟腱。用指间关节点按失眠点、肝、脾、肾、输尿管、膀胱、肾上腺反射区、涌泉穴各 1~2 分钟。每日睡前 1 次,15 日为一个疗程,共按摩 2 个疗程。

3. 颈椎病 按揉足部颈椎反射区 5 分钟,配合局部推拿 10 分钟。

4. 便秘 主要推压脾、胃、横结肠、降结肠、乙状结肠、直肠、肛门反射区,每穴推压 5 分钟,有酸胀感为佳。

【注意事项】

1. 足疗最好在入睡前 1~2 小时进行，有利于睡眠。饭前、饭后 30 分钟内不宜足疗，不利于消化。另外，按摩后 30 分钟饮 1 杯温水，有利于气血运行，不宜饮茶或饮料。

2. 每次足疗时间不宜超过 30 分钟。

3. 禁止在使用过程中直接拔掉电源插头，应在关机后再将电源线拔下。

4. 妇女妊娠期和月经期、足部皮肤病（如足癣、脓疮、溃疡等）、足部有新鲜或未愈合的伤口或骨折、有出血性疾病（如尿血、呕血、便血等）或出血倾向（如白血病、血小板减少）者禁用。

十五、双力气压密封治疗仪

双力气压密封治疗仪采用动力经皮给药技术，其安全性、有效性和可操作性符合临床应用的要求，且有效性及可操作性更高，使用时不必绑缚，在加药热敷时药物不易损失，机体吸收利用更充分（图 3-15）。

图 3-15　双力气压密封治疗仪

【仪器原理】

双力气压密封治疗仪在皮肤表面形成一个全密封加温加压的给药环境，避免药物挥发；独创的动力技术突破皮肤角质层，建立持续给药的通道，使药物通过已建立的通道进入靶向部位，在靶向部位内形成高浓度的药物浸润区，快速达到有效浓度，发挥治疗作用。治疗仪具有以下优势：

1. 可以在人体 90% 以上的皮肤表面形成正压密封的给药区域。

2. 可自动探测分析人体皮肤微循环状况，全自动控制给药区域的皮肤温度。

3. 在皮肤表面维持 –45kPa 以上的负压，持续 60 分钟，且不损伤皮肤。

4. 独有的动力温控给药动力，保证药物分子突破角质层屏障和毛细血管的漏槽效应，在靶向部位达到有效治疗浓度。

5. 基于动力温控技术，可为分子量在 8 000 以内的药物成分提供经皮给药动力，对各种中药组方具有普适性。

6. 在皮肤表面维持 70℃高温，持续 60 分钟以上，且不烫伤皮肤。

【操作方法】

1. 使用注射器抽取适量药物，分别注入治疗仪的 2 个蒸敷盘内。

2. 根据病情选取治疗部位。

3. 设置温度，以患者感觉舒适为宜。

4. 开始治疗。

【临床应用】

1. 适应证

（1）运动损伤、肢体陈旧性疼痛、坐骨神经痛。

（2）创伤骨科的术后康复治疗。

（3）类风湿关节炎、肩周炎、颈椎病、腰椎间盘突出、腰肌劳损、筋膜炎、胸膜炎。

（4）慢性阻塞性肺疾病、急慢性支气管炎、哮喘。

（5）失眠多梦、偏头痛、内分泌失调、黄褐斑及痛经。

（6）亚健康调理。

2. 应用举例　用于椎管外慢性软组织损伤所致的腰腿痛,方选镇痛松肌活血方（白龙须 40g、延胡索 30g、香附 30g、重楼 20g、白芥子 15g）,用渗漉法提取药液,pH 为 5.4,每毫升含 0.92g 生药。使用注射器抽取药液 6ml,分别注入双力气压密封治疗仪的 2 个蒸敷盘内,每个 3ml。选取腰腿部疼痛最敏感的 2 个压痛点,设置温度以患者舒适为宜。每次 40 分钟,每日 1 次,14 日为一个疗程。

【注意事项】

1. 损伤局部肿胀明显者慎用。

2. 近期有出血倾向、高热、癫痫、神志不清者慎用。

3. 糖尿病患者血糖未控制在正常范围内慎用。

4. 高血压患者血压未控制在正常范围内慎用。

5. 癌症患者慎用,治疗部位有肿瘤者禁用。

6. 感染发热者慎用。

7. 开放性伤口部位禁用。

8. 有深静脉血栓形成的部位禁用。

9. 酒精过敏者禁用。

十六、医用臭氧治疗仪

以氧气为气源,当对石英玻璃管电极施加中频高压电场时,氧气通过玻璃管电极的间隙,发生间隙电晕放电,氧气电离,同时产生高浓度等离子体,电子和离子在极强大的电场作用下,气体分子碰撞加速,在 10ms 内使氧分子分解成单原子氧,在数十毫秒内氧原子与氧分子结合成臭氧。医用臭氧治疗仪由电脑程序设定臭氧浓度、气体温度、气体压力、上下限报警等值,由台式计算机中的数字采集板来控制进程控制符（PID）,再控制臭氧浓度。也可手动调节,由 PID 设定臭氧浓度,与检测仪检测的实际臭氧浓度比较来控制臭氧浓度。液晶显示屏能显示臭氧浓度、温度、压力、不同病种设置及患者记录等。键盘上有臭氧浓度、上下限报警、增加、减小等功能键指示（图 3-16）。

图 3-16 医用臭氧治疗仪

【仪器原理】

1. 理化原理 臭氧分子极不稳定,能分解产生氧化能力极强的单原子氧(O)和羟基(—OH),对细菌、霉菌、病毒具有较强的杀灭力,甚至可破坏肉毒杆菌毒素。臭氧对细菌、霉菌等微生物的作用首先是破坏细胞膜,细胞膜受损后新陈代谢发生障碍抑制其生长,接着臭氧继续向细胞内渗透,破坏其内部组织,直至死亡。杀灭病毒是通过破坏其 RNA 和 DNA 来完成的,且作用速度快、彻底,是药物杀灭作用无可比拟的。

2. 治疗原理

(1)止痛、镇痛:医用臭氧接触体液可产生过氧化氢。臭氧和过氧化氢是强氧化剂,一旦进入体内,就会直接杀死细菌、病毒和寄生虫等病原体。

(2)抗炎、抗感染:臭氧能刺激脑啡肽等物质的释放,有类似化学针灸的作用。臭氧还能灭活体内多种致病物质,对头痛、偏头痛、痛风、风湿病、类风湿关节炎及炎症疼痛都有较理想的治疗效果,且无毒性和成瘾性。

(3)调节免疫系统:激活淋巴细胞,释放炎性因子,保护机体,提高机体免疫力。

(4)清除自由基、加速血液循环:诱导并激活机体抗氧化系统,清除机体过多的自由基,调节抗氧化能力。提高血氧饱和度和血氧分压,使红细胞弹性增大和分散,血液黏度下降,降低或避免血细胞聚集。

(5)促进氧代谢:提高红细胞的糖酵解率,活跃 2,3-二磷酸甘油,促进含氧血红蛋白分解,增强三羧酸循环,增加 ATP 的合成。

【操作方法】

1. 将氧气瓶连接到氧气减压装置。
2. 将减压器与氧气连接管接入仪器,连接电源线。
3. 打开电源,仪器自动清洗管路和完成电路检测。
4. 选择档位,一般使用2档。
5. 调整氧气压力旋钮进行压力检测。
6. 通过触摸屏观察浓度检测仪显示的臭氧浓度,选择臭氧浓度在 5~80μg/ml 之间。
7. 用注射器提取臭氧,第一管气体放掉,并对气口进行消毒。

【临床应用】

臭氧疗法是根据适应证和患者病情,选用合适的臭氧浓度和剂量,使用合适的治疗形式对患者实施治疗的一种方法。

1. 疼痛类疾病 颈椎病、腰椎间盘突出、关节炎、肩周炎、软组织疼痛、股骨头坏死等。通常将医用臭氧气体注射在疼痛部位或皮下病灶周围,也可以在大关节四周注射。关节腔内臭氧注射通过关节腔穿刺将不同浓度的臭氧注射到病灶,以达到治疗的目的。

2. 心脑血管疾病　动脉栓塞、动脉粥样硬化、冠心病、高血压、高脂血症。抽取约100ml静脉血注入带有抗凝剂的专用血袋,向血袋内注射等体积臭氧-医用氧气混合气体。沿同一方向晃动血液3~5分钟,然后把血液回输到患者体内。一般情况下,隔日1次,10~15次为一个疗程。

3. 呼吸系统疾病　慢性阻塞性肺疾病、哮喘、支气管炎。先对患者进行灌肠,将治疗浓度的医用臭氧气体50~500ml通过专门的装置注入直肠,治疗时间为5~10分钟。

4. 妇科疾病　外阴瘙痒、阴道炎等。用配套的臭氧水装置,以二次蒸馏水和医用臭氧为原料制备的臭氧水,可以进行妇科病治疗、疼痛注射治疗、伤口冲洗及皮肤溃烂治疗等,比使用臭氧气体更方便。

5. 其他　如肿瘤、美容、老年性失眠、慢性疲劳综合征等。以橄榄油和医用臭氧为原料制备臭氧油,臭氧油有与臭氧水类似的治疗作用,低温下保存时间较长。

【注意事项】

1. 无论采用何种治疗方式,都严格禁止臭氧直接吸入肺内。
2. 臭氧有加速代谢的作用,甲亢患者禁用。
3. 心肌梗死发作期、出血性疾病、低钙血症、血小板减少患者禁用。
4. 臭氧过敏、急性酒精中毒、柑橘过敏者禁用。
5. 凝血功能障碍(如血友病、蚕豆病)者禁用。
6. 严重心功能不全者禁用。
7. 妇女妊娠期、月经期禁用。

十七、结肠水疗仪

结肠水疗仪又称结肠灌洗机、电脑大肠灌洗仪,在电脑控制下采用低水压灌注,机械按摩肠壁,刺激肠壁内腺体,促进肠液分泌,软化大便。配合腹部环形按摩可促进肠蠕动,也可辨证进行药物灌肠治疗(图3-17)。

【仪器原理】

1. 理化原理　通过辅助器材将水注入大肠,借助水流激活肠道蠕动、软化粪便、润滑肠道,促进粪便自然排出,减少毒素在肠内蓄积。

2. 治疗原理　充分利用结肠黏膜和肠腺的潜在功能,以含臭氧的水进行有效清洗,并对注排流量、速度、温度等参数进行调节,促进代谢产物排出,减轻肠黏膜充血水肿,促进黏膜组织修复,增强黏膜的屏障

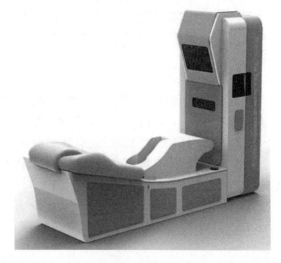

图3-17　结肠水疗仪

功能,再灌注药物,借助机器的动力推动,直接地作用于肠道病变部位,充分与黏膜接触,促进水肿及炎症的吸收,从而达到有效治疗溃疡性结肠炎的目的。

【操作方法】

1. 打开热水与冷水总阀,温度调控在35~39℃,按"准备"按钮,转动流量调节。

2. 将直肠导管插入患者肛门内,移去闭塞器。

3. 在直肠导管与水疗仪的进水口之间连接进水管;在直肠导管与水疗仪的废物入口之间连接出水管。

4. 按"进水"按钮,将"充灌/排放"控制阀设置在"充灌"位置。

5. 询问患者感受,当感受大肠被充满,立即将排入控制阀旋转到"排放"位置,污物排出后,再旋转到"充灌"位置,反复循环。

【临床应用】

可用于治疗溃疡性结肠炎、便秘、腹泻,以及肠镜检查前准备。

1. 慢性结肠炎　将导管插入大肠约5cm,按下"准备"按钮;将工作流量调至60~80L/h;将"充灌/排放"控制阀门设置在"充灌"位置。使观察管和肠导管中充满水,按"停水"键。用注射器抽取中药,去除针头,连接药液加注口,缓慢推进适量的中药,让药液在结肠内停留几分钟,打开"排放"阀门排出药液即可。

2. 肠镜检查前准备　患者躺在水疗床上,将直径0.8cm的导管插入大肠约5cm,纯净水在水疗仪对温度、压力的精确控制下,缓缓进入大肠,刺激肠道蠕动,自然排便,通过直视式观察镜可看到排泄物通过密闭的管道流走。

3. 长期便秘、腹泻、痔疮　打开热水与冷水的总开关,调节混水阀,水温控制在35~39℃,按下"准备"按钮,转动流量调节阀选择工作流量,建议60~80L/h,达到要求时,释放"准备"按钮,关闭准备功能。在直肠导管与水疗仪的进水口之间连接进水管,在直肠导管与水疗仪的废物入口之间连接出水管;将直肠导管插入患者肛门内,并移去其中的闭塞器,按下"进水"按钮,将"充灌/排放"控制阀设置在"充灌"位置,当患者感到大肠被充满,即将控制阀旋转到"排放"位置,待污物排出后,再旋转到"充灌"位置,反复循环。按下"停止"按钮,打开"排放"阀门,结束水疗。

【注意事项】

1. 严重心脏病、肠道肿瘤、严重贫血、妊娠、肠道出血或穿孔、疝气、肛瘘、严重痔疮、近期肠道手术(6个月内)及动脉瘤者不宜使用。

2. 节段性肠炎、结肠溃疡、急性憩室炎患者慎用。

3. 肝硬化、肝功能不全或肾功能不全者不宜使用。

十八、结肠透析机

结肠透析机又称肠灌注透析治疗机、结肠途径治疗机、结肠透析治疗机、结肠治疗机等,是根据临床需求,专为灌肠、洗肠设计研制的,是应用广泛的灌肠洗肠设备。既可完成结、直肠手术和肠镜检查前的清洁肠道准备工作,又可利用结肠透析的原理,通过体内、体外双重给水给药模式在结肠腔内建立有效的治疗系统,并充分利用结肠黏膜、肠腺的潜在功能,排出肠腔内和肠黏膜上的有害物质,并使药物通过结肠途径进入体内循环,从而达到治疗疾病的目的,再配以自动加液、自动控温、自动加药和多重保护功能,使其成为一种无创伤、直接迅速、简便的给药和治疗设备(图3-18)。

图 3-18 结肠透析机

【仪器原理】

1. 理化原理 结肠透析机根据用户的参数设定,自动将自来水净化处理后加入储液桶、自动加温,达到治疗温度后进入治疗界面。灌肠液或药液经过"给药/灌洗"阀门的转换,由蠕动泵经过管道、导流管和一次性治疗探头灌入患者肛门。反复灌洗,清洁肠道。

2. 治疗原理 清除肠道内的有害物质,减少细菌繁殖,保持肠道内菌群平衡,改善肠道蠕动状况。

【操作方法】

1. 打开电源开关,等待进入治疗界面。

2. 检查储液桶内电解质是否符合要求。

3. 检查工具是否齐全(止血钳2把,水桶1个,卫生纸1叠,肛管1根,一次性手套1副,液体石蜡,棉签若干)。

4. 根据患者病情设定参数(默认值为8 000ml,温度38℃,灌注时间30s,间歇时间2s,灌注泵数6档,预设压力20kPa)。以设定欲灌注量为例,按"设定"键后,"预灌注量"的前两位数字闪烁,按向上或向下键即可对参数进行设定。按向左或向右键可对其他参数进行设置,按"确定"键,保存设定参数。

5. 按"标准方式"键,设备自动进行加水、加温(在这个过程中,如加水后未加温,可按"补偿加温"键,将温度提高到设定值)。

6. 根据需要选择体内或体外治疗探头。①体内治疗探头:拉动治疗探头内的小管,使其与大管头之间保持平行,涂液体石蜡,将治疗探头上的小管接头与导流管(体内)连接好,当水从治疗探头内流出2~3秒时,按"治疗"键。②体外治疗探头:只需将其与导流管(体外)连接,轻抵肛门口,按"治疗"键即可。

7. 患者取左侧卧位,肛门涂液体石蜡,以充分润滑。将治疗探头插入肛门8~12cm,再将小管缓缓抽出。接排污管,嘱患者在治疗过程中转换体位。按"治疗"键,开始灌注治疗。在灌注过程中,用止血钳夹闭排污管末端或关闭排污阀,以增加进水水压,留意治疗探头,若患者将治疗探头排出体外,应及时扶正(也可嘱患者自行托住治疗探头)。当患者感到腹胀无法忍受时,需及时松开止血钳或打开排污阀,排出肠内污水,再用止血钳夹闭排污管末端或关闭排污阀,反复灌洗。

8. 灌洗干净后,按"暂停"键,将转换开关转到"给药"位置,将给药管插入药瓶或药液杯,药瓶最好放置在可以观察的位置,按"治疗"键,当观测到药瓶内无药液时,按"暂停"键,将转换开关转到"灌洗",再按"治疗"键,当观测到药液全部进入体内时用止血钳夹闭小管,再按"暂停"键,即结束本次治疗。需告知患者药液在体内保留 40 分钟以上。

9. 给 7 岁以下儿童治疗时,应采用专用的儿童治疗探头,比成人用治疗探头稍小,小管头与大管头之间为 4~5cm,大管插入 4~5cm,注意拔管时必须用手拖住肛门,然后缓缓拔出,以免造成脱肛。

10. 清洗排水管道,关闭自来水阀门。

【临床应用】

可以治疗便秘、急性胃肠炎、急慢性肾功能不全、肝硬化等。

1. 便秘、急性胃肠炎　先将小的一次性注液管插到插肛器的进水口,并把另一端牢固接在仪器出液管的接头上,在插肛器的进肛门端涂液体石蜡,把插肛器插入肛门 5cm 左右并拔出引导器。把排污管牢固地接在插肛器上,按"肠道清洗"键,然后按"开始"键,液体便经过管道与插肛器进入肠道,可先打开电子钳 1~2 分钟尽量排空肠内的空气,然后关闭电子钳,当患者感觉微胀时可暂停清洗或打开电子钳排空肛门内的液体,此时可配合冲洗,点击"冲洗"然后按"继续",可冲洗 1 分钟左右。

2. 急、慢性肾功能不全引起的血肌酐、尿素氮升高及电解质紊乱　肠道清洗后,把透析A、B 液按比例配置倒入恒温箱并加入同比例的纯净水,点击"自动恒温",然后点击"结肠透析"开始透析,进入一定量后按"暂停"键,保留约 2~3 分钟,排掉后继续透析。透析结束,换接一次性肛门管注药,加入中药后点击"保留灌肠",尽量先排空肠管内的空气再把肛管插入肛门,时间因人而异。

3. 肝硬化　先行肛门指诊,确定无禁忌证后再轻轻扩肛 2~3 分钟,将液体石蜡润滑后插肛器(含外套管及内探头,外套管有进水和排水两接头)缓慢插入肛门约 10cm,取出内探头,将一次性管路分别连接透析机的进水口和排水口,妥善固定。按"进水"键缓慢注入透析液,每次进入量因人而异,根据患者的耐受程度决定透析液在肠道的停留时间,并监测温度、流量、压力等参数,待患者腹胀有便意时,开启控制阀,将肠内容物排出体外,并从观察管中观察粪便的颜色、性质、量等,直到排出液基本清亮为止。循环 10 次左右,间歇治疗约60 分钟,每周 2~3 次。

【注意事项】

1. 结肠癌及直肠癌、内痔嵌顿、直肠狭窄者禁用。

2. 大肠术后 3 个月内、重度溃疡性肠炎、急腹症者不宜使用。

3. 中风急性期及肺功能障碍、癫痫、疝气患者不宜使用。

4. 妇女妊娠、月经期及不明原因的便血者不宜使用。

5. 精神病患者遵医嘱使用。

十九、肛肠整复仪

肛肠整复仪无创伤、操作简便,具有止血、消炎、消肿、镇痛、去腐生肌、增进循环、调节自主神经、疏通经络和促进药物离子导入之功效(图3-19)。

图3-19　肛肠整复仪

【仪器原理】

将高强度静磁场力、旋磁力、热敷热疗、按摩疗法与药物五种功能集于一体,可组合或单项启用上述功能。

【操作方法】

患者侧卧,治疗头套上敷药膏,徐徐插入肛门,开启热、磁、定时调节开关以患者能耐受为度。

【临床应用】

痔疮、肛窦炎、直肠炎、肛周脓肿、肛门湿疹、肛门失禁、肛门狭窄、坠胀及前列腺、妇科等病症。

1. 痔疮、直肠炎、肛周脓肿、肛门湿疹、肛裂　患者取侧卧位,治疗头套上敷药膏,徐徐插入肛门约5cm,开启热、磁、定时调节开关,以患者能耐受为度。

2. 前列腺炎　嘱患者排尽大小便,取侧卧位。常规消毒肛门,治疗头套上药套(一般用2个一次性避孕套替代),徐徐插入肛门,深度约4~7cm,开启热磁机定时调节开关,以患者能耐受为度。全身药物治疗根据实验室检查及病情特点,静脉滴注头孢曲松钠1.0~3.0g或阿奇霉素0.5g或奥硝唑0.5g等,每日1次,7~10日为一个疗程。

【注意事项】

1. 使用仪器前检查当地电网电压,如与说明书中数据不符,则不能使用。
2. 仪器使用时若出现异常应及时切断电源。
3. 治疗时要穿内衣、内裤。
4. 严禁撞击辐射孔内远红外线辐射板。
5. 仪器应放置于干燥阴凉处,轻拿、轻放、防震、防水。

二十、体腔热灌注治疗机

体腔热灌注治疗机实现了计算机自动控制、多点精确控温、智能循环灌注、癌细胞超微

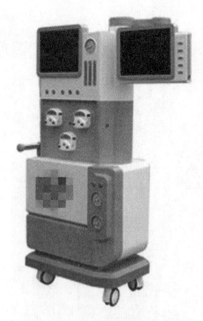

图 3-20　体腔热灌注治疗机

过滤等多项高新技术的有机结合,融合了控温、测温、流量控制(图 3-20)。

【仪器原理】

膀胱热灌注是将含有化疗药物的灌注液加热到一定温度,持续、循环、恒温灌注入患者膀胱内,使其充盈,并维持一定时间,通过热疗与化疗的协同增敏作用和大容量灌注液的机械冲刷作用,有效地杀灭和清除经尿道膀胱肿瘤电切术后残留的癌细胞及微小病灶。这是在既往膀胱灌注化疗的基础上发展起来的预防非肌层浸润性膀胱癌经尿道膀胱肿瘤电切术术后复发的一项新技术。与常规膀胱灌注化疗相比,膀胱热灌注更加科学有效,可以显著减少非肌层浸润性膀胱癌经尿道膀胱肿瘤电切术术后 2 年复发率,提高患者的生存率。

【操作方法】

1. 以三腔导尿管其中一腔连接一次性体腔热灌注治疗管道的进水管,另一腔连接一次性使用体腔热灌注治疗管道的出水管。

2. 将测温探针分别插入进水管道和出水管道的探温空腔内。

3. 向储液袋内注入药液 1 500ml。

4. 输入患者的临床资料,治疗温度设定为 43℃,治疗时间为 1 小时,灌注速度为 200ml/min。

5. 关闭进水管道和出水管道阀门,打开进出水管道间通路,形成体外循环系统。

6. 待温度上升至 43℃左右时,开始灌注。

【临床应用】

适用于癌性腹腔积液或癌性胸腔积液的热物理治疗。

1. 癌性腹腔积液(腹水)　设置灌注温度报警上限为 45℃,药液温度报警上限为 46~55℃,单循环灌注流速 150~350ml/min,抽取流速 50~200ml/min,灌注完毕按停止键。观察患者情况,保留药液 20 分钟左右抽出药液,再进行灌注。治疗前 30 分钟给予止吐药,并适当补液、利尿。

2. 癌性胸腔积液(胸水)　于腋前线第 4 肋间及腋中线第 7 肋间各置入 28F 胸管各 1 根,分别于 24 小时、48 小时、72 小时利用体腔热灌注治疗机行胸腔内循环热灌注治疗 3 次,温度控制在 43℃左右,时间为 90 分钟。

【注意事项】

1. 各种原因引起的腹腔严重粘连会导致穿刺入肠管的危险性增加。

2. 腹腔粘连形成无法突破的分隔,使注入水量＜ 1 000ml。

3. 腹腔大量注水时可能引起心脏负担过重和血压升高,心脏病及高血压患者禁用或慎用。

4. 腹腔有炎症病变时禁用。

第四章 按摩牵引设备

一、远红外按摩理疗床

远红外按摩理疗床是根据中医理论结合现代科技,经过多年探索和改进而研制成的一种医用理疗设备。它集滚动按摩、振动按摩、红外线热疗和磁疗于一体,并采用独特的32个按摩轮浮动设计,能贴紧人体曲线按摩,按照不同体重调节按摩强度,达到治疗目的。近几年随着科技的进步,衍生出了电脑红外按摩理疗床等产品(图4-1)。

图 4-1 远红外按摩理疗床

【仪器原理】

1. 理化原理

(1)远红外线渗透力:利用渗透力原理作用于人体,穿透深度可达 40~70μm。细胞对波段的光有强烈的吸收作用,特别是线粒体,吸收后产生光化学反应,增加糖的含量及 ATP 的合成。

(2)远红外线共鸣与吸收:远红外线波长 2.5~13.5μm,经照射后,人体内的水分、蛋白质、脂肪及其他分子产生与其相同振动的远红外线,引起共鸣和吸收,使分子振动、能量增加、运动加快、局部组织温度上升,促进新陈代谢及细胞的活性。

（3）远红外线温热效应：远红外线具有强烈的渗透力和辐射作用，极大地提高了温热灸的效果，使白细胞的运动能量增加 2~3 倍，从而加强了杀菌作用，促进肾上腺、皮脂腺代谢，加快致痛物质的排泄，并通过神经系统功能，改善淋巴、血液循环，达到减轻疼痛的目的。

2. 治疗原理 对全身的经络进行推拿按摩，按摩力度和速度均匀、平稳、柔和持久，疏通经络系统，运行气血，调理阴阳平衡；根据中医经络理论，通过远红外热灸、滚动按摩多种整体治疗手段，达到恢复功能和放松身心的整体治疗作用。

（1）矫正腰椎：以腰椎及其两侧为关键治疗部位，减缓腰椎退行性病变，改善局部症状、缓解疼痛。

（2）舒经通络：以背部的督脉和膀胱经为主要治疗经络，推行气血、调和阴阳、抵御风寒、调理五脏六腑。

（3）恢复功能：通过综合治疗，促进身体微循环和新陈代谢，恢复和增强组织功能、提高人体免疫力等。

（4）放松身心：通过远红外线治疗，使人体感舒适、全身放松、身心健康。

【操作方法】

1. 开机前检查设备是否安置到位，四脚是否均匀着地，外壳及床面是否完好无损，确认无误后，插上三相电源插头（电源插座必须接地良好），按下床端头的电源开关，即进入预备状态。

2. 按摩前取下随身携带的手机、手表、钥匙、皮带等物，脱去较厚的衣服（衣服越少，按摩效果越好）。仰卧在按摩床上，注意要躺正、躺直，一般头顶距床端 10cm 以上，双脚并拢。将大压袋压在膝关节处，小压袋压在踝关节处。

3. 选择按摩方式。

（1）按动按摩：按下线控器开关，按摩床进入全身滚动按摩状态，此时自动设置的定时为 20 分钟。通过"定时"键可调节时间，到时设备会自动关闭。如希望得到选位按摩，按"选位"键，可选"全身""上身""颈部""腰部""腿部""下身"，可在按摩过程中的任意时点选择按摩部位。

（2）振动按摩：振动按摩不能独立开启。在按摩床进入滚动按摩状态时，按下线控器上的"振动"键，按摩床开始间歇振动，每振动 90 秒停 30 秒。滚动按摩停止时，振动按摩也同时停止。如需提前关闭，再按线控器上的"振动"键即可。

（3）脚底按摩：仰卧屈膝，两脚底紧贴床面，将大压袋压在两脚背上，同时开启"振动"功能，即可获得脚底按摩效果。

（4）按摩时间及热疗温度：连续按摩 20~45 分钟较合适，根据自身需要可自行调整。热疗通常在室温低于 28℃时使用，根据需要最高可设至 40℃。在感觉舒适或能承受的情况下，热疗温度设定 40℃效果最佳。

（5）程式设置：设备第一次开启后，按线控器上的"程式"键，系统自动设置热疗温度为 35℃及振动按摩，再按"程式"键，热疗及振动同时停止。设备再次启动时，将重复上次使用的功能。

4. 使用结束，需关闭床端电源开关及插线板开关，或拔下墙壁电源插头。

5. 保持床面清洁，可铺床单。外壳可用湿布擦洗，再用干布擦干，避免酒精喷洒，以免引起外壳变色。注意保持线控器清洁，可用少量酒精擦拭消毒。

【临床应用】

可用于治疗腰椎间盘突出症、骨质增生、颈椎病、顽固性肩腰腿疼痛、坐骨神经痛、急慢性腰肌劳损、腰椎退行性病变、软组织扭挫伤，以及慢性疲劳综合征、失眠、中风后遗症的康复。

1. 腰椎间盘突出症　患者仰卧于远红外按摩理疗床上，调节温度至 35~40℃，选择按动按摩模式，部位锁定在腰部，治疗 30 分钟，每日 1 次，10 次为一个疗程。

2. 颈椎病　患者仰卧于远红外按摩理疗床上，调节温度至 35~40℃，选择按动按摩模式，部位锁定在颈部，治疗 30 分钟，每日 1 次，10 次为一个疗程。

【注意事项】

1. 禁止坐于床上或床边进行按摩，以免发生事故或损坏机器。

2. 必须在拔掉电源插头的情况下才能更换保险丝或做保养。

3. 大汗淋漓或全身湿透者不宜立即按摩。

4. 不可与低周波、超短波、低频、中频等仪器拼用同一电源插座，也不可与上述仪器靠近使用，以免干扰，影响设备正常运行。

5. 有出血倾向或血液病、局部有严重皮肤损伤、严重的骨质疏松症、脊柱损伤或伴有脊髓症状、严重高血压患者及孕妇禁用。

二、颈椎牵引机

牵引是非手术治疗颈椎病的主要手段。有效的牵引能解除颈部肌肉痉挛，缓解疼痛；增大椎间隙和椎间孔，有利于已外突的髓核及纤维环组织稳定；缓解和解除神经根受压与刺激，促进神经根水肿吸取；解除椎体对椎动脉的压迫，促进血液循环，有利于局部瘀血肿胀及增生消退；松解粘连的关节囊，改善和恢复钩椎关节、调节小关节错位和椎体滑脱，调整和恢复被破坏的颈椎内外平衡，恢复颈椎的正常功能（图 4-2）。

【仪器原理】

通过对椎体施加一定的牵引角度、牵引力度和牵引方式等来解除椎间盘、血管、神经和肌肉等的压迫。主要包括增大椎间隙，缓冲椎间盘组织压力；解除嵌顿的关节滑膜或肌肉等结缔组织，从而松解关节囊，纠正关节紊乱；固定椎体活动，矫正畸形，促进炎症吸收和水肿消退。

【操作方法】

牵引前嘱患者充分暴露颈部，并放松颈部肌肉。取坐位，颈部轻度前屈 20°（此角度颈椎间隙增宽最为明显），也可取中立位，

图 4-2　颈椎牵引机

以患者自觉症状减轻为宜。用枕颌带牵引法,将牵引带前带套于患者下颌,后带套于枕部,根据患者胖瘦调整牵引带,防止前带卡压喉部,牵引的重心应在后颈部。轻者间断牵引,每日 1~2 次,每次 10~15 分钟;重症持续牵引,每日 6~8 次。从小重量开始,6kg/ 次增至 12kg/ 次。10 日为一个疗程,若有效可持续 1~2 个疗程,疗程间休息 7~10 日。

【临床应用】

1. 颈部软组织损伤　牵引前嘱患者充分暴露颈部,并放松颈部肌肉。取坐位,颈部轻度前屈 20°（此角度颈椎间隙增宽最为明显）,也可取中立位,以患者自觉症状减轻为宜。用枕颌带牵引法,将牵引带前带套于患者下颌,后带套于枕部,根据患者胖瘦调整牵引带,防止前带卡压喉部,牵引的重心应在后颈部。轻者间断牵引,每日 1~2 次,每次 10~15 分钟;重症持续牵引,每日 6~8 次。从小重量开始,6kg/ 次增至 12kg/ 次。10 日为一个疗程,若有效可持续 1~2 个疗程,疗程间休息 7~10 日。

2. 颈椎曲度减小或消失　牵引前嘱患者充分暴露颈部,并放松颈部肌肉。取坐位,颈部轻度前屈 20°（此角度颈椎间隙增宽最为明显）,也可取中立位,以患者自觉症状减轻为宜。用枕颌带牵引法,将牵引带前带套于患者下颌,后带套于枕部,根据患者胖瘦调整牵引带,防止前带卡压喉部,牵引的重心应在后颈部。轻者间断牵引,每日 1~2 次,每次 10~15 分钟;重症持续牵引,每日 6~8 次。从小重量开始,6kg/ 次增至 12kg/ 次。10 日为一个疗程,若有效可持续 1~2 个疗程,疗程间休息 7~10 日。

【注意事项】

1. 确定牵引体位、重量和时间等。

2. 一般每日 1 次或隔日 1 次。牵引过程中,应注意患者有无不适感,发生异常情况时及时采取措施。

3. 在牵引一段时间后,症状可有所缓解,此时不应过早终止牵引。即使症状缓解或消失得较快,也不宜太早结束牵引,以减少复发。

4. 若牵引后症状无明显改善,应及时查明原因,并及时更换条件或更改治疗方案。

5. 牵引后如果出现疼痛加重,应停止牵引,明确诊断。

6. 高龄患者多有骨质疏松,牵引力不宜过大,应以较轻重量的牵引为主,以免造成颈椎损伤。

7. 悬吊牵引和过伸牵引等操作复杂,有加重损伤之虞,建议采用卧位对抗牵引。

8. 改变体位时必须在牵引保护下进行。

9. 颈部周围红肿有炎症、骨结核、骨肿瘤、严重的心血管疾病及糖尿病或传染病、颈部皮肤破损、颈部动脉硬化、颈椎骨折或骨折片移入椎管致脊髓卡压者,均不宜牵引治疗。

三、颈椎弧度牵引治疗仪

颈椎弧度牵引治疗仪是通过给颈部施加一定的拉力,来纠正颈部的非正常姿势,从而达到治疗颈椎病效果的治疗设备。主要由控制系统、弧度牵引系统、牵引滑动座系统、机械手组件和颈托组件组成(图 4-3)。

【仪器原理】

1. 使用颈椎弧度牵引治疗仪治疗后,能够限制颈椎的活动,减少对受压脊髓和神经根的反复摩擦和不良刺激,有助于脊髓、神经根、关节囊、肌肉等组织的水肿和炎症消退。

2. 增大椎间孔和椎间隙,减轻神经根刺激和压迫、改善椎动脉血供。

3. 解除滑膜嵌顿,恢复颈椎的正常序列和位置关系。

【操作方法】

1. 仰卧位颈椎弧度牵引　取仰卧位,颈部肌肉放松,颈托托住颈部,机械手拉紧额带并固定额部,形成前屈 15°~30°、后伸 0°~10° 的弧度。通过体位角

图 4-3　颈椎弧度牵引治疗仪

度、颈部受力点、额部受力点三部分联合形成弧度状态下牵引,牵引过程中保持人体颈椎正常生理曲度,有益于颈椎生理曲度恢复。

2. 颈椎牵引前屈位角度　取仰卧位,颈部肌肉放松,调整颈托带高度以改变前屈位牵引角度(颈托带与背部夹角为前屈位牵引角度),牵引角度 15°~30° 可调。

3. 颈椎牵引后伸位角度　取仰卧位,颈部肌肉放松,调整机箱角度以改变后伸位牵引角度(颈托带与机箱盖板间的夹角为后伸位牵引角度),牵引角度 0°~10° 可调;同时补偿前屈位牵引角度(颈托带与水平线的夹角为前屈位牵引角度)。

【临床应用】

适用于除脊髓型以外的颈椎病患者做颈椎牵引。

1. 神经根型颈椎病　取仰卧位,颈部肌肉放松,颈托托住颈部,机械手拉紧额带并固定额部,机械手拉力 10~50N,颈托高度 40~80mm(前屈角 15°),牵引力 50N(5kg),温度 35~55℃。牵引时间为 30 分钟,每日 1 次,共牵引 2 周。促使椎体复位,达到治疗目的。

2. 椎动脉型颈椎病　颈托高度 10~15cm,颈托牵引力 50~60N,额带 15N,理疗带的磁热温度 35~39℃。患者取仰卧位,设定治疗仪的参数,调整机器位置使颈托理疗带置于患者颈部,患者双耳尖略高于颈托理疗带上缘,额带下缘与患者双眉弓齐平,启动牵引。牵引时间为 20 分钟。隔日 1 次,10 次为一个疗程。根据治疗情况调整用量,以确保治疗效果。

3. 颈型颈椎病　取仰卧位,颈部肌肉放松,颈托托住颈部,机械手拉紧额带并固定额部,调整颈托带高度改变前屈位牵引角度,形成前屈 15°~30°、后伸 0°~10° 的弧度,牵引力 50N(5kg),牵引时间为 30~40 分钟,每日 1 次,牵引至无症状为止。促使椎体复位,达到治疗目的。

4. 交感型颈椎病　取仰卧位,颈部肌肉放松,颈托托住颈部,机械手拉紧额带并固定额部,调整颈托带高度改变前屈位牵引角度,形成前屈 15°~30°、后伸 0°~10° 的弧度,牵引力 40N(4kg),牵引时间为 20~25 分钟,每日 1 次,7 次为一个疗程,疗程间隔 3 日,共 3 个疗程。

【注意事项】

颈部皮肤破损、颈部动脉硬化、颈椎骨折或骨折片移入椎管致脊髓卡压者及医生认为不适宜的患者不宜做牵引治疗。

四、多功能牵引床

多功能牵引床采用液压传动、牵引按摩及微电脑控制,根据脊柱生物力学原理,模拟中医传统正骨手法,通过合理的机械组合运动,实现多种体位牵引按摩,适用于颈椎、胸椎、腰椎、四肢骨折、关节脱位及软组织损伤等多种疾病的治疗。

牵引可拉宽椎间隙,无论是颈椎病还是腰椎间盘突出症,都与椎间隙变窄、椎间孔变小、神经根受压有关,而拉宽椎间隙的最佳方法是机械牵引。多功能牵引床的功能特点是可在维持机械牵引状态下进行各种手法治疗,使部分髓核回纳或转移部位,减轻对神经根的压迫,使被压迫或粘连的神经得以松解,从而减轻或消除症状(图4-4)。

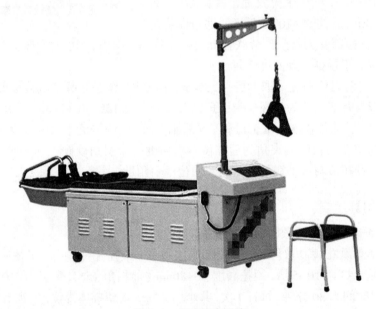

图4-4　多功能牵引床

【仪器原理】

1. 工作原理

(1)机械部分:牵引床的原动力是单相电机拖动电动推杆,通过其做水平及垂直方向的运动,保证"牵引"和"放松"在匀速和平稳中进行。振动按摩器是应用特殊频率的电磁振荡原理,可在X、Y、Z方向得到较强的机械微震效果。

(2)电气部分:由硬件(含电机、接触器、PC机等组成)和软件(程序阶梯图)组成。根据牵引床工作流程的要求,设置了自动运行、手动运行、间隙牵引、持续牵引等几种工况,以上几种运行方式通过PC的逻辑控制程序完成。整个电气控制环节是根据不同的医疗手段和方法设计相关的逻辑电路。

（3）保护环节：牵引床按照"手动程序"或"自动程序"对患者进行治疗的过程中，充分考虑了牵引不适时的保护措施和机械设备的保护方案。这些措施的实施是由 PC 机的程序准确无误地去完成的。患者手握小型紧急开关，若在牵引过程中感身体不适，可及时按下开关，"牵引"动作立刻停止。同时自动启动"放松"回路，缓解患者的不适，并发出相应的报警信号。

2. 治疗原理　增大椎间隙及椎间孔，使神经根所受的压迫得以缓解，神经根和关节囊之间的粘连得以松解；促进神经根水肿吸收，改善和恢复钩椎关节与神经根的位置关系，对神经根起减压作用；解除肌肉痉挛；缓冲椎间盘组织向周缘的外突力，有利于已外突的纤维组织复原；牵开被嵌顿的小关节囊，调整小关节错位和椎体滑脱；伸张被扭曲的椎动脉，改善脑血液循环；牵拉后纵韧带，有助于椎间盘推返复位。

【操作方法】

1. 牵引方式　①卧位颈椎牵引：患者仰卧于牵引床上进行颈椎牵引治疗；②卧位腰椎牵引：患者仰卧于牵引床上进行腰牵引治疗。

2. 牵引力　颈椎、腰椎的牵引力由颈椎牵引重锤和腰牵引重锤提供，可依据治疗需要调节。

3. 牵引时间　常规设定每次 20~30 分钟。

4. 牵引角度　根据治疗需要选择。

【临床应用】

1. 颈椎病　仰卧位，用枕颌 - 肩背牵引法。颈椎置于按摩槽正中，枕颌固定带连接在微电脑程控牵引器上，肩背固定带系在牵引架上。调整牵引架使牵引力方向成一条直线，然后输入牵引按摩程序。首先设定治疗制式（手动、自动、综合）；调整接近开关位置，使按摩头的按摩行程控制在所需范围内（1~7 个棘突）；输入牵引 5~30kg，牵引延时 1~5 分钟，牵引次数 3~10 次，按摩次数 3~25 次。对生理曲度变直或反弓者，牵引力在患者最大耐受量和按摩头保持定点支撑颈椎的基础上，维持 1~3 分钟，然后再逐渐松弛牵引力，同时停止定点按摩。对颈椎半脱位患者采取手动制式，牵引力从 1kg 开始，逐渐加到 2~30kg。同时使按摩头定点于半脱位椎体的下一个棘突上，并在牵引的同时，顶起该椎体于生理位置，以促使椎体复位，达到治疗目的。

2. 椎间盘突出症　仰卧位，用胸肋 - 腰骶牵引法。腰椎置于按摩槽正中，胸肋固定带连接在微电脑程控牵引器上，腰骶固定带系在牵引架上。调整治疗位置，选择综合制式，输入牵引按摩程序，按摩行程于治疗范围内（L_1~S_1）；输入牵引力 10~90kg，牵引延时 5~20 分钟，牵引次数 3~25 次，按摩次数 3~25 次。急性水肿期，应用大量牵引（40~90kg），恒量定点支撑复位法治疗；慢性期，以小剂量逐渐加量循环按摩和定点支撑复位法治疗，以利于炎症的吸收和软组织的修复。

3. 胸椎强直性脊柱炎　仰卧位，用双肩 - 腰骶牵引法。胸椎置于按摩槽正中，双肩固定带连接在微电脑程控牵引器上，腰骶固定带系在牵引架上。调整治疗位置后输入牵引按摩程序。选择自动制式；调整按摩行程于治疗范围内（T_1~L_1）；输入牵引力 10~60kg，牵引延时 5~25 分钟，牵引次数 10~25 次，按摩次数 10~30 次。每次牵引从小剂量（10kg）开始，按摩以全脊柱行程小剂量移动式进行，一般每次先小剂量治疗 3~5 分钟后，再逐渐加量，到设定的最大剂量，然后缓慢减量到治疗结束。12 次为一个疗程，根据治疗情况调整用量，以确保治疗效果。

4. 髋关节脱位 仰卧位，用胸肋 - 髋关节屈曲股骨上段固定牵引法治疗。股骨固定带连接在微电脑程控牵引器上；胸肋固定带系在牵引架上，选定手动牵引制式，调整治疗位置后，术者双手紧握股骨上段，这时牵引力从 1kg 开始逐渐加量，当脱位的股骨头离开脱落位置一定距离时，施以手法整复，使股骨头对准髋臼，然后停止牵引，并逐渐减小牵引力到零位。此时，术者可感觉到滑落感，检查关节功能恢复正常，证明复位成功。

5. 腰部软组织损伤 根据损伤部位不同，可取仰卧位、侧卧位进行治疗。选用综合制式，以便于手法治疗和牵引同时进行。牵引力常控制在 10~60kg。按摩以大面积按摩头为主，按摩行程依组织突起程度随时调整，以确保按摩力均匀地作用在组织上。在牵引下应用手法治疗时，牵引力应设在 10~30kg，治疗以每日 1 次为佳，避免大剂量及一日多次重复治疗，以防造成新的组织拉伤。

【注意事项】

1. 牵引前必须准确诊断，排除牵引禁忌证（颈部周围红肿有炎症、骨结核、骨肿瘤、严重的心脑血管疾病及糖尿病或传染病、颈部皮肤破损、颈动脉硬化、颈椎骨折或骨折片移入椎管致脊髓卡压者，都不适于颈椎牵引法治疗）。

2. 操作前检查主要部件的安全性，应先试运行 1~2 次。

3. 按电脑提示顺序操作设备。

4. 患者固定要牢固、准确。

5. 踩脚踏开关时忌用猛力。

6. 电脑应专人专用，妥善保存随机资料。病历要经常备份，以防意外或数据丢失，并要防止电脑病毒侵入。

7. 若长期不用，应将各运动部位加润滑油，切断电源。牵引装置在使用时不会对其他设备产生电磁干扰，但应避免在强电磁干扰的环境下安装使用牵引装置，以免造成牵引装置错误动作或动作失灵而造成事故。

8. 电源线及各种连线要排列整齐，忌交织缠绕；牵引装置整机外壳必须接地。在使用中如果发生供电突然中断或其他突发故障，立即停止使用并关闭总电源开关，待供电恢复或故障排除后再恢复使用。

9. 掌握设备的电气控制系统构成、日常保养注意事项，对在日常使用中出现常见故障的处理有较大的帮助，能较快地找到故障的原因及解决方法。

五、三维多功能牵引床

三维多功能牵引床在使用过程中由电脑对牵力、成角角度、旋转角度、牵引时间、间歇时间、反复频率等进行监控。可纠正椎体间三维方向的病变，恢复脊椎生理曲度，完成正骨医生用手法不能达到的某些组合动作，实现了三维立体、交替牵引（图 4-5）。

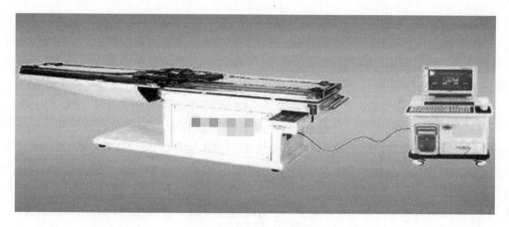

图 4-5　三维多功能牵引床

【仪器原理】

通过对损伤部位的牵引治疗,促进充血、水肿的吸收、消退,有利于炎症的消退;解除肌肉痉挛,使脊柱后关节嵌顿的滑膜复位,减少椎间盘内压;拉紧黄韧带和关节囊,扩大椎管容量;牵引产生负压吸引作用,有利于突出椎间盘的髓核回纳。

【操作方法】

1. 患者取仰卧位或俯卧位,将牵引带分别系于患者的腹部和骨盆上(适当系紧,否则直接影响治疗效果),然后系好下肢的牵引带,将机械臂置于患者腋下。

2. 接通电源,打开电源开关,牵引床自动复位。

3. 根据患者的情况设定牵引总时间、牵引力、牵引时间、间歇时间。

4. 按“颈/腰”功能键选择颈椎牵引或腰椎牵引,同时面板上有功能灯提示。

5. 按“设定”键,选择功能窗口参数,每按 1 次“设定”键就有一个参数窗口闪烁,表示该窗口参数值可以进行设定。依次可设定牵引总时间、牵引时间、间歇时间和牵引力。

6. 当窗口数字闪烁时,按“+”“−”键直至所需数值,个位、十位可用“移位”键进行转换。

7. 牵引床内有 8 种牵引模式,可根据治疗需要选择使用。按“设定”键 9 次,在间歇时间窗口出现“P9”字样,表示牵引模式功能;在牵引力窗口出现的数字表示牵引模式序号。如要调用其他牵引模式序号,可用“+”“−”键进行相应的选择。

8. 设置完毕即开始治疗。

9. 蜂鸣器报警,治疗结束,解开牵引带,关闭电源。

【临床应用】

适用于颈腰椎骨质增生、椎间盘突出症、腰椎滑脱、椎管狭窄、髋关节脱位、腰部软组织损伤等。

1. 椎间盘突出症　患者取仰卧位,将胸腰和臀部分别固定在牵引床的胸腰椎板和臀腰板上,病变椎间隙与床的胸腰板和臀腰板间隙相对应,固定后将患者的资料及牵引要求输入电脑,启动牵引床,治疗参数根据患者的年龄、性别、体质、身高及影像学资料等设置。牵引重量一般为 20kg(根据患者的体重加减),牵引距离 50~70mm(根据患者的身高而定),时间为每次 30 分钟,下倾角(即臀腰板下降的角度)8°~20°,平均 14°,向患侧旋转。术者位于患侧,在牵引的同时双手十字花状合拢,按压突出部位,与电脑牵引配合,在治疗过程中连续进行 2~3 次,每次 1~2 分钟,术毕休息 20 分钟起床。起床时予腰带固定腰部,每日牵引 1 次,10 日为一个疗程。

2. 腰椎滑脱 患者取仰卧位,术者立于患侧,用牵引带固定腋窝于牵引床头,再用牵引带固定骨盆及双大腿于床尾,滑脱的上下两个椎体固定在牵引床成角间隙之间。先用慢牵方法治疗 1 分钟,以放松腰部肌肉,再启动快牵引方法治疗,快牵引距离 65~70mm(上下成角角度为 -25°,旋转角度为 20~25°,治疗次数为 2~10 次。在牵引床牵引治疗的同时,医生用双手重叠用力按压患者腰椎向前滑脱的下一个椎体,上下成角角度及旋转转角、按压力度、治疗次数均可根据年龄、身体素质、性别而适当调整),使腰椎滑脱部位归位或变位,治疗结束后嘱患者在牵引床上休息 2 小时。

3. 胸椎强直性脊柱炎 仰卧位,用双肩 - 腰骶牵引法。胸椎置于按摩槽正中,双肩固定带连接在微电脑程控牵引器上,腰骶固定带系在牵引架上。调整治疗位置后输入牵引按摩程序。选择自动制式;调整按摩行程于治疗范围内(T_1~L_1);输入牵引力 10~60kg,牵引延时 5~25 分钟,牵引次数 10~25 次,按摩次数 10~30 次。每次牵引从小剂量(10kg)开始,按摩以全脊柱行程小剂量移动式进行,一般每次先小剂量治疗 3~5 分钟,再逐渐加量,到设定的最大剂量,然后缓慢减量到治疗结束。12 次为一个疗程,根据治疗情况调整用量,以确保治疗效果。

4. 髋关节脱位 仰卧位,用胸肋 - 髋关节屈曲股骨上段固定牵引法治疗。股骨固定带连接在微电脑程控牵引器上;胸肋固定带系在牵引架上,选定手动牵引制式,调整治疗位置后,术者双手紧握股骨上段,这时牵引力从 1kg 开始逐渐加量,当脱位的股骨头离开脱落位置一定距离时,施以手法整复,使股骨头对准髋臼,然后停止牵引,并逐渐减小牵引力到零位。此时,术者可感觉到滑落感,检查关节功能恢复正常,证明复位成功。

5. 腰部软组织损伤 根据损伤部位不同,可取仰卧位、侧卧位进行治疗。选用综合制式,以便于手法治疗和牵引同时进行。牵引力常控制在 10~60kg。按摩以大面积按摩头为主,按摩行程依组织突起程度随时调整,以确保按摩力均匀地作用在组织上。在牵引下应用手法治疗时,牵引力应设在 10~30kg,治疗以每日 1 次为佳,避免大剂量及一日多次重复治疗,以防造成新的组织拉伤。

【注意事项】

1. 保持主机及附件清洁完好,定期用软布沾中性洗涤液擦拭仪器表面,注意不要让液体渗入仪器内部。

2. 孕妇、严重心脏病、骨质疏松、高血压患者禁用。

3. 脊柱化脓性炎症、脊柱结核、脊柱肿瘤等不宜使用腰部牵引。

4. 有严重心、肺、肝、肾和脑部疾病者不宜使用腰部牵引。

六、四维脊柱牵引床

四维脊柱牵引床是一种新型康复治疗床,包括四维牵引组件和指压按摩机,可进行水平牵引、角度牵引、左右板牵等多体位、多角度治疗,实现了颈椎和腰椎病同时治疗,从而达到对颈、腰椎间盘突出症及其他脊柱疾病康复治疗的目的(图4-6)。

图4-6　四维脊柱牵引床

【仪器原理】

1. 工作原理　通过不同牵引方式,调整和恢复被破坏的脊柱内外平衡,恢复脊柱的正常生理形态。

2. 治疗原理

(1)增大腰椎间隙、改变神经根与压迫物之间的位置关系,解除或减轻神经根等组织的刺激与压迫。

(2)牵引小关节间隙,解除滑膜嵌顿。

(3)局部制动,减少活动造成的刺激和摩擦,有利于神经根、脊髓、关节囊、肌肉等组织的水肿和炎症吸收。

(4)降低椎间盘内压,有利于椎间盘回缩。

(5)缓解腰肌痉挛,松解关节囊、韧带及神经根等组织的粘连。

(6)牵拉后纵韧带,促使突出的椎间盘回缩,使皱折的韧带复平,减轻其对脊髓的压迫。

(7)整复骨折与脱位,矫正畸形。

【操作方法】

1. 根据患者的X线片或其他检查资料,了解病变情况,确定治疗方案。

2. 患者以站姿固定臀腿辅助牵引带和挎肩辅助腰带后,俯卧或仰卧于牵引床上,将挎肩辅助腰带及臀腿辅助牵引带的锁匙与锁扣挂在牵引床两端后拉紧,依次固定各部位的绑带,让病变部位暴露在牵引床板和旋转板的交界处。

3. 接通电源,当电源开关灯点亮时,牵引床即启动。

4. 设置成角角度、旋转角度,待电脑提示牵引距离。

5. 设置牵引力值为患者体重(kg)的60%。首次接受牵引治疗者,牵引力不宜过大,应逐渐增加,至患者能耐受为止。

6. 设定完毕按"治疗"键,牵引床进入自动工作状态。

7. 治疗结束发出报警声,床面做合拢复位动作。

8. 关闭电源,解除牵引带,嘱患者卧床休息3~5分钟后离开。

9. 若需要快速牵引治疗,依据X线片,对患者进行固定,设定牵引距离和左右旋转角度,踩一下脚踏开关完成治疗。

10. 若需要慢牵治疗,应按照使用说明书,设定治疗时间、牵引力、连续时间、间歇时间等。

11. 若选用快慢复合牵引,依次设定慢牵距离、快牵距离、延时时间等参数后,点击"参数确认"键,待成角动作完成后,点击"开始治疗",依次完成慢快联动、牵引旋转动作。

【临床应用】

适用于颈椎或腰椎间盘突出症、神经根型颈椎病,以及不合并损伤的单纯胸、腰椎压缩骨折和适合牵引的其他脊柱疾病。

1. 腰椎间盘突出症 患者取俯卧位,套环穿过腋下固定上身,双下肢牵引带束于膝关节水平处。用升降板托起下半身,调节胸腰段与上半身成25°~45°角,同时拉起双下肢呈悬吊状,再将托板放于离下肢约30cm处。悬吊角度可根据患者腰椎曲度及侧弯角度进行调整,牵引时间20~30分钟。每日1次,2周为一个疗程。

2. 颈椎病 患者取坐位,颈部自躯干纵轴向前倾约10°~30°角,充分放松颈部、肩部及整个躯体。牵引体位应舒适,如有不适即应酌情调整。牵引力50N(5kg),牵引时间30~40分钟,每日1次,10~15日为一个疗程,可持续数个疗程直至症状基本消除。

【注意事项】

1. 明确牵引体位、重量和时间等。

2. 一般每日1次或隔日1次。牵引过程中,应注意患者有无不适感,以便在发生异常情况时及时采取措施。

3. 在牵引一段时间后,症状可有所缓解,此时不应过早终止牵引。即使症状缓解或消失得较快,也不宜过早结束牵引,以减少复发。

4. 若牵引后症状无明显改善,应及时查明影响因素,并及时改换条件或更改治疗。

5. 牵引后如果出现疼痛加重,应停止牵引,明确诊断。

6. 高龄者多有骨质疏松,牵引力不宜过大,应以较轻重量的牵引为主,以免造成患椎损伤。

7. 悬吊牵引和过伸牵引等操作复杂,有加重损伤之虞,建议采用卧位对抗牵引。

8. 改变体位时必须在牵引保护下进行。

七、电脑多功能牵引装置

电脑多功能牵引装置为三维腰椎及颈椎牵引床,各种参数均由电脑控制,充分实现智能化。旋转、成角角度采用旋转编码技术,使角度更加精确,特别对腰后小关节错位的复位更加可靠。在临床应用时,纵向牵引、成角牵引、摇摆牵引可单独使用,亦可结合使用,以克服单一动作不足,实现三维牵引(图4-7)。

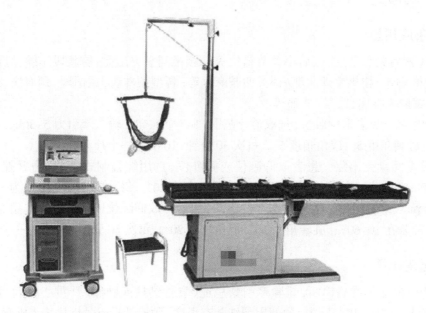

图4-7　电脑多功能牵引装置

【仪器原理】

电脑多功能牵引装置具有快牵、慢牵、旋转、侧摆、对抗、加热等功能,配有伸缩推力电机、悬伸式造型,应用旋转编码技术、拉压传感器对角度、牵引力等进行严格控制,同时配有病历档案管理。全过程均由电脑对牵引力、成角、旋转、侧摆、对抗角度等进行监控,减轻了医务人员的劳动强度。通过牵引降低椎间盘内的压力,促使突出物回纳,为纤维环的修复创造条件;改变突出物的位置,松解粘连,促使受损伤的神经恢复正常功能;松解腰部肌肉、解除痉挛。

【操作方法】

1. 将电脑主机、显示器、键盘、鼠标等连接在工作站的推车上,将牵引床的数据线和电脑主机连接,将颈椎牵引椅的连接线连接在牵引床的连接孔中。

2. 打开电脑,从桌面快捷方式或程序里打开"电脑三维牵引操作系统",出现欢迎使用的界面,界面上有"病历管理系统""治疗方案系统""关于"等。

3. 点击"病历管理系统",出现"病历数据库",在数据库表格中可以添加、保存和删除病历;点击"病历档案"按钮会弹出"腰椎间盘突出登记表",根据诊断情况填写表格,填写完毕可以选择保存或打印。

4. 点击"治疗方案系统",弹出"治疗方案"表格,根据"腰椎间盘突出表"上的诊断设置牵引力、牵引总时间、持续牵引时间、间歇时间、旋转角度、成角角度、牵引模式等治疗参数,设置完成后点击"治疗"按钮即开始执行腰椎牵引治疗。

5. 在点击"治疗"按钮前,用牵引带将患者固定在床面上,要求系紧牵引带。如果没有系紧,可能会在治疗中实际牵引力达不到设定值而导致不能进行旋转动作。

6. 点击"腰椎牵引模式"可选择相应的牵引模式,第四种为常用模式,设备出厂时默认为第四种牵引模式。

【临床应用】

腰痛(腰后关节紊乱、腰后小关节错位等)、腰椎间盘突出症、胸腰段压缩骨折(无截瘫症状)、腰椎侧弯、腰椎生理曲度消失、四肢麻木等;各型颈椎病、颈僵硬、颈肩痛、颈部活动受限及手臂麻木疼痛、眩晕、头痛等。

1. 颈椎病　患者取仰卧位,选取治疗范围(1~7 个棘突),输入牵引力 5~30kg,间歇时间 1~5 分钟,旋转角度 5°,成角角度 5°。每次 30 分钟,10 次为一个疗程。

2. 腰椎间盘突出症　患者取仰卧位或侧卧位,选用综合制式,牵引力常控制在 10~50kg,持续牵引时间 30 分钟,旋转角度 10°,成角角度 20°。每次 30 分钟,10 次为一个疗程。

3. 腰部软组织损伤　根据损伤部位不同,患者可取仰卧位或侧卧位。选用综合制式,牵引力常控制在 10~60kg,旋转角度 10°,成角角度 20°。每次 30 分钟,10 次为一个疗程。

【注意事项】

1. 牵引前必须准确诊断,排除牵引禁忌证(脊柱结核或肿瘤、严重心脏病、严重糖尿病、骨质疏松、孕妇、皮肤破损、颈部周围红肿有炎症、颈椎骨折或骨折片移入椎管致脊髓卡压者禁用)。

2. 操作前检查主要部件的安全性,应先试运行 1~2 次。

3. 按电脑提示顺序操作;患者固定要牢固、准确。

4. 踩脚踏开关时忌用猛力。

5. 电脑应专人专用,妥善保存随机资料。病历要经常备份,以防意外或数据丢失,并要防止电脑病毒侵入。

6. 若长期不用,应将各运动部位加润滑油,切断电源。

7. 电源线及各种连线要排列整齐,忌交织缠绕;牵引装置整机外壳必须接地。

第五章 中医光疗设备

一、红光治疗仪

红光治疗仪是一种新型的可以应用于医院、家庭的光疗设备，其基本原理是通过特殊的滤光片得到 600~700nm 为主的红色可见光波段，该波段对人体穿透深，疗效好。整机输出功率高（相当于 He-Ne 激光的百倍以上），光斑大（相当于 He-Ne 激光的数百倍），为治疗某些大面积病变提供了更好的治疗方法。光输出分为强弱两档，以适应不同体质的患者。整机采用可移动落地柜式设计，红光灯头可以电动平稳升降，极大地方便了医务工作者（图 5-1）。

【仪器原理】

1. 理化原理　对生物体产生光化学作用，使之产生重要的生物效应及治疗效果。细胞中线粒体对红光的吸收最大，在红光照射后，线粒体的过氧化氢酶活性增加，这样可以增加细胞的新陈代谢；使糖原含量增加，蛋白质合成增加、三磷酸腺苷分解增加，从而加强细胞新生，促进伤口和溃疡愈合；同时也增加白细胞的吞噬作用，提高机体的免疫功能。

2. 治疗原理　该仪器照射后，在较短的时间内促使病变组织蛋白质固化，改善局部血液循环，增强免疫功能，促进局部组织的新陈代谢，并产生一系列良性反应，促使新的鳞状上皮细胞生成，加速对渗出物的吸收，降低肌张力，从而达到消肿、消炎、镇痛、根除糜烂组织、加速伤口愈合以达到治疗疾病的目的。

图 5-1　红光治疗仪

（1）消炎止痛：对一些急性、亚急性和慢性炎症均有疗效。能增加白细胞的吞噬作用，同时也能提高机体的免疫功能。另外，在炎症的早期和中期，局部组织的 5- 羟色胺含量增加，使机体产生疼痛，用红光照射后可以使 5- 羟色胺含量降低，因而起到镇痛的作用。

（2）促进伤口和溃疡愈合：由于红光的照射可以使纤维细胞数目增加，增加胶原的形成，故可以加强细胞的新生，并可以促进肉芽组织生长。对放疗引起的顽固性溃疡、静脉炎引起的营养不良溃疡、长期卧床引起的褥疮、手术伤口愈合不良等均有较好的疗效。

（3）促进毛发生长、骨痂愈合、神经损伤再生：红光照射可以使毛发生长加速，故可以用之治疗斑秃、脂溢性脱发等。红光照射可以促进骨痂生长、骨折愈合。由于红光的照射可使损伤的末梢神经轴突生长，使神经髓鞘形成加快，加速骨骼肌肉再支配，故可以治疗周围神经损伤。

【操作方法】

1. 接通 220V 电源，打开总电源钥匙开关，此时"工作时间"显示"0"，同时治疗头内伴有冷却系统风扇转动声。

2. 将固定高度的调节把手松开（抬起把手），把治疗头置于合适高度并固定，调整治疗头俯仰角，使红光输出口对准病灶，出光口与病灶距离约 10cm。

3. 按"工作时间"的"升"和"降"键，调整到所需的治疗时间。

4. 按"开/关"键，10 秒钟后仪器自动进入"预热"半功率输出状态，按"工作"键即进入全功率输出状态，治疗开始。工作状态的选择依据临床实际需要，可以是半功率或全功率。

5. 治疗过程中，随着时间的推移，"工作时间"所显示的数字递减（显示数字为剩余时间），当显示为"0"时，即自动关机，光输出停止。如需中途暂时停止光输出，可按"开/关"键，若需恢复光输出再次按"开/关"键。

6. 治疗完毕，将总电源钥匙旋转到"关"的位置（竖直位置）即可断开电源关机。

【临床应用】

1. 适应证

（1）皮肤科：带状疱疹、斑秃、下肢溃疡、褥疮、丹毒、疔肿、皮炎、毛囊炎、痤疮、甲沟炎、酒渣鼻、冻疮和各种湿疣等。

（2）骨外科：伤口感染、脓肿、溃疡、前列腺炎、腰肌劳损、肛裂、肩周炎、软组织挫伤、烫伤、注射后臀部硬结、烧伤及手术后瘢痕等。

（3）妇产科：慢性盆腔炎、附件炎、外阴白斑、阴部瘙痒、乳腺增生、急性乳腺炎、乳头糜烂、产后感染和手术后恢复等。

（4）内科：缺血性心脏病、慢性胃炎、神经痛等。

（5）耳鼻喉科：鼻炎、扁桃体炎、外耳道炎、喉炎。

2. 应用举例

（1）带状疱疹：开机 1 分钟后即可为患者治疗，红光与患部可采用垂直或倾斜照射。每次 15~20 分钟，每日 1 次，7 次为一个疗程。面部照光者应用纱布或墨镜对眼睛加以保护。

（2）脓疱性银屑病：对皮损处进行红光照射，每次 15~20 分钟，7 日为一个疗程。

（3）前列腺肥大：患者取截石位，暴露会阴部，将红光治疗仪光斑对准会阴穴，距离5~8cm，每次 30 分钟，每日 1 次，10 次为一个疗程，共治疗 2 个疗程。

（4）膝骨关节炎：红光治疗仪窗口对准局部照射，距离约 10~20cm，每次 20 分钟，每日2 次，10 日为一个疗程。

（5）盆腔炎：治疗前嘱患者排空膀胱，取仰卧位，自然放松。暴露下腹部，红光治疗仪垂直对准患病部位，距离 7~10cm，用强光照射，光斑 8~10cm，光斑可随距离远近而调整。每次每侧 20~30 分钟，10 次为一个疗程，可连续治疗，治疗次数因病情轻重、病程长短而异。

（6）慢性宫颈炎：治疗时间一般选择在月经干净后 3~7 日。将治疗仪输出电压控制在 0~36V，输出功率为 12~18W。患者取膀胱截石位，常规阴道消毒，充分暴露宫颈。照射时间根据患者病情而定，每次 6~10 分钟。

（7）中耳炎：患者取坐位，患侧耳对准治疗仪，照射距离约 10cm，可根据患者的耐受情况适当调整，治疗时间为 10~15 分钟，10 次为一个疗程。

（8）烧伤：患者取舒适体位，于治疗仪下充分暴露创面，确保光源对准创面，维持距离为 20cm，每个照射野每次持续时间为 0.5 小时，每日 2 次，直至创面愈合。

（9）急性乳腺炎：患者取舒适体位，暴露患处，照射距离 20cm 以内，垂直照射。每次 20~30 分钟，每日 1 次。

（10）小儿脓疱：根据病变部位，可选取坐位、卧位，以身体感觉舒适为宜。充分暴露病变部位，照射距离 15~20cm，红光与患部可采用垂直或倾斜照射。每次 10 分钟，每日 1 次，3 日为一个疗程，连续治疗 2 个疗程。面部照光时需佩戴墨镜或用纱布遮盖双眼。

【注意事项】

1. 不能照射眼睛、性腺、妊娠妇女的腹部。
2. 避免治疗探头与治疗部位接触，防止交叉感染。
3. 注意电灼器的消毒。
4. 植入心脏起搏器者、新生儿、婴幼儿等禁用。

二、半导体激光治疗仪

半导体激光治疗仪也叫光量子激光治疗仪，由于激光是可见光且带有一定的能量，由此产生的粒子流就称为光量子激光。半导体激光治疗仪与传统的激光治疗仪结构不同，其电光转换率远高于传统的激光治疗仪，出光率高，不产生多余的热量；用低电压工作，不需要高电压；不需冷却，淘汰了水循环冷却装置，也避免了传统激光治疗仪经常因高热使闪光灯、激光棒损坏，水循环故障或高电压问题而引起停机；半导体激光治疗仪具有体积小、成本低、使用寿命长、疗效显著等优点（图 5-2）。

【仪器原理】

1. 理化原理　半导体激光治疗仪采用 650nm 的光波，主要利用激光产生的生物刺激效应，通过半导体激光束照射人体病变组织，达到减轻或消除疼痛、改善局部血液循环、组织修复、快速消炎等作用。此激光为近红外波段，可深入组织内部，使组织良好地吸收光能量，减轻疼痛。

2. 治疗原理

（1）消炎作用：半导体激光治疗仪能够激活或诱导 T、B 淋巴细胞或巨噬细胞产生细胞

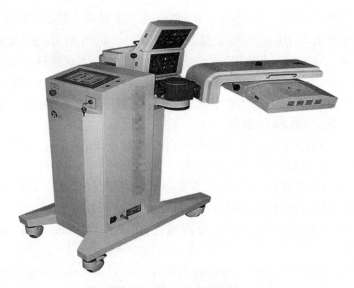

图 5-2　半导体激光治疗仪

因子,通过淋巴细胞再循环而活化全身免疫系统,增强巨噬细胞的吞噬能力,提高非特异性免疫或特异性免疫的作用;半导体激光照射还可抑制炎症,具有止痛作用。

(2)改善局部血液循环:半导体激光直接照射血流减少的疼痛部位,或间接照射支配此范围的交感神经节,均可引起血流增加,促进致痛物质代谢,缓解疼痛。

(3)激活脑内啡肽系统:半导体激光照射可增加脑啡肽代谢,使脑内阿片样物质释放增加,而缓解疼痛。

(4)抑制神经系统传导:半导体激光不仅抑制刺激的传导,亦抑制刺激的强度及冲动频率。

(5)激活下行抑制系统:激光照射可上行性传导至脊髓后角,同时又激活下行抑制系统。

(6)组织修复:激光照射可促进新生血管生长和肉芽组织增生,刺激蛋白质合成。毛细血管是肉芽组织的基本成分之一,是完成伤口愈合的前提条件,肉芽组织毛细血管越丰富,组织供氧量越充分,有助于各种组织修复细胞的代谢和成熟,促进胶原纤维的产生、沉积和交联。

(7)生物调节:激光照射可增强机体的免疫功能,调节内分泌,对血细胞还可达到双向调节作用。

【操作方法】

1. 佩戴防护眼镜。

2. 将主机从 0 旋至 Ⅰ 位置,控制面板数码管显示红色。

3. 开机后默认为连续工作方式,按"通断"键,通断指示灯亮。

4. 按"时间设置"键,设定总时间。

5. 按"功率设置"键,设置输出功率。

6. 按"通时间"键和"断时间"键,设定激光通断时间。

7. 将探头激光窗口置于患处。

8. 按"待机"键,发出声音信号,待机指示灯亮,治疗仪进入待机状态。

9. 按"启动"键,发出声音信号,启动指示灯亮,待机指示灯灭,探头激光窗口开始输出激光。

10. 在治疗过程中,如需停止则按"停止"键,激光停止输出。定时结束,激光停止输出,发出断续声音信号,启动指示灯灭,待机指示灯灭。如遇突发事件,按急停开关,激光停止输出。

11. 关机,将钥匙旋至0位置即可。

【临床应用】

可用于急慢性软组织损伤、骨关节炎及神经性疼痛,如软组织运动损伤、腰椎间盘突出、肩周炎、筋膜炎、颈椎病、膝骨关节炎、网球肘、腱鞘炎、糖尿病周围神经病变、糖尿病足、带状疱疹、烧烫伤、伤口感染防治、术后伤口愈合、压疮、乳腺炎、盆腔炎、附件炎、周围性面瘫、落枕、带状疱疹后遗神经痛、颞颌关节紊乱症、偏头痛、缺血性脑病等。

1. 骨伤科疾病　针对疾病类型采取合适的治疗方式。对穴位或痛点、肿胀部位照射,设置输出功率为450~500mW;非接触性照射应将照射探头距皮肤表面的距离控制在2~3cm,照射时间约为30分钟;接触性照射应将探头紧贴皮肤表面,每个部位照射时间为20分钟,如果治疗效果不佳可以适当延长照射时间8~10分钟。在具体治疗过程中应结合病情和患者耐受情况灵活把握,慢性病可以适当延长照射时间。

2. 膝关节疾病　用半导体激光治疗仪进行治疗,将治疗仪的波长设为810nm。指导患者取仰卧位,保持其患侧的膝关节呈屈曲的状态。用治疗仪的激光探头对其患膝的内膝眼穴和外膝眼穴进行照射,每个穴位均照射3分钟。

3. 带状疱疹　调节半导体激光仪的探头距皮损2~3cm,输出功率300~500mW,每次照射10~15分钟,每日1次,连续照射10日为一个疗程。

4. 儿科疾病　用低功率(650Nm)激光辅助治疗。患儿取半卧位或半坐位,3岁以下患儿需由家属陪护。设定最大激光照射输出为5.0mW,发射波长则为810nm/650Nm,对患儿背部进行照射。使仪器与患儿皮肤保持5~10cm距离,依据患儿皮肤微热、潮红、耐热程度及舒适度进行调整。每日2次,每次10分钟,连续3~5日。在照射过程中,需严密观察患儿生命体征的变化,如神志、心率及呼吸等。

5. 面部疾病　医生及患者均佩戴护目镜,在患者鼻部及鼻两侧面颊部皮肤表面均匀涂抹一薄层专用冷凝胶(6~10℃),使用9mm×9mm输出光斑治疗,治疗头冷却装置自动开启后,将治疗头紧贴皮肤,垂直发射光斑,脉宽设置为30ms,能量密度30~38J/cm^2,能量密度选择应从较低能量开始,根据皮肤反应及患者感受逐渐提高至合适的治疗参数。肤色深者适当降低能量,同一患者鼻部较面颊降低1~3J/cm^2。整个治疗区域重复扫描2~3遍,治疗终点以患者自觉轻微灼痛,治疗区皮肤微红,若有细小的毳毛则会出现轻度的毛周水肿为宜。治疗后冷敷15~20分钟。每周治疗1次,连续治疗8次。

6. 肛肠疾病　如痔疮,患者取侧卧位,于多普勒超声辅助下定位出血部位,运用半导体激光治疗仪,波长650~830Nm,输出功率200~300mW,探头距创面2~3cm,进行局部创面照射。每次5分钟,每日1次,连续治疗5日。

7. 口腔疾病　如口腔溃疡,患者取仰卧位,半导体激光治疗仪波长为 810nm,直接照射患者口腔黏膜的溃疡面。每日 1 次,每次 6 分钟,连续治疗 1 周。

【注意事项】

1. 如不按规定使用,会产生危险的辐射量。

2. 治疗仪输出的光为近红外光,绝对避免激光直射眼睛。操作时必须戴眼镜,必须将激光探头放置治疗部位后再启动激光;需照射眼睛周围部位时,要求患者紧闭双眼,并在眼睛前加遮挡物。

3. 由于光输出探头直接接触人体,治疗仪的供电电源必须有良好的接地保护。

4. 光输出探头中装有光学系统,使用时应轻拿轻放,避免碰撞,防止探头受机械震动,更不能掉落,并防止探头受热、受潮。

5. 治疗仪从较低温度进入室温状态时,不要立即开机,应待其温度升至室温后再开机,以免损坏。

6. 治疗仪上不得摆放任何东西,不使用时从钥匙开关上取下钥匙。

7. 避免使用易燃麻醉剂、氧化性气体和氧气,防止点燃的危险。

8. 眼睛、甲状腺、孕妇腹部等部位禁用,恶性肿瘤患者禁用。

三、氦氖激光治疗机

氦氖激光治疗机是一种原子气体激光器。氦氖激光工作在可见光区和红外光区,可产生多种波长的激光光谱,主要有 632.8nm 的红光和 1.15μm 及 3.39μm 的红外光。波长 632.8nm、功率大于 40mW 的激光照射能使血液中的蛋白质分子结构改变,其生物效应改变血液流变学性质,使血液黏度降低,红细胞变形能力增强,调整机体免疫状态,加强新陈代谢,改善机体中毒状态,增强超氧化物歧化酶活性,清除中分子物质和某些有毒物质,抑制血栓形成,改善血液循环与微循环,提高机体免疫力,促进伤口愈合(图5-3)。

【仪器原理】

氦氖激光器一般由放电管和光学谐振腔组成。激光器的中心是一根毛细玻璃管,称放电管(直径约 1mm);外套为储气部分(直径约 45mm);阳极是钨针;阴极是

图5-3　氦氖激光治疗机

钼或铝制成的圆筒;壳的两端贴有两块与放电管垂直并相互平行的反射镜,构成平凹谐振腔。两个镜板都镀以多层介质膜,一个是全反射镜,通常镀17层膜,交替地真空镀氟化镁(MgF_2)与硫化锌(ZnS);另一个镜板作为输出镜,通常镀7层或9层膜(由最佳透过率决定)。毛细管内充入总气压约为2Torr的氦氖混合气体,其混合气压比为(5~7):1。当一些氖原子在实现了粒子数反转的两能级间发生跃迁,辐射出平行于激光器方向的光子时,这些光子将在两反射镜之间来回反射,于是就不断地引起受激辐射,实现对光波的放大,从而得到传播方向相同、相位一致、频率单一而能量高度集中的激光。这两个互相平行的反射镜,一个反射率接近100%,即完全反射,另一个反射率约为98%,激光就是从后一个反射镜射出的。

简单来说,分子暖疗氦氖激光治疗机的工作原理就是在电场的作用下,使阴极发射出来的电子加速奔向阳极,高速运动的电子便和氦原子、氖原子发生碰撞传递能量,发射出鲜红色的氦氖激光。氦氖激光疗效显著,最大特点是不接触皮肤,无创无痛,准确定位患处。大功率分子激光暖波照射,促进细胞组织更新和皮肤愈合,增强皮肤抵抗和修复能力。主要体现在光化作用和生物刺激作用,能刺激机体产生防御免疫功能,体液免疫能力增强,细胞吞噬指数升高,免疫球蛋白IgG、IgM增加,淋巴细胞转化能力提高;又可增强血液循环和淋巴回流,使炎症介质浓度降低,渗透压改善,组织水肿因而减轻或消退;同时减轻了对神经末梢的化学性及机械性刺激,降低神经兴奋性,起到镇痛作用。还可以促进胶原纤维、毛细血管再生,刺激上皮细胞的合成代谢,RNA、DNA、糖原的含量增加,有利于上皮细胞的增殖和加速溃疡面的修复愈合。

【操作方法】

暴露施治部位,选择合适体位。接通电源,将钥匙插入钥匙孔并向右旋转至开机位置,电源指示灯亮。按"准备"键,指示灯闪烁2秒,进入准备工作状态。按"待机"键,调节预置时间20分钟,旋转调节照射头,将射出激光对准患处,根据病情需要和施治部位面积调整光斑和距离。按"发射"键即可进行激光治疗。常规治疗20分钟,间隔时间为3~4小时,每日2次。

【临床应用】

1. 适应证

(1)内科:高血压、哮喘、气管炎、甲亢、关节炎、神经衰弱、神经症等。

(2)骨外科:烧伤、溃疡、腱鞘炎、骨折、甲沟炎、肩周炎、阑尾炎、胆结石、颈椎病、术后创面恢复等。

(3)皮肤科:疱疹、脚气、多形红斑、冻疮、神经性皮炎等。

(4)妇产科:盆腔炎、外阴白斑、外阴瘙痒、胎位不正、催乳、痛经等。

(5)耳鼻喉科:咽喉炎、扁桃体炎、中耳炎、腮腺炎、鼻炎。

(6)眼科:近视、青光眼、结膜炎、视网膜病变等。

(7)口腔科:唇炎、牙周炎、口腔溃疡、神经性牙痛等。

2. 应用举例

(1)斑秃:接通电源后使用氦氖激光治疗机照射皮损处15分钟,把氦氖双光纤接到治疗头罩上,氦氖激光输出功率为 30W。患者坐在头罩下,皮损处距离治疗头罩 30cm,每周 3 次,3 个月为一个疗程,同时结合中药治疗或中西医结合治疗,可达到最佳疗效。

（2）术后切口感染:接通电源后使用氦氖激光治疗机照射病变区,每次 10 分钟,每日 1 次,10 次为一个疗程。

（3）足跟痛:接通电源后使用氦氖激光治疗机照射足跟部痛点,每次 20 分钟,2 周为一个疗程。此外,应用足跟海绵垫,减少负重 1 个月。

（4）皮肤溃疡:接通电源后使用氦氖激光治疗机直接照射患处,距离 50cm,每次 15 分钟,照射后用消毒纱布覆盖创面。大面积病损可分数区照射,每次照射不宜超过半小时。每日 1 次,10 次为一个疗程,休息 3~5 日后可复照。

（5）流行性腮腺炎:激光治疗作为本病的辅助疗法。接通电源后将激光输出端先后对准肿大的腮腺区和同侧合谷穴进行照射,距离 60cm 左右,光斑直径不宜过大,根据患者情况调整,每个部位照射 10 分钟,每日 1 次。

（6）肛周感染:激光治疗作为本病的辅助疗法。患者取侧卧位,氦氖激光直接照射感染的肛周皮肤,每次 10 分钟,每日 2 次,7 日为一个疗程。

【注意事项】

1. 在照射过程中,激光治疗室的医务人员和患者应佩戴防护镜,切忌对视激光束,以免损伤眼睛。

2. 开放性创面或惧热刺激患者治疗时须严格参考照射治疗示意图中温度提示,选择合适的照射距离,同时可配合创面喷洒生理盐水或雾化治疗,以保证创面湿性愈合。

3. 患处有敷料或纱布包扎时可直接照射,但要获得最佳疗效,则需裸露患处照射。

4. 创面血液循环障碍者暴露照射时,建议适当增加距离,不得小于 12cm。

5. 以上为常规治疗方案,如遇疑难病例或特殊患者可酌情增加治疗时间和治疗次数,调节治疗距离,并谨遵医嘱。

四、生物信息红外肝病治疗仪

生物信息红外肝病治疗仪应用脉动生物信息技术（与人体心脏搏动节律同步）,提取治疗者的心率信号,发出与患者心率相同的脉动红外波照射肝区,促进组织对能量的渗透和吸收,有效改善肝脏微循环,提高肝脏的抗病能力和修复能力,促进肝病患者康复（图5-4）。

【仪器原理】

生物信息红外肝病治疗仪由光能发生器发出近红外光,能够被人体大量吸收,明显改善肝脏血液循环,使肝脏

图 5-4　生物信息红外肝病治疗仪

血流量增加;有利于药物和营养物质的吸收及代谢产物的排出,促进肝脏炎症缓解。

【操作方法】

1. 患者卧床,将光能发生器对准肝区,灯罩口距治疗部位 15~20cm,以患者感觉舒适为度。将脉搏传感器夹在患者示指或中指上,手心朝向有脉搏传感器连接线的一侧。

2. 一般选"全调制/全功率"治疗方式。

3. 治疗时间为每次 30 分钟,每日 1 次。可根据患者的病情需要,调整每日的使用次数。

4. 按"启动/停止"键,仪器即开始采集有效脉搏信号,进入倒计时。

5. 时间倒计数为 0,治疗仪发出"嘀"的蜂鸣声,提示当前治疗结束。

【临床应用】

用于慢性病毒性肝炎、肝硬化、肝纤维化、酒精性肝病、脂肪肝、高脂血症及其他原因引起的慢性肝病。协同药物治疗,促进药物吸收利用;有效改善凝血功能异常,促进白蛋白合成,改善肝硬化预后;减轻肝病症状,调节免疫状态,缩短康复周期。单用或与药物联用对脂肪肝均有显著疗效。对肝脏自身功能性代谢障碍造成的血脂异常有明显疗效。

1. 乙肝　患者仰卧,双手放松平放于身体两侧,充分暴露肝区。将生物信息红外肝病治疗仪放置在患者床边,调整照射的角度和距离,灯罩口距治疗部位 20~25cm,将脉搏传感器夹在患者示指或中指上,手心朝向有脉搏传感器连接线的一侧。每次 30 分钟,每日 1 次,7 日为一个疗程。

2. 肝硬化　患者仰卧,将光能发生器对准肝区,灯罩口距治疗部位 15cm 左右,以患者感觉舒适为度。每次 30 分钟,每日 1 次,3 周为一个疗程。

3. 脂肪肝　对患者的肝区进行照射,每次 30 分钟,每日 1 次。可配合血府逐瘀汤合二陈汤加减治疗,方药组成为当归、生地黄各 10g,桃仁 12g,红花 9g,枳壳、赤芍各 10g,柴胡 10g,甘草 3g,川芎 10g,牛膝 10g,法半夏 10g,陈皮 6g,茯苓 15g。湿热者加茵陈 30g、虎杖 10g、大黄 6g;脾虚者加黄芪 30g、白术 15g;阴虚者加太子参 30g、枸杞子 10g、女贞子 15g;血瘀甚者加莪术 10g。

【注意事项】

1. 治疗完成需冷却 3~5 分钟才可移动设备,避免烫伤。

2. 治疗开始前要询问患者,了解有无理疗禁忌证。

3. 治疗时患者切勿移动体位,以防止烫伤。

4. 治疗过程中如感觉过热、心慌、头晕等,需立即告知医务人员。

5. 患处有温度觉障碍或照射新鲜的瘢痕、植皮部位时,应用小剂量,并密切观察局部反应,以免灼伤。

五、红外偏振光治疗仪

红外偏振光治疗仪又名点式直线偏振光近红外线治疗仪,是将光电技术与西医解剖学、神经学及中医针灸原理结合在一起的,以治疗疼痛性疾病和骨伤为主的设备。近红外光谱和偏振度是红外偏振光治疗仪的两个特性指标(图5-5)。

图5-5 红外偏振光治疗仪

【仪器原理】

偏振光以其自身的光学特性,产生强烈的光针刺痛和温灸效应,对人体的神经系统、循环系统、心血管系统、消化系统、内分泌系统和免疫系统进行调整,从而改变机体的病理生理过程,使之恢复生理平衡和维持内环境稳定。这种"光针"通过照射神经根、神经干、神经节、痛点和穴位,可以产生以下作用:

1. 抑制神经兴奋,松弛肌肉,使疼痛部位充分进行有氧代谢,阻断疼痛的恶性循环,达到解除肌肉痉挛、缓解疼痛的目的。

2. 加速组织活性物质的生成和疼痛物质的代谢,尽快消除炎症和水肿。

3. 扩张血管,增加血流量,改善局部微循环,加强组织营养,促进创伤愈合。

4. 调节自主神经系统,促进淋巴循环,稳定机体的内循环,增加免疫力。

5. 星状神经节的照射可"代替"星状神经节阻滞,避免副作用的发生。

【操作方法】

1. 连接红外偏振光治疗仪,检查其性能及导线连接是否正常。

2. 协助患者取舒适体位,裸露照射部位,检查照射部位的温度觉是否正常。将灯移至照射部位的上方或侧方。根据功率调整灯距,功率500W以上,灯距不低于60cm;功率250~300W,灯距30~40cm;功率200W以下,灯距20cm左右。

3. 交代注意事项。应用于局部时,红外偏振光治疗仪通电3~5分钟后,应询问患者的感觉。

4. 治疗时间为每次15~30分钟,每日1~2次。

5. 关闭电源,整理导联线,清洁红外偏振光治疗仪。

【临床应用】

1. 适应证

(1)骨科:慢性肌肉痛、关节痛、神经痛、肌筋膜炎、腱鞘炎等。

(2)疼痛科:三叉神经痛、中晚期癌性疼痛、面神经麻痹、面肌抽搐、坐骨神经痛及肋间神经痛等。

(3)康复科:脑卒中后遗症、外伤后遗症等。

(4)神经内科:头痛、偏头痛、神经性头痛等。

(5)口腔科:颞下颌关节紊乱综合征及下颌关节炎。

(6)皮肤科:带状疱疹、神经性皮炎、过敏性皮炎、湿疹等。

(7)妇产科：盆腔炎、附件炎及痛经等。

(8)耳鼻喉科：耳鸣、突发性耳聋、鼻炎、扁桃体炎等。

2. 应用举例

(1)骨科：将红外偏振光治疗头对准疼痛部位，直接照射，根据患者耐受情况调整功率及距离，以感觉温热舒适为宜。治疗时间为每次 20 分钟，每日 1 次，7 日为一个疗程，持续 2 个疗程。

(2)妇科术后：将红外偏振光治疗头对准疼痛部位，波长为 0.6~1.6μm，输出功率 500~2 200mW，治疗时间为每次 20~30 分钟，每日 1 次，可以起到促进伤口愈合和止痛的作用。

(3)痔疮：应用于术后恢复。将红外偏振光治疗头对准术后水肿部位，距离 10~15cm，治疗时间为每次 10~20 分钟，10 日为一个疗程，可以有效改善痔疮术后肛缘水肿。

(4)康复：根据痛点(阿是穴)或相关穴位选择照射部位，痛点范围大使用手持照射，痛点较小可用固定照射，输出功率为 50~80W(疼痛严重兼烦躁、失眠者，加用星状神经节照射头进行照射)，治疗时间为每次 20 分钟，每日 1 次，10 日为一个疗程，2 个疗程后休息 10 日继续治疗。

【注意事项】

1. 使用前应检查导线有无破损现象，如有破损，必须更换后才能使用。

2. 治疗器必须使用有可靠接地线的三孔电源插座。

3. 使用时严禁触摸照射头网罩内的治疗板，以免被烫伤或引起触电事故。

4. 儿童或神志不清者勿操作或接近照射头。

5. 照射头可能出现冒白气(烟)的现象，这是照射头保温材料吸潮所致，预热一段时间后会自行消失。

6. 治疗仪出现故障时，勿自行带电修理。

7. 红外线治疗时患者勿移动体位，以防止烫伤。

8. 红外线照射过程中如有过热、心慌、头晕等反应时，需立即告知医务人员。

9. 红外线照射部位在眼睛周围时，应用纱布遮盖双眼。

10. 患部有温度觉障碍或照射新鲜的瘢痕、植皮部位时，应用小剂量，并密切观察局部反应，以免发生灼伤。

11. 血循障碍部位、较明显的毛细血管或血管扩张部位一般不用红外线照射。

六、光电治疗仪

光电治疗仪是将低强度激光与中医经络学说相结合的多功能治疗设备，可以进行耳穴治疗、腔道治疗和体表治疗，应用于康复科、五官科、皮肤科、内科及外科等。具有功耗低、可靠性好、操作简便、安全、无痛、无副作用等优点(图 5-6)。

【仪器原理】

通过对人体输入电能，刺激人体自身的生物电，以达到增加细胞活力的作用。将有机

图 5-6　光电治疗仪

粒子流作用于人体,作用力直接到达肌肤深层,达到深度疏通的作用。通过负压作用增加细胞的被动运动,刺激和唤醒休眠及运动力低下的细胞。深部温热作用可强化功效。

【操作方法】

1. 评估患者病情、意识状态、合作程度。

2. 检查局部皮肤情况,注意有无瘢痕或感觉障碍。

3. 告知患者操作目的、方法、操作过程中可能出现的不适、注意事项。

4. 接通仪器电源,检查红外线治疗仪性能及导线连接是否正常。协助患者取舒适体位,裸露照射部位,创面喷洒生理盐水,调准治疗头方位对准病灶。

5. 观察治疗仪运转情况,并记录患者使用过程中的反应。

6. 治疗完毕停机,关闭电源。整理导联线,清洁治疗仪。拔下电源线,撤离机器。

【临床应用】

用于皮肤病变(如荨麻疹、皮肤过敏、面部痤疮、带状疱疹、湿疹、黄褐斑)、肥胖、过敏性鼻炎、关节炎、关节疼痛及网球肘、高脂血症、扁桃体炎、慢性咽炎等病症。

1. 肥胖　穴位常规消毒,进行针刺,进针深度为 15~20mm。主穴进针之后,行一定的补泻手法以得气,以有麻胀触电感为佳。将光电治疗仪的电极置于腹部穴位。激光输出头置于神阙穴、水分穴或局部脂肪较多部位,有脂肪肝者置于肝区附近。选择循环强度频率,以患者能耐受为度。治疗时间为每次 30 分钟,每日 1 次,10 日为一个疗程,共治疗 3 个疗程。

2. 高血压　治疗前先测量血压,将光电治疗仪的激光耳夹对准耳背的降压沟,治疗时间为每次 20~30 分钟,结束后再测量 1 次血压。

3. 肋软骨炎　患者取坐位,把药垫贴到患处,将治疗头的电极紧贴于药垫上,治疗时间为每次 30 分钟,每日 1 次,10 日为一个疗程。

4. 乳腺增生　将门冬酰胺片、逍遥丸按 1∶4 的比例碾成粉末状,用 4 层纱布包裹,浸于温蒸馏水中 1 分钟,随后外敷于患处。然后将光电治疗仪治疗头的两个电极紧贴于病变部位的纱布上,嘱患者自行按住,不得放松,治疗时间为每次 30 分钟。

【注意事项】

1. 植入心脏起搏器及治疗部位有金属植入物的患者禁用。

2. 孕妇、高血压、心脏病及呼吸系统疾病患者禁用。

3. 合并脊柱结核、恶性肿瘤者禁用。

4. 治疗部位皮肤感觉异常或减退、皮疹及皮肤破损者禁用。

5. 高热、出血性疾病患者禁用。

6. 患有精神疾病、无自制力、不能明确表达意愿者禁用。

七、光子治疗仪

光子治疗仪选用窄谱光源所发出的冷光,用高纯度和高功率密度的红光、蓝光及黄光对皮肤进行照射,从而起到治疗效果。由于光子治疗仪所发出的是一种冷光,不会产生高热,因此不会灼伤皮肤,是一种安全有效的设备(图5-7)。

【仪器原理】

光子治疗仪的主要机理是利用光子的光生物化学效应、光电磁效应、光压强效应、光刺激效应、光热效应等一系列综合效应,带来细胞的酶促反应,极大地提高细胞的有氧呼吸,从而迅速且显著地加速细胞新陈代谢。

酶促反应:光子,特别是高功率红光光子可将能量渗透到人体表皮,进入皮下组织3~5cm,与细胞的线粒体相互作用,被细胞线粒体吸收,产生高效率的光化学反应 - 酶促反应,使线粒体的过氧化氢酶(CAT)、超氧化物歧化酶(SOD)等活性得到激发,促进细胞新陈代谢、增加细胞糖原含量,从而促进DNA、RNA及蛋白质的合成和三磷酸腺苷(ATP)的分解,加速细胞组织生长、皮损和溃疡愈合,促进疾病康复。

光子同时还可增强白细胞的吞噬功能,提高机体免疫力,起到良好的消炎作用。此外,光子的生物效应可降低炎症部位5-羟色胺(5-HT)含量,产生镇痛效果。

图5-7　光子治疗仪

【操作方法】

1. 打开电源开关,检查光子治疗仪性能及导线连接是否正常。

2. 帮助患者取舒适体位,裸露照射部位,创面喷洒生理盐水,调准治疗头方位对准病灶。

3. 观察治疗仪运转情况及患者使用过程中的反应。

4. 治疗结束关闭电源,整理导联线,清洁治疗仪。

【临床应用】

1. 适应证

(1)皮肤科:大疱性皮肤病、病毒性皮肤病、细菌性皮肤病、真菌性皮肤病、压疮,冻疮及各种原因的溃疡、坏疽、皮肤疼痛、瘙痒。

(2)烧伤科:烧伤康复治疗、植皮创面治疗、炎症创面治疗等。

(3)肛肠科:肛周脓肿、肛周湿疹、肛周术后组织水肿、渗出等。

（4）疼痛性疾病：颈腰腿痛等。

（5）骨与关节疾病：肩周炎、网球肘、腱鞘炎、肌腱炎、骨髓炎、外伤后遗症、膝韧带炎等。

（6）创伤愈合：糖尿病或静脉栓塞等导致的指（趾）端溃烂愈合、骨折愈合、术后创伤愈合等。

（7）妇科：外阴白斑、外阴瘙痒、急慢性盆腔炎、盆腔积液、不孕症、痛经、内分泌紊乱、急性乳腺炎、外阴炎。

2. 应用举例

（1）皮肤病：根据患者年龄、肤色、疾病轻重程度及皮肤反应，选择合适的治疗头，微调能量密度，以保证最大限度地防止光波外泄，治疗时间为每次 15~20 分钟，治疗一轮后间隔 5~10 分钟进行第二轮加强治疗，后 1 次治疗按前 1 次治疗的能量密度降低 1~2J/cm。病情严重者每周治疗 2 次，5~6 次为一个疗程，减轻后可改为每周 1 次。患者治疗后可有轻微灼热感，不需处理；如出现轻度刺痛感和灼热感，可在治疗后用冰袋敷局部。治疗后出现的红斑、水疱、色素沉着在一段时间内可自行消退。

（2）烧伤：患者取适当体位，创面暴露于光子治疗仪下，治疗仪的光照头对准创面，光源与皮肤的距离为 20~40cm，以光斑完全笼罩患野为宜，范围较大者分区照射。治疗时间为每次 20~30 分钟，每日 2 次，2 周为一个疗程。对面积较大、烧伤较深者，可再照射 1 个疗程。

（3）肛肠术后：充分暴露创面，创面温度保持 35~38℃，治疗时间为每次 30 分钟，根据患者恢复情况治疗 2~3 周。

（4）创伤科：患者取适当体位，将创面暴露于光子治疗仪下，光源与皮肤的距离为 10~12cm。治疗时间为每次 20~30 分钟，每日 1 次。

（5）糖尿病周围神经病变：患者取适当体位，光源与皮肤的距离为 10~15cm，治疗时间为每次 10 分钟，每日 6 次，间隔 1 小时，10 日为一个疗程。

【注意事项】

1. 红光治疗仪的工作条件为环境温度 5~40℃，相对湿度 ≤ 80%。

2. 仪器所有连接插头及插座在安装使用时应注意接触牢固。

3. 治疗过程中红光输出镜头对准病灶，勿直视红光输出镜头或佩戴防护眼镜。

4. 严禁长时间（20 分钟以上）接触红光治疗头发热部件或长时间近距离照射（照射距离 < 3cm），以防造成轻度烫伤。

5. 光过敏者慎用。

6. 急性生殖器炎症者禁用。

7. 心律失常、植入心脏起搏器者禁用。

8. 有出血倾向及恶性肿瘤者慎用。

第六章　中医电疗设备

一、微波治疗仪

微波治疗仪是一种利用微波治疗疾病的新型医疗设备，通过配备不同的附件设备，可对多种疾病进行治疗。微波治疗仪是综合微波、传感器、自动控制、计算机等技术为一体的设备，具有安全、方便和疗效可靠的特点。对前列腺疾病（前列腺增生、前列腺炎）和女性非淋菌性阴道炎、宫颈炎具有很好的疗效（图6-1）。

【仪器原理】

1. 理化原理　短波、超短波同属电磁波，但与微波相比，由于频率大幅度降低，临床效果差别很大。人体的血液、淋巴液、脑脊液等对微波有特殊的吸收作用。人体组织是由各种有机与无机化合物组成，这些物质在电学上具有不同的特性，例如人体内钠、钾、钙、碘、铁等多种无机离子，它们在微波电磁场中忽而被吸引，忽而被排斥，形成电场方向的振动，振动时离子间的互相摩擦及与周围媒质间的摩擦产生热；人体胶体组织本来并不显电性，但部分胶体颗粒吸附周围的离子便会形成带电的胶体，这些物质在微波电磁场的作用下亦产生类似离子的摩擦碰撞运动而产生热。

图6-1　微波治疗仪

2. 治疗原理　微波治疗采用高频率局部辐射，在较小的微波功率输出条件下，即可达到预期的治疗效果。微波对人体组织的热效应效率高、穿透力强，具有内外同时产生热的优点。微波在人体组织内产生热量，作用可达5~8cm，可穿透衣物和石膏等体表覆盖物，直达病灶，促进血液循环、水肿吸收和肉芽生长。体表式辐射器便于摆位（体表各部位），不受患者体位影响，使用更舒适、操作更简单。

微波治疗仪利用微波生物组织的热效应，对病变组织进行止血、凝固、灼除或消炎、消肿、止痛、改善局部组织血液循环等，达到治疗疾病的目的。

【操作方法】

1. 打开主电源开关。

2. 将电极放到治疗部位。

3. 按"输出设定"键调节输出。

4. 按"治疗时间"键设定治疗时间。

5. 设置治疗模式。

连续模式:按"辐射时间"键,辐射时间指示器显示字母"C"。

间歇模式:按"辐射时间"键和"暂停时间"键设定辐射和暂停时间。

3D 模式:按"3D 模式"键约 2 秒钟即可设定 3D 治疗模式。按"治疗开关 / 停止"键,输出水平指示器亮起,电极开始微波辐射。

6. 治疗结束时,报警声响起,微波停止辐射。

7. 治疗结束后,关闭主电源开关。

【临床应用】

微波治疗仪适用前列腺肥大、前列腺炎等男科疾病;牙周炎、根尖周炎等口腔疾病;腰肌劳损、扭伤、肩周炎等伤科疾病;宫颈息肉、乳腺炎、阴道炎、盆腔炎等妇科疾病;体癣、带状疱疹、湿疹等皮肤科疾病;鼻衄、慢性鼻炎、鼻咽炎、扁桃体炎等五官科疾病;小儿支气管炎、小儿肺炎、小儿呼吸道感染等儿科疾病。

1. 男科 患者取仰卧位,调节微波治疗头功率至 4.0~5.5W,将治疗头用橡胶套覆盖后置于前列腺患处体表投影部位进行微波治疗,每次 60 分钟,每日 1 次,连续治疗 30 日。

2. 口腔科 调节微波输出功率 30~40W,直接烧破囊壁,排出囊液,清理术野后,用微波探针对囊壁进行烧灼,完全破坏囊壁,并用探针彻底止血

3. 康复理疗 调节微波头距离颈部皮肤 3~5cm 进行辐射,功率为 30~40W,频率 915MHz,每次 20 分钟,每日一次。

4. 妇科 患者取仰卧位,治疗区域集中于下腹盆腔三角包块侧,探头与腹壁距离约 2.5cm,输出功率维持 40W,照射周期 30 分钟,每日 1 次,10 日为一个疗程。

5. 皮肤科 根据皮损类别选择合适的体位,一般取仰卧位或俯卧位。治疗时间及输出功率根据皮损的性质、大小、深浅度等调整,根据皮损的性质、大小、深浅度选择合适的治疗探头。探头垂直触及皮损处,接通微波,脚踩脚踏板,踩后立刻松开,然后再踩,反复数遍,直至皮损凝固发白停止操作,移开治疗仪探头。

(1)寻常疣、鸡眼、皮赘、跖疣、甲周疣:输出功率 30~35W,治疗时间为 10~20 秒。

(2)传染性软疣、老年斑:输出功率 35~40W,治疗时间为 15~20 秒。

(3)扁平疣:输出功率 20~30W,治疗时间为 10~15 秒。

(4)脂溢性角化病、色素痣:输出功率 20~25W,治疗时间为 10~20 秒。

6. 耳鼻喉科 输出功率为 40W,辐射时间为 3~5 秒。暴露鼻腔,用微波辐射器点刺一侧鼻甲前端的黏膜,进行热凝,至黏膜变为乳白色。在黏膜萎缩范围约为 $1cm^2$ 时对鼻翼部和鼻中部黏膜进行热凝,也使之变成乳白色,范围约为 $1cm^2$。用相同的方法对对侧鼻腔加以处理。

7. 儿科疾病 患儿取卧位或坐位,运用微波治疗仪局部照射肺俞穴,输出脉冲式微波,根据患儿年龄确定功率,控制探头功率＜10W。在距离肺俞穴约8cm的位置进行垂直照射,每次15分钟,每日1次,7日为一个疗程。

8. 放射性皮炎 用无菌棉签蘸聚维酮碘消毒液对患处皮肤消毒,调节微波治疗仪功率为50~60W,照射患处皮肤30分钟,每日1~2次,连续3~5日。

【注意事项】

1. 微波治疗仪在理疗状态下,使用φ75圆形辐射器功率为5~10W,200mm×80mm方形辐射器功率为10~15W(以患者感到温热舒适为准,初次接受微波理疗者应密切观察其反应)。辐射器应隔覆盖物使用,与病灶部位保持1~2m的距离,对准病灶部位后方可输出微波,切忌空载输出。

2. 照射时,应避开金属物,如金属纽扣等,以免造成仪器损坏或烫伤患者,照射部位表面的纱布、石膏等卫生材料不必去除。植入心脏起搏器的患者禁用微波理疗。严禁照射眼睛、大脑、睾丸和孕妇腹部。术后理疗的患者必须在术后48小时后进行。

3. 微波治疗仪在手术治疗状态时,通常的功率为25~35W,个别病例可达50W。输出探头接触到病灶组织后,方可踏脚踏开关,切忌空载输出。

4. 安装时,必须保证供电电网有良好的保护,接地的应为单项三级插座。

5. 操作时需连接好输出口,务必接牢,避免空载输出。辐射线严禁弯折,以免影响输出。微波线、脚踏开关和手术探头均属易损件。

6. 有意外情况时,保护电路启动后,应立即关机。

7. 高血压患者禁颈部理疗,糖尿病患者禁用。

8. 在开机状态下,医护人员必须严格观察仪器的使用情况及患者的反应。

二、电脑消炎止痛治疗机

电脑消炎止痛治疗机是一种将传统中医与现代电子技术相结合的新型综合治疗设备,集红外线、中低频、磁疗、穴位中药离子导入为一体,对创伤性疼痛、神经性疼痛、炎症性疼痛均有效,其镇痛原理目前多由Melzack提出的闸门控制学说和内源性吗啡样物质释放假说解释(图6-2)。

【仪器原理】

电脑消炎止痛治疗机输出的中低频电流作用于机体后,通过人体穴位作用于周围神经的粗纤维,使之兴奋,从而阻断或减弱细纤维的痛觉传入,产生闸门效应,激活脑内的内啡肽功能神经元,引起内源性阿片样物质释放,从而产生镇痛作

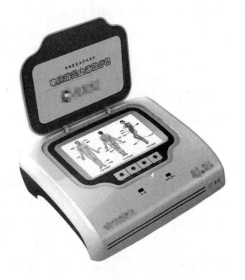

图6-2 电脑消炎止痛治疗机

用。治疗后,改变了局部的血液循环,使皮肤表面血管一时性收缩,深部动脉血流加速,使组织、神经纤维间的水肿减轻,张力下降,病灶区的缺氧状态改善,消除病理性致痛物质,从而达到止痛的目的。

【操作方法】

1. 将电极线插入治疗机输出线的接口,将电源线插入治疗机上的电源插口,另一端插入电插板。

2. 打开仪器电源开关,数码管亮,整机进入工作状态。

3. 查看说明书,选择对应病症的治疗穴位,把电极保湿垫置于施治部位,将电极敷上,并用弹性自粘绷带固定。

4. 开机后仪器自动进入腰痛治疗模式,此时,可以按"▲""▼"键选择所需的治疗病症。仪器处于治疗状态时,病症不能调整。

5. 开机设定的初始治疗时间为 20 分钟,按时间"+"键或"-"键,可在 1~90 分钟内调整治疗时间。仪器处于治疗状态时,时间不能调整。

6. 按"启动/停止"键,下方"启动/停止"指示灯亮,治疗开始。能量初始设定为"0"级,按"+"键或"-"键选择所需的输出能量,能量分为 25 级。

(1)由于不同个体对脉冲电流的耐受程度有差异,不同的人应用的能量是不同的。能量分以下三种:

①感觉限:以刚达到有感觉为限。

②收缩限:以引起肌肉收缩为限。

③耐受限:以能够耐受的电量为限。

(2)能量大小视患者的情况和耐受力而定,一般取耐受限。

(3)治疗过程中,操作者可调整能量大小,亦可随时按"启动/停止"键来中断治疗。停止治疗后,治疗机处于停机状态,输出为 0,剩余治疗时间复位。

(4)能量指示流水灯中的黄色指示灯亮起,代表超过 20 级能量,因每个人对能量的耐受存在差异,谨慎使用超过 20 级的能量。

(5)仪器未处于治疗状态时,能量不能调节。

7. 电脑消炎止痛治疗机设置了近红外加热功能,按"启动/停止"键,再按"红外"键,此时红外指示灯亮并有红外输出,电极产生热量。该热量对电极保湿垫加热,促进电极保湿垫中的药液浸透,提高疗效。仪器未处于治疗状态时,红外加热不能启动。如要停止红外加热,仍按"红外"键,此时红外指示灯灭。

【临床应用】

可用于关节炎、肩周炎、腱鞘炎、急性软组织损伤、坐骨神经痛、骨质增生的治疗。

1. 肩周炎　工作电压为 220V ± 10%,中频脉冲频率 1~10kHz,低频调制中频 0.15~150Hz。主要取穴为肩中俞、肩外俞、肩前、肩井和阿是穴,每次 20 分钟,7 日为一个疗程。

2. 颈椎病　选穴取风池、大椎、天柱、合谷、列缺、阿是穴等。用中药液浸润 4 层纱布,置于相应穴位或阿是穴上。调节脉冲和红外线,由弱到强至患者能耐受为度。每次 20 分钟,每日 1 次,10 次为一个疗程。

3. 骨质增生　将药物混液浸湿卫生敷料,敷于电脑消炎止痛治疗机的极板上,一极板置于最痛点,一极板置于骨质增生处(颈、腰部可配合牵引),治疗时间为 30 分钟,每日 1 次,10 次为一个疗程。治疗最少 3 次,最多 30 次,平均 10 次,治疗期间可服抗骨质增生药。

4. 慢性腰肌劳损　患者取仰卧位,将浸透生理盐水的无菌纱布置于电脑消炎止痛治疗机的电极上,将两个电极置于阿是穴,接通电源,调整电流强度,以患者有明显肌肉收缩或震颤感并能耐受为度,频率 60 次 /min,每次 20 分钟,每日 1 次,5 次为一个疗程,不超过 3 个疗程,疗程间隔 2 日。

5. 颞下颌关节紊乱综合征　先用电脑消炎止痛治疗机的集射头照射阿是穴、下关穴,模式设定为 2(照射 2 秒停 2 秒),每个点照射时间设定为 5 分钟,依据病情,治疗时间设定为 15~20 分钟,以患者有热感而不烫为宜。然后用散射头对准关节疼痛区域进行连续照射,时间设定为 15 分钟,散射头距照射部位一般为 2~5cm,以患者感觉温度舒适为宜。

【注意事项】

1. 电脑消炎止痛治疗机为康复治疗设备,急症患者应及时送至医疗机构救治。使用中如有任何不适,应立即停止治疗。

2. 治疗电极必须与皮肤充分均匀紧密接触,使用前应清洁皮肤。

3. 皮肤电阻值因人而异,治疗时有轻微类似触电的感觉属正常现象,如患者不能接受应停止治疗。治疗时应将能量调整到可以耐受的最高值,才能达到理想的治疗效果。随着治疗时间的增加,患者的耐受能力将不断增加。

4. 在治疗过程中严禁揭开穴位器。穴位器未与皮肤良好接触时也严禁启动治疗。

5. 在治疗过程中患者严禁随意移动身体和触摸接地的金属物。

6. 治疗四肢部位时,两个治疗电极必须固定在同一个肢体上。骨折患者如有内外固定物,治疗电极必须粘贴于远离固定物 8~10cm 处。

7. 不能以心脏、眼睛及孕妇的腹部为治疗中心放置治疗电极。

8. 穴位器不能放置在瘢痕、创伤的部位。对穴位器过敏者禁用。

9. 结核活动期、严重肺心病、肿瘤、血液病、恶性高血压、糖尿病等患者禁用,孕妇禁用,未成年人不允许独立操作仪器。

10. 不能与下列电子医疗器械一起使用:脉搏调节器等体内移植型医用电子器械;人工心脏、肺等用于维持生命的电子器械;心电图、描记器、脑治疗仪等穿戴型医用电子器械。

11. 每次使用完毕后,应先使穴位器离开人体,穴位器与人体接触部位建议用酒精清洗消毒,然后关闭仪器电源。

三、低频治疗仪

低频治疗仪是微波治疗仪的一种,主要利用电磁波的较低频段进行治疗。主要由电极、主板、微处理器、液晶显示器和外壳、电源部分组成。低频治疗仪模拟针刺得气感,并结合高能量分布的脉冲,按照人体刺激形成的种种感觉谱线,进行低频调制,达到治疗效果。本仪器还能与红外线相配合,称为红外低频治疗仪(图 6-3)。

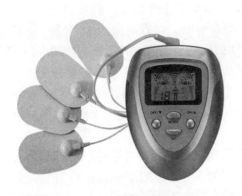

图 6-3　低频治疗仪

【仪器原理】

低频治疗仪是根据物理学、仿生学、中医学及临床实践而研发的产品,其治疗原理是由低频电流引起肌肉收缩或松弛,将物理因子作用在人体各部位的经络和穴位进行物理治疗,从而提高临床效果。它具有自动变频的脉冲电压,能够穿透组织深处进行浅部和深部病灶的治疗。具有疏通经络、活血化瘀、止痛、舒筋、调五脏六腑、平衡阴阳的作用。可以调节神经的兴奋性和抑制性,激活病灶周围组织的细胞活性,增强局部血液循环和新陈代谢,提高免疫力,调节内分泌,对病灶周围组织有修复和治疗的作用。

1. 低频刺激效果　能够有效缓解慢性疼痛、肌肉酸痛等症状,具有促使分泌止痛物质、促进血液循环的效果。

2. 肌肉的泵作用　低频电流引起肌肉的收缩或松弛,肌肉的泵作用即开始动作。松弛时,血液大量输入;收缩时,含有代谢物的血液被送出。这种动作循环往复,可促进血液循环通畅。

3. 镇痛　施加低频电流后,疼痛信号经皮肤深部感受器及神经末梢的兴奋,兴奋Ⅱ和Ⅲ类纤维,通过脊髓节段整合实现镇痛作用。

【操作方法】

1. 确认电源已关闭后连接导线与本体,连接导线与电极片。

2. 将电极片粘贴在治疗部位。

3. 按下电源开关。

4. 按"模式选择"键,按照"敲""揉""按""腰""上臂""关节""小腿""脚底"的顺序,切换模式。

5. 按"强度设置"键,在 1~10 档之间选择合适强度,并在屏幕上确认已设置强度。开始治疗,每个治疗部位每次 10~15 分钟。每日 1~2 次。

6. 治疗结束,切断电源。

【临床应用】

1. 适应证

(1)内科疾病:原发性高血压(1级)、胃肠炎、浅表性胃炎的对症治疗。

(2)神经系统疾病:神经衰弱、失眠、老年痴呆等。

(3)骨科疾病:肩周炎、颈椎病、腰椎病。

2. 应用举例

(1)膝骨关节炎:取内外膝眼、膝阳关、阿是穴。2 个穴位为 1 组贴电极片,接通电源,此时仪器输出频率、波形、强度均为默认参数。若患者自觉刺激量不适,调节强度以患者能耐受为度,治疗20分钟。

（2）面神经麻痹：取患侧迎香、颊车、下关、地仓、太阳、阳白、翳风、四白、双侧合谷、足三里，于发病 7 日后治疗。频率 1Hz，波形选择方波，波宽 10~300ms，电流强度为阈上刺激（以引起肌肉收缩为度），每次 20 分钟，每日 1 次，10 次为一个疗程，共 2 个疗程，疗程间隔 3 日。

（3）肩周炎：常用取穴有肩前、肩髃、肩贞、肩髎、阿是穴、曲池、阳陵泉加辨证取穴 2~3 个。穴位常规消毒，贴穴位贴片，打开低频治疗仪，调整强度、频率和时间。每次治疗 30 分钟，每日 1 次，7 次为一个疗程。治疗 3 个疗程后观察疗效。

（4）偏瘫：在肢体综合功能治疗的同时结合使用低频治疗仪。将自贴皮肤电极片分置于特定穴位上，选用混合波形，电极输出频率和强度在 0~6 档之间，以患者能耐受为度，治疗时间为每次 30 分钟，每周 5 次，周末休息 2 日，30 日为一个疗程，共 2 个疗程。

【注意事项】

1. 功率大小以患者感觉舒适为宜，勿设置过高。

2. 植入心脏起搏器的患者要远离工作状态的低频治疗仪。

3. 不可与高频手术设备（如高频电刀）同时使用，否则可能引起灼伤。

4. 禁止在短波治疗仪或超短波治疗仪的近旁使用本仪器，否则产生干扰，使其输出不稳定。

5. 禁止与其他有明确说明不宜与本仪器同时使用的医疗设备同时使用。

6. 禁用于皮损或皮肤破溃处。

7. 要刺激面部三角区的穴位或心脏周围的穴位时，必须有临床医生在场。

8. 危重病患者、心脏病患者及儿童，须在临床医生指导下使用。

四、低频脉冲治疗仪

低频脉冲治疗仪是根据中医经络学原理，结合现代电子技术研制完成的无创伤肝病治疗器，它通过特殊的电波刺激人体的有效穴位，使之与人体生物电相互作用，从而全面调节人体免疫、内分泌和神经系统，可使体内平滑肌产生大幅度收缩和舒张，改善肝脏的血液循环，是非药物治疗肝病领域的新设备（图 6-4）。

图 6-4 低频脉冲治疗仪

【仪器原理】

1. 理化原理 低频脉冲治疗仪采用非热剂量低功率毫米波技术及超低频数控电脉冲技术，通过照射和刺激特定穴位，使之与人体生物电相互作用，激发人体组织细胞谐振，产生能量转换，从而全面调节人体免疫功能，改善肝功能，是非药物治疗肝病领域的医疗设备。

2. 治疗原理

（1）毫米波照射：毫米波频率与人体组织细胞频率接近，因此应用毫米波照射可以激发人体组织细胞的谐振，促进细胞活化与再生，全面提高机体免疫力，抑制和破坏病毒复制过程。

（2）低频电脉冲穴位治疗：低频电脉冲的治疗频率与内脏蠕动频率一致，可以增加肝脏的血液供应，抑制肝纤维化，预防肝硬化的发生和发展。采用超低频电脉冲、穴位治疗、红外热疗、创新式穴位热疗的四位一体疗法，刺激和照射特定穴位，使之与患者体内的生物电流相互作用，激发组织细胞谐振，有效缓解肝病症状，改善功能。

【操作方法】

1. 型号为 G6805-2 的治疗仪只要将定时选择开关（兼工作开关）旋至不定时档或任意一定时档即可；型号为 G9805-B 和 G9805-C 的治疗仪需打开右侧面的开关，开机使用前需将所有输出强度控制旋钮调至"关"，若在输出未关闭的情况下开机，治疗仪会处于保护状态，自动切断输出，对应的红色输出保护指示灯亮，G8905-C 还会在多功能显示屏幕上显示"FH"，这时只要将所有输出强度控制旋钮调至"关"，治疗仪的输出保护即可解除。

2. 用完后须将所有输出强度控制旋钮调至"关"，关闭工作开关。若使用交流供电还须拔掉电源插头。

3. 按"输出模式"键或转动"动输出模式"旋钮即可选择输出模式（G6805-2 为旋钮，G6805-B、G9805-C 为按键），输出模式为连续、断续、疏密、推拿（仅 G9805-C 有推拿输出模式）。

4. G6805-2 用一个频率设定旋钮设定输出频率，共有 10 档输出频率可选择；G9805-C 采用两个旋转开关设定输出频率，分别设定输出频率的十位与个位；G9805-C 采用两个加减按键来设定输出频率，频率数值由数码屏显示。

5. 低频脉冲治疗仪具备探穴与治疗的功能，当需要使用探穴功能时，需将探穴电极插头插入相应插孔，患者手握电极棒，另一端的探针即可用来探查穴位。由于人体穴位阻抗较周围组织低，故可通过观察探穴指示表来判断穴位，指针偏转的角度越大（指示的数字越大）越可能是穴位。G6805-2 还具有探穴的声讯信号，即声音的频率越来越高可能是穴位。

6. G6805-2 只要将定时旋钮调到对应的位置即可开启定时治疗功能；G9805-C 用定时按键来选择 20/30 分钟定时。在定时治疗过程中，如改变定时选择器的状态则会重新计时。G9805-C 在定时治疗结束前 10 秒会发出断续的提示音，在定时治疗结束时会在多功能显示屏上显示"OFF"。G9805-B 无定时功能。

7. 治疗仪为交直流两用，使用前按照电池仓内的标记正确安装四节 2 号干电池，如长时间（1 周以上）不使用直流供电则需取出电池。当电池电量不足时，治疗仪的电池指示灯亮起，提示更换电池，更换电池必须在关机时进行。

8. G6805-2 治疗仪有 2 个控制声讯输出的开关，一个用来选择声讯的有与无，另一个为输出声讯和探穴声讯的选择开关。在声讯开关打开的情况下，此开关可选择声讯与输出声讯或探穴声讯同步。

9. G6805-2 共有 2 路并联输出，第一路与第二路并联，第三路与第四路并联，使用并联时，第一路与第二路只能插 1 路输出线，第三路与第四路也只能插 1 条输出线，第一路与第二路的并联输出及第三路与第四路的并联输出可同时使用，也可单独使用。在使用第一路与第二路的并联输出时，需同时打开两路对应的输出强度调节器，且需两路同时同向调节，使用第三路与第四路的并联输出也是如此。

【临床应用】

用于治疗急慢性病毒性肝炎、脂肪肝、酒精性肝病、肝硬化腹水等。

1. 肝硬化　将低频脉冲治疗仪移至患者床边，连接电源，调整光能发生器角度及其与照射部位的距离，维持 15~20cm，固定光能发生器。患者取仰卧位，双手平放在身体两侧，充分暴露肝区，在中指或示指上夹脉搏传感器，并套一次性指套，使传感器朝向手心。调节相关参数，工作功率为 295W，保证患者脉搏信号变化时照射光出现由亮到暗再到亮的变化，治疗时以患者感觉局部发热为准。每次 30 分钟，每日 2 次，20 日为一个疗程，持续治疗 1 个疗程。

2. 淤胆型肝炎　患者仰卧，将示指插入指套式换能器，调节光能发生器功率为 150W，对肝区进行照射，红外灯和皮肤之间的距离为 18~20cm，每次 25~40 分钟，每日 1 次，治疗 8 周。

3. 脂肪肝　患者保持仰卧，选命关、肝俞、期门和脾俞等穴位，将输出频率控制为 Ⅱ，适当时候控制为 Ⅲ，每次 20 分钟，每日 2 次。

4. 慢性肝病　将治疗仪推至床旁，接通电源，调整仪器角度。光能发生器与肝区照射部位距离 15~20cm，以患者感觉舒适为宜。患者取仰卧位，充分暴露肝区照射部位，示指或中指戴一次性指套，将脉搏传感器夹在戴有指套的手指上。调节仪器各参数，治疗脉冲频率为 1Hz，脉冲输出幅度为 0~160V，红外照射功率为 75W，红外波长为 4.5~7.5μm，毫米波照射频率为 36Hz，按"开始"键，使照射光随脉搏信号有明显"亮—暗—亮"变化即可。用蓝色一次性治疗巾遮盖灯罩，以免光线损伤患者眼睛。每次 20 分钟，每日 2 次，28 日为一个疗程。

5. 肝硬化腹水　常选脾俞、下期门、足三里穴。患者仰卧或侧卧，操作者站在患者右侧，选择电场（程序电场或交叉电场），程序电场 1 个负极 3 个正极，一对穴一对穴地循环刺激；交叉电场 2 个正极 2 个负极，相互切换刺激。程序电场取穴负极在背部的肝俞、胆俞、脾俞，3 个正极在胸部的章门、期门、足三里；交叉电场肝区取 1 对穴、下肢取 1 对穴，或肝区前后取 1 对穴、左右取 1 对穴。

6. 病毒性肝炎　红外灯额定半 / 全功率为 50W/150W，照射近红外光波长 0.76~1.5μm，辐射强度为 0.07~0.49W/cm。先启动仪器，设置功能，一般设定照射时间为 30 分钟，然后把指套式换能器妥善套于患者的示指或中指，再把红外线灯调在肝区位置，以患者感觉舒适为宜，按"启动"键治疗，每日 1 次，连续 8 周。

【注意事项】

1. 严重心脏病患者禁用。

2. 植入心脏起搏器者禁用。

3. 孕妇禁用。

4. 皮肤破损、感染之处不宜使用电极片。

5. 皮下出血部位不宜使用电极片。

五、电脑低频治疗仪

电脑低频治疗仪是以经络学说、针灸理论为基础，结合西医学、现代电子学及微电脑技术而研究开发成的智能型低频治疗仪。在机体里，时刻都在发生某种特殊的电流，这些微弱的电流从心脏、脑、肌肉、神经等部位发出，对身体的正常运行起着不可或缺的作用。这些微弱的电流被称为"生物电"。当身体的某些器官或部位出现异常时，其正常的生物电也出现异常，而外部的刺激也会转化为生物电而影响组织器官（图6-5）。

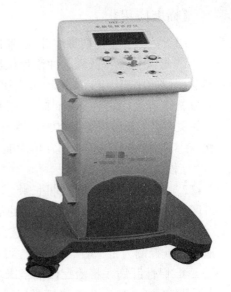

图6-5　电脑低频治疗仪

【仪器原理】

低频理疗法通过电极将微弱的电流作用于人体，利用其对肌肉及神经组织的直接刺激，起到促进血液循环、镇静兴奋的神经、调整身体组织器官功能的作用。而利用微电脑控制技术，对可作用于人体起刺激作用的微弱电流进行规律性编程，可较为逼真地模拟拔罐、针灸、刮痧、按摩、推拿、敲打、揉捏等操作。

【操作方法】

1. 准备电极片。
2. 用毛巾将施治部位擦拭干净，2个电极片分别贴在施治部位。
3. 将电极连线的插头插入电脑低频治疗仪。
4. 接入电源。
5. 打开电源，向下转动强度、电源旋转，当听到"咔嚓"声响时，状态指示灯亮，表示已打开电源。
6. 选择模式及设置定时。

（1）治疗模式选择：按"模式设置"键，选择模式一至模式五。每按1次"模式设置"键，都会听到短促的"哔"声，且治疗模式指示灯按顺序交替亮起。当选择某一治疗模式时，对应的模式指示灯亮。

（2）治疗时间设置：电脑低频治疗仪共有10分钟、20分钟、30分钟三档时间设置。按"定时"键可以设置治疗时间为10分钟、20分钟、30分钟。

7. 缓缓调节强度旋钮，选择合适的治疗强度。治疗过程中可以变更治疗模式，变更治疗模式前，先将强度关小，变更模式后，再将强度逐渐加大。治疗过程中，可以变更治疗时间，可以通过按键停止治疗。治疗过程中同时按下两个"频率调整"键，即进入重复刺激。治疗模式一、模式二，可通过两个频率按键，选择不同的按摩方式。在此两种治疗模式下，也可以通过自行调整,选择合适的治疗形式。

8. 定时时间到时,电脑低频治疗仪会自动停止治疗,并在延时 60 秒后自动关机。在延时关闭前,可以按定时键重新开始治疗。治疗停止后,将电源旋至"关"状态。将电极片从患处取下,粘贴至电极粘贴板的两侧。

【临床应用】

1. 治疗作用

（1）降低血液黏度:通过提高红细胞的变形能力,改善红细胞及血小板的聚集性,提高红细胞的携氧能力,使红细胞的负电荷量恢复正常,相互间排斥力增加。

（2）降低血脂:可激活血液中的多种酶,并分解血液中多余的脂肪,提高血氧含量,从而加速自由基清除,干扰脂质过氧化代谢过程,减少并清除血管内的胆固醇,降低血脂。

（3）防止血栓形成:能够减少缩血管活性物质,增加舒血管活性物质,有利于防止脑梗死、心肌梗死、冠心病等疾病的发生。

（4）治疗、预防高血压:改善红细胞和血小板的聚集程度,从而降低血液黏度,减小外周阻力;同时降低血脂,改善血管壁的弹性,使血压恢复正常。由于外周阻力降低,心脏负荷减轻,起到平稳血压的作用。

（5）健脑和增强记忆力:从事脑力劳动者,每日要消耗大量的三磷酸腺苷(ATP),这种能量的生成必须有氧和葡萄糖的参与。电脑低频治疗仪能够提高红细胞的携氧和释放能力,从而保证大脑有充足的能量来源,达到健脑、增强记忆力的目的。

（6）改善亚健康状态:能够刺激吞噬细胞使其能力增加,加快脂蛋白降解,降低外周阻力,改善血液循环,迅速缓解症状,提高活动耐力,对头晕、头痛、胸闷、气短、语滞、健忘、嗜睡、乏力等症状有明显改善作用。

2. 主要适应证

（1）心脑血管疾病:高脂血症、高黏滞综合征、高血压、中风、冠心病、心肌梗死等。

（2）神经系统疾病:神经衰弱、自主神经紊乱、顽固性失眠等。

（3）呼吸系统疾病:过敏性鼻炎。

（4）亚健康状态:头晕、头痛、语滞、健忘、嗜睡、乏力等。

（5）内分泌疾病:肥胖、糖尿病。

（6）其他:电脑低频治疗仪具有解除酸痛、缓解病症、消除疲劳、促进血液循环、和缓神经末梢麻痹的作用,还适用于颈椎病、肩周炎、腰痛、腰肌劳损、膝关节炎、坐骨神经痛等疾病的治疗。

3. 应用举例

（1）产后尿潴留:将两组电极片分别放置在患者小腹部水道穴及骶部脊髓排尿中枢,确保电极片紧贴皮肤。接通电源,根据临床实际情况调节治疗时间和强度。强度由 0 开始,根据患者耐受情况逐渐增加,关注患者的反应和耐受情况,如发生意外情况或在治疗过程中出现较强的尿意,需中断治疗,及时协助患者排尿。每次治疗约 20 分钟,每日 1~2 次,10 次为一个疗程。指导患者多食用水果和新鲜蔬菜,不可食用辛辣、刺激食物。

（2）慢性盆腔炎:患者取仰卧位,用电极片直接接触下腹部双侧附件区。强度由 0 开始,根据患者耐受情况逐渐增加,关注患者的反应和耐受情况,治疗时间 35~40 分钟,每日

1次,7次为一个疗程。

（3）腰肌劳损：患者取俯卧位,用电极片直接接触腰部大肠俞及阿是穴,强度由0开始,根据患者耐受情况逐渐增加,关注患者的反应和耐受情况,治疗时间30分钟,每日1次,10次为一个疗程。

【注意事项】

1. 治疗时,逐渐增加强度。

2. 导电胶片属易耗品,每次治疗结束后要用保护膜盖好,放入盒内。可用清水清洗,晾干后可继续使用,切忌火烤、太阳暴晒,用纸、布等擦拭。

3. 热疗时应注意温度变化,并及时调节,切勿睡眠中进行热敷,防止烫伤。

4. 气候干燥或皮肤干燥时,治疗前应用湿毛巾(纱布)清洗治疗穴位或相应部位,可以避免皮肤的刺激感。

六、中频电疗仪

中频电疗仪是应用被低频电流调制后的中频电流来治疗疾病的设备。电流的幅度和频率随着低频电流的幅度和频率而变化,这样既保留了低频电的特点,又发挥了中频电的优势。并且由于其波形、波幅、频率和调制度的不断变化,人体不易产生适应性(图6-6)。

图6-6 中频电疗仪

【仪器原理】

治疗仪发出的脉冲直接刺激交感神经,扩张血管,促进血液循环,改善局部血供,提高组织的活力,加速代谢废物和炎性物质的排出,起到消炎、消肿的作用。高能量的电流能引起掩盖效应,还能刺激神经和肌肉,引起神经兴奋和肌肉收缩,产生运动效应。可以缓解疲劳和治疗周围神经损伤。它利用电极输出能量,在电场作用下使机体分子和离子在各自位置震动,相互摩擦产生热效应,使浅表和深层的组织均匀受热,起到治疗效果。

【操作方法】

1. 接通电源,打开电源开关,此时机器发出声响,显示器显示"1"(处方号)。

2. 将插头输出线的一端插入"A输出"或"B输出"插孔,另一端插入电极板的小孔中。"A输出"不能与"A加热"同时使用,"B输出"不能与"B加热"同时使用。

3. 将电极板导电面消毒或用清水擦洗,在电极板导电面和皮肤之间垫几层浸湿的无纺布(以不滴水为宜),再用绷带将电极板固定,保证电极板与皮肤接触良好,否则可有针刺感,严重时会灼伤皮肤。

4. 根据病症选择相应的治疗处方,分别按 A、B 通道的"增大"或"减小"键,使显示器显示所需的处方即可。

5. 分别按 A、B 通道的"启动"键,显示器则显示该处方的治疗时间。

6. 分别长按 A、B 通道的"增大"键,使输出电流不断增加,此时相应通道的输出指示灯点亮,达到患者耐受电量时松开按键。停止按键 3 秒后,显示器恢复显示治疗倒计时。

7. 治疗结束,仪器自动切断电流,并发出音响提示,显示器恢复显示处方号,将电极板取下。若需治疗下一位患者,则返回上述操作。无人治疗时应关闭电源开关。

【临床应用】

用于各种扭挫伤、肌筋膜炎、神经炎、颈腰椎病、关节损伤、失用性肌萎缩、尿潴留、中枢和周围神经损伤所致的运动障碍、瘢痕与挛缩、浸润硬化与粘连、血肿机化、血栓性静脉炎、乳腺增生等。

1. 小儿支气管肺炎　患儿取卧位,根据治疗部位的大小选用合适的硅橡胶电极板,电极无正负之分。清洁电极板和治疗部位的皮肤,将电极板直接与治疗部位(左背右胸)接触,并嘱患儿仰卧,背不能离床,压住胸前电极板。调节输出电流强度,从小到大逐渐增至 55~66mA。治疗时间为每次 20 分钟,每日 1 次,3~5 日为一个疗程。疗程结束后没有痊愈的患儿继续理疗,直至痊愈。

2. 尿失禁　患者取卧位,选用尿失禁内置处方。将湿润的棉布套在电极片上,再将两片电极片分别置于患者下腹部膀胱区及与之相对的腰部区域。调节电流的大小,以引起明显的肌肉收缩动且患者可以耐受为度,治疗时间为每次 20 分钟,每日 2 次。

3. 颈腰椎病　患者取坐位,将中频电疗仪的电极板与患处皮肤直接接触,设置参数,电流大小以患者能承受的最大电流为上限,治疗时间为每次 20 分钟,每日 1 次,7 日为一个疗程,3 个疗程后观察疗效。

4. 乳腺增生　嘱患者暴露施治部位,调制波形为尖波、指数波、三角波。采用专用的半球形电极,湿化后放置于两侧乳房并固定,电流强度以患者能耐受为度,治疗时间为每次 20 分钟,每日 1 次或隔日 1 次,10 次为一个疗程。

【注意事项】

1. 使用植入式电子装置(如心脏起搏器)的患者禁用。

2. 勿在强电磁场的周围使用。

3. 勿将电极板靠近和对置在心脏部位,否则有增加心脏纤颤的危险。

4. 电极板放置于人体后,严禁开 / 关电源,以免有电击感。应在开机后固定电极板,在关机前取下电极板。治疗过程中需要停止时,可先按停止键,再将电极板取下。

5. 治疗时,必须保证电极板与皮肤接触充分,电极板插孔应保持干燥,以防止因插针生锈,或插针与电极板接触不良,导致局部电阻增大发热,灼伤皮肤。

6. 当输出电流调节到 50mA 但患者仍无感觉时,应停止输出,将电极板取下检查机器、输出线、电极板或湿棉等。

7. 输出线插针和电极板黑面切勿在机器工作时相触,否则会发生短路。

8. 在治疗过程中,密切观察患者的反应。如有较明显的针刺感或发烫感,应立即停止治疗，防止灼伤。

　　9. 糖尿病或皮肤敏感性差的患者慎用，防止输出量过大灼伤皮肤。

　　10. 有严重心脏病者禁用。

七、中频治疗机

　　中频电流被低频电流调制后，其幅度和频率随着低频电流的幅度和频率的变化而变化，此种电流称为调制中频电流。应用这种电流治疗疾病的方法称为调制中频电疗法。标准的中频治疗机则是用 2~10kHz 的电流进行治疗，其功率一般为几十瓦。近 20 年来，国内广泛应用的低中频治疗仪是在原有的低频治疗仪（电针仪）的基础上，适当引入部分中频成分（图 6-7）。

【仪器原理】

　　1. 理化原理　中频治疗机输出的中低频电流作用于机体后，通过穴位作用于周围神经的粗纤维，使之兴奋，从而阻断或减弱细纤维的痛觉传入，产生闸门效应，激活脑内的内啡肽功能经元，引起内源性阿片样物质释放，从而产生镇痛作用。治疗后，改变了局部的血液循环，使皮肤表面血管一时性收缩，深部动脉血流加速，使组织、神经纤维间的水肿减轻，张力下降，病灶区的缺氧状态改善，消除病理性致痛物质，从而达到止痛的目的。

　　2. 治疗原理　调制中频电流含有 1~150Hz 低频电流与 2~8kHz 中频电流，其中低频电流有不同的频率与波形（正弦波、方波、三角波、梯形波、微分波等），有不同的调制方式（连续、间调、断调、变调）、不同调制幅度（0~100%），按波形有对

图 6-7　中频治疗机

称和不对称之分。电流的动态变化大，因此调制中频电流兼有低频电与中频电两种电流各自的特点和治疗作用，作用较深，不产生电解刺激作用，人体易于接受而容易产生适应性。其主要治疗作用为镇痛；促进局部组织血液循环和淋巴回流；引起骨骼肌收缩，可以锻炼肌肉，防止肌肉萎缩；提高平滑肌张力；作用于神经节与神经节段，可产生反射作用，调节自主神经功能。

【操作方法】

　　1. 将穴位器的接头插入治疗机输出线的接口，将电源线插入治疗机上的电源插口，另一端插入电插板。治疗机的电源插口里有保险管，当电源电压超过额定值或治疗机最大负荷时，保险管将熔断，保护其他组件不被烧坏。

　　2. 治疗机有 A、B 输出，分左右两边，各两组。A1、A2 调节相同，B1、B2 调节相同，两侧互不影响。

3. 将电源插入 220V 交流电插座，按下电源开关，液晶屏亮，整机进入工作状态。

4. 用酒精消毒施治部位皮肤，同时擦去油脂，减低阻抗。将电极保湿垫置于施治部位，将电极敷上。在病灶部位或穴位处缚一组的两个电极，用弹性自粘绷带固定。

5. 开机设定的初始治疗时间为 20 分钟，按时间"+"键或"−"键，可在 1~90 分钟内调整治疗时间。患者每次治疗 30 分钟，每日 1~2 次。仪器处于治疗状态时，时间不能改变。

6. 按"启动"键，上方指示灯亮，治疗开始。能量初始设定为"0"级，液晶屏幕"能量"栏有文字显示，此时可以按"+"键或"−"键选择所需的输出能量，能量分为 64 级。

（1）由于不同个体对脉冲电流的耐受程度有差异，不同的人应用的能量是不同的。能量分以下三种：

①感觉限：以刚达到有感觉为限。

②收缩限：以引起肌肉收缩为限。

③耐受限：以能够耐受的电量为限。

（2）能量大小视患者的情况和耐受力而定，一般取耐受限。如有明显电刺激肌肉活动，表明电流可能过大，超过耐受限，此时需调小能量。

（3）能量增至 49 级，开始出现警示"!"，能量达到 49 级后，应有医护人员守护。治疗过程中可以调整能量大小，亦可随时按"启动"键中断治疗。停止治疗后，治疗机处于停机状态，输出变为 0，剩余治疗时间复位。仪器未处于治疗状态时，能量不能调节。

7. 本机具备电极近红外加热功能，按"启动"键，再按"红外"键的"+"键或"−"键，调节 16 档红外功率输出，使电极产生不同的热量。该热量对理疗药贴片加热，促进理疗贴片药液的浸透，提高疗效。

8. 电极保湿垫（选配）是将特制的多种中药煎制后的药液注入吸水材料的贴片内，该贴片在热的作用下，加速药液渗透于皮下，与本机配合使用，增强理疗效果。

【临床应用】

1. 神经科　偏头痛、紧张性头痛、三叉神经痛、臂丛和肋间神经痛、自主神经功能紊乱、睡眠障碍、周围神经损伤。进行调制中频电疗，选用多步程序中的第五处方，在通电后，将正负极分别置于疼痛区域，根据患者皮肤的紧缩度及麻震感调节输出刺激量。每次 20 分钟，每日 1 次，连续治疗 5 日休息 2 日，共计治疗 20 次。

2. 急性乳腺炎　选 5cm×10cm 电极片，固定于乳房上下侧或左右侧，乳头外露，选乳房理疗处方进行电按摩。频率 4kHz，波形为等幅波、正弦波、方波，输出强度及热度以患者能耐受为宜。每次 20 分钟，每日 2 次，3~5 日为一个疗程。

3. 便秘　患者取仰卧位，将两块湿无纺布或湿纱布放在脐旁两侧降结肠区及乙状结肠区，将两个 8cm×10cm 电极板分别置于纱布上，用松紧带固定。打开电源开关，选用内存处方 7 号，输出频率 20~45kHz，根据患者感受调节频率。每次 20 分钟，每日 1 次，10 日为一个疗程。

4. 骨伤科　肩周炎、腰椎间盘突出、颈椎病等。采用中频治疗机，载波频率为 1~10kHz，最大输出电流为 100mA，根据患者的耐受程度不同，多调至 15~40mA。患者取前倾坐位或俯卧位，暴露局部，将医用纱布折成略大于电极板的 4 层纱布块，浸透自制的中药煎液，对置于病变部位，然后将两个电极板放在 2 块纱布上。打开电源开关，选择专用离子导入处方,按"启动"键打开输出通道,缓慢调至患者有轻微脉动感即可。每次20分钟,每日1次,10次为一个疗程,间隔7日可开始第二疗程,一般需治疗2~4个疗程。

5. 类风湿关节炎　选用电脑中频治疗机内存的2号处方,低频调制频率0~150Hz,调制波形为正弦波、方波、三角波、尖波等,中频频率2~8kHz。将电极片置于手或下肢关节肿痛部位两侧,电流强度为耐受量。每次20分钟,每日1次,12次为一个疗程,治疗1~3个疗程。

【注意事项】

1. 医护人员在操作本仪器时切忌电极组横跨心脏或胎儿。

2. 不能与下列电子医疗器械同时使用:心脏起搏器等植入式电子装置;人工心脏、肺等用于维持生命的医用电子器械;心电图、描记器、脑治疗仪等穿戴型医用电子器械。

3. 治疗仪不能在有与空气混合的易燃麻醉气或与氧或氧化亚氮混合的易燃麻醉气的情况下使用。

4. 在治疗结束或停止治疗后取下电极(因为治疗时取下电极可能导致患者有不适感等)。

5. 仪器插入电源,若开启电源不能启动,则需检查插头、电压是否正常,保险管是否烧断,如烧断更换2A/250VAC保险管即可。

6. 棉纱电极套、弹性自粘绷带可用酒精、药液抹浸低温消毒。主机和穴位器只需液抹消毒,不可液浸。

7. 治疗时输出板不能相接触,不能强阳光暴晒或接触油污。

8. 勿随意打开机箱,如仪器出现故障,需工程师开箱检查维修。

9. 正常情况下使用红外输出是安全的,为防止仪器温控线路损坏时红外温度过高,使用人员应在使用红外输出时每隔5分钟检查输出温度。

10. 治疗时,如果仪器或患者出现异常,要立即停止治疗。

八、电脑中频治疗仪

电脑中频治疗仪是结合了中医经络学、生物技术及电脑数字技术等研发的新一代物理治疗仪。它集合多种治疗模式,如无针针灸模式、红外线热疗模式及药物离子导入模式,直接作用于经络穴位和病变部位(图6-8)。

【仪器原理】

根据不同症状设置不同的治疗输出信号,输出中频电流作用于人体,刺激病变神经和肌肉,神经系统受到电刺激后释放具有镇痛效应的物质,如内啡肽。同时,一定频率的电刺激也可以引起肌肉收缩,起到锻炼肌肉的作用。治疗仪还具有改善血液循环、软化瘢痕、松解粘连等作用。

图6-8　电脑中频治疗仪

【操作方法】

1. 开启电源,将输出旋钮调至"0"位。协助患者取舒适体位,暴露施治部位。

2. 选择电极、衬垫,将衬垫用水浸湿,注意金属板极不可直接接触皮肤。

3. 治疗中根据患者的适应程度,逐渐增减电流强度,以患者感觉舒适为宜。

4. 治疗完毕,缓慢将电流降至0,关闭电源,取下电极板,整理设备。

【临床应用】

用于骨关节疾病(如颈椎病、肩周炎、腰椎间盘突出、膝骨关节炎、关节扭伤、退行性骨关节病)、软组织损伤(扭挫伤、挤压伤、肌肉劳损等)、平滑肌功能障碍(胃下垂、肠麻痹、尿潴留、便秘、尿失禁、大便失禁等)、肌力低下或肌肉萎缩(用于减轻肌痉挛、增强肌力和肌肉功能重建等)。

1. 颈椎病　将电极置于颈后及患侧上肢,亦可循经络走行放置电极于相应穴位,根据临床表现选择相应的处方。治疗时间为每次20分钟,每日1次,10~15日为一个疗程。治疗强度以患者能耐受为宜,提倡整个疗程连续治疗。

2. 腰椎间盘突出　患者取俯卧位,腰部消毒,将电极片贴在浸湿生理盐水的纱布上,用弹力带固定在腰部,设置频率4~7kHz,治疗时间为每次20分钟,早晚各1次。患者在治疗中要穿着宽松的衣物,在背部裸露的位置上盖上治疗单,防止蒸气外溢。

3. 坐骨神经痛　电脑中频治疗仪选5号处方,先用温水浸湿一次性无纺布衬垫,并套在电极板上,贴于腰下10cm处和患侧小腿中下部,根据患者的耐受程度逐渐增加治疗强度,以患者能耐受为度。治疗时间为每次30分钟,每日1次,20次为一个疗程。

4. 骨折　将电极放置在距骨折断端1cm的近端和远端,治疗时间为每次20分钟,每日1次,10~15日为一个疗程。对肌肉进行适当的刺激有利于恢复肌肉功能,并可在一定程度上增加组织的通透性,同时也增加了骨膜的血供,利用骨折愈合。此外,有效避免了局部肌肉萎缩,也可促进骨折后期康复。

5. 膝骨关节炎　在患膝关节放置电极,治疗时间为每次20分钟,每日1次,10~15日为一个疗程。可降低关节腔内压力及维持关节稳定,通过各种波形刺激使局部肌肉收缩,以放松肌肉、促进炎症吸收、改善局部血液循环、缓解组织挛缩或痉挛、松解粘连,从而改善关节功能。

【注意事项】

1. 治疗前检查机器、电极、衬垫、导线是否完好,是否能正常运转。

2. 电极板应均匀接触皮肤。

3. 两电极不可直接接触,以防短路。

4. 如有烧伤瘢痕,电极板可放置在瘢痕两侧。

九、中频干扰电治疗仪

中频干扰电治疗仪通过将两路或数路不同频率的中频电流交叉导入人体,在体内产生干涉治疗场,形成引起具有生物学作用的低频调制中频脉冲电流。利用基波为中频电流穿透力强的特点,将调制波或干扰波低频电流送入人体,实现深度治疗(图6-9)。

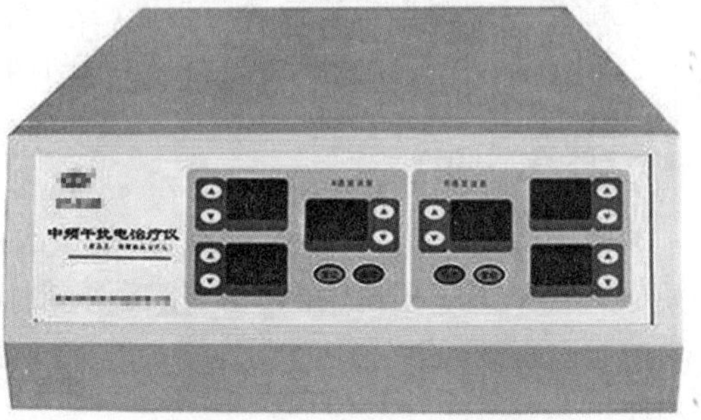

图6-9　中频干扰电治疗仪

【仪器原理】

1. 镇痛作用

(1)中频电流可兴奋周围神经的粗纤维,通过"闸门"调控,抑制传导疼痛感觉的细小纤维,从而镇痛。

(2)中频电流可以扩张血管,促进血液循环,加速局部痛性物质的排出。

(3)中频电刺激还可使人体释放具有镇痛作用的阿片类物质。

2. 兴奋神经肌肉组织　中频电流能产生细胞膜内外极性的改变,使膜电位去极化,形成动作电位,因此兴奋神经肌肉,产生肌肉收缩。

3. 改善血液循环

(1)轴突反射:当中频电流作用在人体体表时,电刺激经传入神经至脊髓后角,兴奋传出神经,使皮肤的小动脉扩张。

(2)扩血管作用:皮肤受电刺激时会释放组织胺、P物质、乙酰胆碱等,它们能使血管扩张。肌肉活动的代谢产物,如乳酸、ATP、ADP等亦有明显的血管扩张作用。

(3)自主神经作用:低频电流可能通过抑制交感神经的活动,促进局部血液循环。

(4)收缩肌肉作用:低频电流可引起肌肉收缩,肌肉节律性收缩和舒张形成"泵"的作用,从而促进血液和淋巴液的回流。

4. 软化瘢痕、松解粘连　中频电流能扩大细胞与组织的间隙,使粘连的结缔组织纤维、肌纤维、神经纤维等活动后分离。

【操作方法】

1. 安装仪器。

2. 治疗仪供电前确认。

(1)电源开关处于"关"的位置。

(2)治疗仪所有输出为"空载",没有插入任何输出插头。

(3)强度(%)调节旋钮A和B都处于逆针"零启动"位置(逆时针调节波强度旋钮至0位,并听到开关的声音即零启动位置,此时"零启动"绿色指示灯亮)。

3. 操作测试。

(1)治疗仪总电源开关置于"ON"位置,治疗仪前面板LCD窗口显示"请立即放水"。放水后,按任意键进入 LCD 窗口初始化界面。

（2）按任意键,治疗仪进入"主菜单",按键选择"处方6",按"启动"键,治疗仪进入测试程序。

（3）逆时针转动 A 波和 B 波强度(%)调节旋钮,听到"咔嚓","零启动"绿色 LED 指示灯亮。

（4）顺时针转动吸附力调节旋钮,听到"咔嚓"声即吸附泵开启,顺时针旋至最大,A 路和 B 路有较强吸附力。

（5）检验完毕,治疗仪进入治疗程序。

4. 治疗程序操作。

（1）确定电源电压为 220V ± 10%、频率 50Hz ± 2%。确定电源线正确插入插座。治疗仪总电源开关处于"OFF"位置。A 路和 B 路强度调节旋钮处于"零启动"位置。吸附力开关处于关状态。

（2）治疗时间设定范围 0~60 分钟,治疗仪开启时,时间自动设定为 20 分钟,按"+"键增加时间,按"-"键减少时间。在治疗过程中,以 1 分钟为单位倒计时显示剩余治疗时间。可根据病情调整治疗时间,建议每次不超过 40 分钟,每日不超过 2 次。

（3）从治疗仪附件中取出吸附导连线(2 组),其中一组(双管)吸附导连线为绿色,另一组(双管)吸附导连线为黄色,取插口短的一端,按照吸附面板上同颜色位置插入;吸附导连线另一端(叉口较长端)插入吸附电极。插入必须到顶端,确保不漏气。

（4）按下"启动"键,蜂鸣器提示仪器进入正常工作状态。

（5）治疗仪运行时,因各种原因需要治疗仪停止工作时,按"停止"键。

（6）开启 AIB 波强度调节旋钮(顺时针调节至听到"喀嚓"声),治疗仪开始输出信号,根据患者耐受程度调节强度,以患者最大耐受强度为限。在调节或治疗过程中,如有电极脱落,务必将输出强度旋钮逆时针旋转到"零启动"位置,然后将脱落的电极重新吸附患处。

（7）治疗结束治疗仪会自动报警,此时治疗仪停止输出信号。逆时针旋转强度旋钮(A 路和 B 路)和吸附力调节旋钮至"零启动"位置。取下电极,关闭治疗仪电源开关,拔下电源插头。

【临床应用】

可用于软组织损伤、骨关节疾病、神经系统疾病、循环系统疾病等。

1. 软组织损伤　对软组织扭挫伤、挤压伤、慢性劳损、腱鞘炎等有较好的止痛、消肿、加速损伤修复的作用。采用 3 号处方,干扰差频为 50~100Hz,每次治疗时间 20 分钟。

2. 骨关节疾病　对肩周炎、退行性骨关节病、强直性脊柱炎、风湿性关节炎、半月板损伤、滑囊炎、滑膜钙化等可以达到止痛、消肿、恢复关节活动度的效果。采用 1 号处方,干扰差频为 10~100Hz,每次治疗时间 20~30 分钟。

3. 神经系统疾病　神经炎、坐骨神经痛、三叉神经痛、枕神经痛、带状疱疹等。采用 2 号处方,干扰差频为 10~80Hz,每次治疗时间 20 分钟。

4. 颈椎病　患者取坐位或俯卧位,将中频正弦波 B1、B2 路输出引线的 4 个自粘导电膜分别置于风池、肩井等穴,选择合适频率(2~20Hz),由小到大逐渐增加电流强度,使肌肉产生收缩。每次 20 分钟,每日 1 次,10 日为一个疗程,一般治疗 1 个疗程。

5. 腰椎疾病　患者取坐位或俯卧位,将中频正弦波 B1、B2 路输出引线的 4 个自粘导电膜分别置于肾俞、胃俞、中枢等穴,选择合适频率(2~20Hz),由小到大逐渐增加电流强度,使肌肉产生收缩。每次 20 分钟,每日 1 次,10 日为一个疗程,一般治疗 1 个疗程。

6. 循环障碍　干扰电流作用于颈、腰交感神经节及肢体,可以使雷诺病、早期血栓闭塞性动脉炎、动脉硬化、静脉曲张患者的肢体血管扩张、血流改善。还可用于治疗冻伤、冻疮等。采用 3 号处方,干扰差频为 50~100Hz,每次 20 分钟。

7. 内脏平滑肌张力低下　干扰电流治疗胃下垂,可提高胃壁平滑肌张力,使下垂胃的位置上升,从而减轻疼痛、改善消化功能、增进食欲。可促进肠道和膀胱平滑肌收缩,治疗术后肠麻痹、尿潴留,一般经过数次治疗即可痊愈,对弛缓性便秘也有促进排便的作用。采用 4 号处方,干扰差频为 10~50Hz,每次 20 分钟。

8. 肌肉萎缩、肌力低下　用于肌肉功能重建,防止失用性肌萎缩,增强肌力和耐力,调节痉挛状态,减轻肌痉挛。采用 5 号处方,干扰差频为 50~100Hz,每次 20~30 分钟。

【注意事项】

1. 治疗区域内有创伤出血者禁用。
2. 有严重心脏病、植入心脏起搏器者禁用,禁止在心区治疗。
3. 活动性肺结核患者禁用。
4. 良性、恶性肿瘤患者禁用。
5. 急性化脓性炎症患者禁用。
6. 有出血倾向、血栓性静脉炎患者禁用。
7. 孕妇下腹部、局部有金属异物者禁用。
8. 治疗时,电极片严禁放置在开放性伤口、溃疡、溃烂未痊愈、烧伤创面未痊愈的皮肤上。
9. 对电流不耐受者或经医生评估不宜使用该仪器者禁用。
10. 电极必须与皮肤充分均匀接触,否则有灼伤危险。
11. 两电极不可同时置于心脏前后。
12. 使用中如有任何不适,应立即停止治疗。
13. 每次使用完毕对电极与人体接触的部分进行清洗消毒。

十、干扰电治疗仪

干扰电治疗仪是应用两组或三组不同频率的中频电流同时交叉输入人体,在体内发生干扰后,用产生的干扰电流治疗疾病的仪器。干扰电流的镇痛作用比较明显,对多种痛症有较明显和持久的镇痛效果(图 6-10)。

图 6-10　干扰电治疗仪

【仪器原理】

使用负压吸引式电极将多组基频为 2 000~5 000Hz 的

正弦电流以多种模式差频输入人体,利用可调制的电流浅表电刺激和静态干涉的深部干扰效应起到治疗作用;专业分频、随机择频、区间扫频等治疗模式,最大程度地降低了治疗适应性(耐受性)的产生,保障治疗的有效性。

【操作方法】

1. 将两组电极妥善固定于治疗部位,并使两组电流交叉在病灶处。治疗电极有衬垫电极、手套电极及抽吸电极3种,按医嘱选用。

2. 差频范围依据病情而定。治疗分为定频输出(用固定的某一差频)及变频输出(100Hz以内任意范围变化的差频)两种。

3. 检查两组输出机钮是否在"0"位,将差频范围调节机钮调至需要的位置,然后接通电源,分别调整两组输出达所需电流强度。

4. 治疗时,如需改变差频范围,可直接调整定频、变频机钮,不必将输出调回"0"位。电流强度以患者能耐受为宜。每次治疗15~20分钟,每日1次,10~15次为一个疗程。

【临床应用】

1. 颈椎病　患者取俯卧位,输出电流≤50mA,基础频率5 000Hz,扫频1~120Hz,一般患者3~30Hz,吸引压30~300mmHg,具体频率视所需吸引力和患者的耐受程度而定。治疗时负压吸引球需放于针刺穴位上,电流输出强度以患者有舒适的刺激感为宜。每次治疗时间为20分钟。

2. 肩周炎　以肩部压痛最敏感点为中心交叉放置4个直径为6cm的圆形吸附电极,吸引压为–30~300mmHg,基础频率为(4 000±100)Hz,差频设定为0~100Hz,最大输出电流为50mA。每次20分钟,连续治疗6个月。

3. 腰椎间盘突出症　以患处为通电中心,将6个吸附电极交叉放置在腰部,或沿坐骨神经放射疼痛部位放置。根据病情选用不同频率,输出频率一般为4 000Hz,差频为0~100Hz,电流强度为0.5~2.0mA,以患者能耐受为宜。每次治疗20分钟,每日1次,10日为一个疗程。

4. 腰背部肌筋膜炎　根据治疗部位选择适当电极,用热水浸湿衬垫,湿度、温度需适宜。检查输出钮是否处在"0"位,差频数值开关是否在显示位置处。接通电源,指示灯亮,先开电源开关,再放置电极。患者取俯卧位,暴露治疗部位,一般取穴为肝俞、脾俞、肾俞、腰阳关、夹脊穴、大肠俞、次髎、秩边等,根据病情或医嘱固定电极。选择差频(腰背部肌筋膜炎常用差频为50~100Hz,其有镇痛、促进局部血液循环、促进渗出物吸收及缓解肌肉痉挛等作用),缓缓调节电流输出钮,以患者能耐受为度。治疗完毕,将电流输出钮调至"0"位,取下电极,关闭电源开关。

5. 腰肌劳损　患者取俯卧位,两个电极板置于腰椎上下端或腰椎两侧。输出电流≤50mA,强度以患者能耐受为宜,根据病情选择输出频率,一般为4 000Hz。每次治疗20分钟,每日1次,10日为一个疗程。

【注意事项】

1. 电极片不可置于心脏周围、不可通过心脏;使用前加湿棉布套和海绵。

2. 治疗结束先关闭输出再取下电极。

3. 使用中如有任何不适,应停止治疗。

4. 每次使用完毕,消毒清洗电极与人体接触的部分。

十一、立体动态干扰电治疗仪

立体动态干扰电疗法是在传统干扰电和动态干扰电疗法的基础上进一步发展起来的,具有低、中频电流的优点。立体动态干扰电治疗仪主要由机箱、电源模块、主控模块、显示模块、信号模块、功放模块、输出操作接口和输出附件组成。立体动态干扰电流是干扰电流中最新的一种变型,相较于传统干扰电流只在 X、Y 两个方向上发挥作用,立体动态干扰电流在三维空间 X、Y、Z 三个方向上发挥作用;动态是通过电学方法使干扰电流发生一种低频的脉冲,使得电流强度动态变化。该仪器精选最佳频率、电流组合,组成六大类处方,存在电脑芯片中,并将治疗处方直接显示在面板上,方便选择,一目了然。医生亦可根据患者病情自定治疗方案,自选治疗程序,由电脑按自选程序完成全部治疗过程,自选治疗方式高达 30 种,在临床应用上更有针对性,大大提高了治疗效果(图 6-11)。

图 6-11 立体动态干扰电治疗仪

【仪器原理】

1. 工作原理

(1)立体的刺激效应:三组中频正弦波电流在人体内叠加形成立体低频电场,产生立体的空间刺激效应。

(2)无盲区的刺激效应:在六个电极包围的范围内刺激部位深度大、无盲区。

(3)强度的动态性:在三组中频电流的低频调制下,人体的电场强度可在一定范围内自动变化。

(4)刺激部位的动态变化:可改变体内干扰场的大小、方向、角度、形状。

2. 治疗原理

(1)镇痛作用,皮肤痛阈明显上升。

(2)促进局部血液循环,绝大部分患者治疗后皮肤温度升高。血栓闭塞性动脉炎患者治疗后动脉示波图好转,间歇性跛行也有明显改善。

(3)对运动神经和骨骼肌的作用优于低频脉冲电流疗法,相同电流强度下,引起足背屈幅度更大。

(4)改善胃肠平滑肌的张力,改善内脏的血液循环,调整支配内脏的自主神经。这是由于在立体交叉点处,频率仍为中频,组织电阻较小,使得电流在组织深处仍不减弱,使电刺激在人体内部产生,在治疗内脏下垂、习惯性便秘等胃肠平滑肌张力不足的内脏疾病方面具有很大优势。

（5）调节自主神经,作用于交感神经节对自主神经有一定的调节作用。对高血压患者的星状神经节施行干扰电疗,可降低收缩压或舒张压。

（6）促进骨折愈合。

3. 立体动态干扰电疗法除兼有低、中频电流的特点外,由于不同的调制频率、调制幅度,且可交替出现,从而克服机体电流的适应性。其主要特点是连调波可止痛和调整神经功能,适用于刺激自主神经节;间调波适用于刺激神经肌肉;交调与变调波有显著的止痛、促进血液循环、促进炎症吸收的作用。

【操作方法】

1. 将三组电极妥善固定于治疗部位,并使两组电流交叉在病灶处。治疗电极有衬垫电极、手套电极及抽吸电极 3 种,按医嘱选用。

2. 差频范围依据病情而定。治疗分为定频输出（用固定的某一差频）及变频输出（100Hz 以内任意范围变化的差频）两种。

3. 检查两组输出机钮是否在"0"位,将差频范围调节机钮调至需要的位置,然后接通电源,分别调整三组输出达所需电流强度。

4. 治疗时,如需改变差频范围,可直接调整定频、变频机钮,不必将输出调回"0"位。电流强度以患者能耐受为宜。每次治疗 15~20 分钟,每日 1 次,10~15 次为一个疗程。

【临床应用】

1. 适应证
（1）关节及软组织损伤,如挫伤、劳损、创伤后期积液和瘀血吸收不良等。
（2）肩周炎、关节痛、肌痛、神经炎。
（3）局部血液循环障碍,如缺血性肌痉挛、血栓闭塞性脉管炎、肢端发绀、雷诺病等。
（4）周围神经损伤或炎症引起的神经麻痹和肌肉萎缩,以及失用性肌萎缩等。
（5）其他,如内脏平滑肌张力不足（胃下垂、弛缓性便秘等）、术后尿潴留、胃肠功能紊乱、输尿管结石等。

2. 应用举例
（1）腰椎间盘突出症:将输出电流控制在 50mA 以下,基础频率为 5 000Hz,对于一般患者可将扫频频率调为 30Hz,对于病程短但腰腿疼痛严重的患者,则应将扫频频率控制在 100Hz,将吸引压控制在 –150mmHg。治疗时,需将 3 组电极连线的交叉点保持在腰椎压痛最明显处,单次治疗时间以 15 分钟为宜。

（2）腰腿痛:治疗时将星形电极套入浸湿的衬垫内,直接置于患部。输出电流 15~25mA,频率为固频 10~20Hz,扫频 50~200Hz,各治疗 10 分钟,10 次为一个疗程。

（3）慢性腰肌劳损:中频频率（5 000 ± 200）Hz,差频频率 0~200Hz;动态节律（10 ± 2）s;电流输出强度以患者有明显的电感为宜。电极采用星形电极（3 块 4cm × 4cm 导电橡胶组成一块星形胶状电极）,两个星形电极板置于腰椎上下端或腰椎两侧,每次 30 分钟,每日 1 次,治疗 14 次。

（4）运动性腰部软组织损伤:中频频率（5 000 ± 200）Hz,差频频率 0~200Hz;动态节律（10 ± 2）s;电流输出强度以患者有明显的电感为宜。电极采用星形电极（3 块 4cm × 4cm 导电橡胶组成一块星形胶状电极），两个星形电极板置于腰椎上下端或腰椎两侧，每次 30 分钟，每日 1 次，每周 5 次，5~14 次为一个疗程。

【注意事项】

1. 三组电极不得互相接触，衬垫应湿透并紧密接触皮肤。衬垫勿置于皮肤破损处。
2. 电流不可穿过心脏、脑、孕妇下腹部。
3. 有金属异物的局部禁用。
4. 急性化脓性炎症、有出血倾向、植入心脏起搏器者禁用。

十二、经皮神经电刺激仪

经皮神经电刺激疗法是通过皮肤将特定的低频脉冲电流输入人体以治疗疼痛的方法，自 20 世纪 60 年代末应用于临床以来，已广泛地用于治疗各种急、慢性疼痛。经皮神经电刺激是治疗疼痛的常用方法，它通过特定频率的低频脉冲作用于人体的感觉传入纤维，从而关闭疼痛闸门和释放内源性镇痛物质，来达到缓解疼痛的目的。同时可以作用于交感神经系统，使周围血管扩张，减轻局部水肿（图 6-12）。

【仪器原理】

经皮神经电刺激仪的作用产生于某种频率的低频电脉冲，然后到达框上神经再到大脑皮质，阻止或延缓头痛信号向大脑中枢的传输。同时通过激活人体内的内啡肽，提升人体对疼痛的耐受力，起到镇痛作用。

图 6-12　经皮神经电刺激仪

经皮神经电刺激是一种外周神经电刺激，通过皮肤将低频脉冲电流输送给人体，以刺激感觉纤维为主，当改变刺激参数后可同时刺激感觉和运动神经纤维。研究报道证实，经皮电刺激有促进神经组织再生和感觉运动功能恢复的作用。经皮电刺激通过刺激神经纤维，加强信号传导，促进轴突发芽，重建正常的神经传导。应用该方法的理论基础包括：①神经电刺激可促进神经卡压损伤局部的血液循环。②电刺激局部电场可改善神经膜上分子的分布，并在神经再生过程中发挥重要的调控作用。③电刺激可诱发受累肌肉的被动节律性收缩与舒张，促进神经兴奋与传导功能恢复。④经皮神经电刺激可持续发挥治疗作用。有研究证实，经皮神经电刺激停止后，体内释放的内分泌激素和神经递质并不会立刻消失，而是继续存在于体内同时刺激感觉和运动纤维，持续发挥调控作用。

【操作方法】

1. 放置电极

（1）放于特殊点：即触发点，有关穴位和运动点。由于这些特殊点的皮肤电阻低，对中枢神经系统有高密度输入,故这些点是放置电极的有效部位。

（2）放在病灶同节段上:因为电刺激可引起同节段的内啡肽释放而镇痛。

（3）放于颈上神经节(乳突下 C_2 横突两侧)或使电流通过颅部:均可达到较好的镇痛效果。

2. 频率选择　多以患者感到症状缓解为准。

慢性疼痛宜用 14~60Hz;术后疼痛宜用 50~150Hz;疱疹性疼痛宜用 15~180Hz;周围神经损伤后疼痛用 30~120Hz 等。大多数患者适宜采用刺激频率 100Hz。

3. 电流强度　以引起明显的震颤感而不致痛为宜。一般 15~30mA,视患者耐受情况而定。

4. 治疗时间　一般为 20 分钟,对于神经性质的烧灼痛,治疗可长达 1 小时以上。

【临床应用】

治疗各种急、慢性疼痛,如术后切口痛、韧带损伤、急性扭挫伤、痛经、关节疼痛、颈椎疼痛、肢体残端痛、上踝炎等,还可用于电针灸、电按摩。

1. 轻度腕管综合征　将阴极刺激片置于腕部正中神经体表投影处,阳极刺激片置于大鱼际上,连续刺激 20 分钟,每日 1 次,10 次为一个疗程。

2. 胰腺癌疼痛　穴位选取胰俞、肝俞、胆俞、脾俞、胃俞、中脘、期门和阿是穴。背俞穴左右配对,腹部穴配对,分别接正负电极。频率 2~100Hz,选取患者可耐受的最大舒适强度,持续刺激 30 分钟。每日 2 次,连续治疗 3 日。

3. 跟痛症　在牵拉锻炼的基础上加用经皮神经电刺激治疗。体表电极置于患侧小腿后方及足底部,频率 2~10Hz。每次 15~20 分钟,每日上午、下午各 1 次,共治疗 4 周。

4. 便秘　选用一对自粘皮肤电极贴于脾俞和大肠俞,另一对电极贴于同侧下肢的足三里和三阴交,频率 2~100Hz,波宽 0.6~0.2ms。刺激电流强度从 0 开始逐渐增加,一般 5~6mA 时患者有轻微感觉,以能耐受而不产生疼痛的强度为宜(10~30mA)。每次 30 分钟,每日 1 次,4 周为一个疗程。

【注意事项】

1. 植入心脏起搏器,特别是按需型起搏器者禁用。

2. 禁止刺激颈动脉窦。

3. 禁用于早孕妇女的腰和下腹部。

4. 禁用于局部感觉缺失和对电过敏者。

5. 既往有心脏病者,治疗时必须密切观察患者病情变化。

6. 制定个体化治疗方案,根据个体反应调整刺激强度。

十三、产后康复综合治疗仪

产后康复综合治疗仪用于产后催乳,可兴奋神经肌肉组织,使肌肉产生有节律的收缩,促进乳腺导管通畅,改善局部血液循环,刺激垂体分泌泌乳素,达到促进乳汁分泌的目的;用于产后子宫恢复,可促进宫腔内血液循环,减少并发症的发生,缩短自然恢复时间;用于治疗慢性盆腔炎,可促进盆腔局部血液循环,改善组织营养状况,加快新生代谢,有利于炎症的吸收和消退,对盆腔疼痛有较好的抑制作用(图6-13)。

图6-13 产后康复综合治疗仪

【仪器原理】

1. 理化原理 采用电、热、磁、按摩等不同治疗手段,多元化、多角度、多层次地对人体特定部位进行低频脉冲刺激,在局部产生物理作用,调节人体内环境,达到加快子宫恢复、促进产后排尿、缓解产后疼痛、加快伤口愈合、恢复产后形体等效果。

2. 治疗原理 女性在妊娠和分娩的过程中,腹壁、盆底肌肉及筋膜受到极度扩张和牵拉,紧张度显著降低,对内脏器官的支持力下降。国外研究表明,产后早期盆底肌肉和筋膜紧张度的恢复程度对产妇以后的恢复起重要作用,早期恢复良好,可大大降低子宫复旧不全、子宫异位、阴道脱垂等病症的发生率。产后康复综合治疗仪是在电脑的控制下,一方面使松弛的盆底肌肉产生收缩运动,促进毛细血管收缩,减少出血,带动子宫韧带的运动,促进子宫的复旧,加速恶露的排出,血液循环加快有利于局部水分的吸收,对产后会阴水肿起到很好的治疗作用;另一方面,治疗片作用在骶尾部,直接阻滞会阴部神经的传输,减轻了产妇的疼痛感,同时膀胱及尿道支持组织的力量增加,肠道功能改善,便秘情况减少。

【操作方法】

1. 检查所有开关,应处于"0"位状态。各种连接线应连接完好。
2. 将电源线插入主机后的电源插座孔。
3. 打开主机右侧电源开关,主机显示屏亮,表示仪器正常。
4. 按需要选择功能、能量及治疗时间。
5. 将清洁的电极片均匀涂上耦合剂后固定在乳房上,露出乳头,并用固定带裹紧电极片。
6. 按"确认"键启动治疗程序。
7. 此时能量会自动上升至30左右,然后根据情况调整治疗强度,3分钟内将治疗强度调至产妇能承受的最大值。
8. 治疗结束蜂鸣器发出提示音,取出电极片,关闭主机电源。用酒精清洁、消毒电极片后,收纳于仪器抽屉内备用。

【临床应用】

可用于产后催乳、子宫复旧、乳房疾病、盆腔炎、产后尿潴留等。

1. 产后催乳 从产后30分钟开始应用产后康复综合治疗仪。产妇仰卧,充分暴露乳房,腹带置于胸部下,将涂有导电胶的2只乳腺专用罩放置于两侧乳房,使之与皮肤紧密接触,用腹带固定,选用催乳程序,刺激强度由低到高逐渐增加至产妇能耐受为止,每次治疗40分钟,每日1次。

2. 子宫复旧　产妇取半坐位或仰卧位,接通治疗仪电源,设置治疗项目、强度及时间。在施治部位垫湿毛巾,或在电极片的黑色面涂耦合剂后置于施治部位,以固定带固定,按"启动"键,根据产妇耐受情况调整强度。从产后第 1 日开始,每日 2 次,每次 20 分钟,连续治疗 3 日为一个疗程。

3. 乳房疾病　乳腺增生、乳腺导管不通、缺乳。以酒精或清水清洁治疗部位皮肤,乳房专用电极上涂抹适量耦合剂,紧贴于双乳上,使用固定带固定。按"开始"键,调整各治疗通道强度,自 0 逐步增大,以产妇能耐受为宜,尽量在 3 分钟内增加至可耐受的最大强度,持续 20 分钟,每日 2 次。治疗结束以温水擦净乳房,手法排空乳汁。嘱产妇接受乳房护理期间保持良好心态,保证充足睡眠,摄入营养均衡。

4. 产后尿潴留　取关元及中极作为基础穴位,另对骶尾部等采用康复综合治疗仪实施低频脉冲电刺激,以促进排尿。产妇取仰卧位,选择圆形电极片,将耦合剂涂抹于电极片上,取关元及中极穴;同时,将属于相同通道的 2 个电极片依次置于产妇骶尾部,并将另一通道的 2 个电极片依次置于关元穴及中极穴,用腹带固定。将模式调整为尿潴留模式,电频设置为由弱渐强。视产妇耐受情况,并结合膀胱充盈度等调节强度,时间控制在 45 分钟内。

【注意事项】

1. 植入心脏起搏器、有严重心脏病及甲亢患者禁用;有严重全身感染性疾病或治疗部位有破损、瘢痕者禁用。

2. 治疗时,电极片应与皮肤接触良好,并用固定带裹紧,防止由于接触不紧密而产生刺痛感。

3. 治疗部位有轻微麻感,是输出能量作用于人体的结果,属正常现象。

4. 初次接受治疗的产妇,由于紧张可能会导致自身耐受力下降,属正常现象,以后可逐渐增加能量。

5. 能量输出端口与能量显示窗口应相互对应,谨防插错插头。

6. 治疗过程中,如需停止治疗,请先按"确认"键,停止能量输出后再取下治疗电极片。

7. 仪器定时治疗结束后,先按"确认"键返回上一级菜单,才可从治疗部位取下电极片。

8. 当高频手术设备和治疗仪同时连接到一个患者身上时,治疗仪电极位置可能出现烧伤,也有可能损坏治疗仪。为了确保安全,建议独立使用治疗仪。

9. 电极片用完后需及时用酒精棉球消毒。

10. 当发现电极片、输出电缆破损或老化时应及时更换,防止意外触电事故的发生。

十四、离子养生平衡仪

离子养生平衡仪在水中产生大量的负离子,使水产生负电位场。带负电的离子水通过离子的渗透作用,使人体细胞膜的离子序重排,改善细胞膜的通透性,使体内毒素更容易排出体外,达到调整阴阳平衡、改善酸性体质、消减过多自由基的目的。同时也利用生物电的调整作用和足浴的温热作用,促进气血运行、疏通经络,加强新陈代谢,激发人体的潜在功能(图 6-14)。

图 6-14　离子养生平衡仪

【仪器原理】

1. 理化原理　水通过离子养生平衡仪解离成大量的能量离子(即正负离子)。生物电流疏通全身经络,改善亚健康状态,加速新陈代谢。

2. 治疗原理　采用离子养生平衡仪加入温度适宜的热水洗泡双脚,是一种消除疲劳、促进睡眠的物理保健疗法。热水泡洗双脚,具有促进气血运行、通经活络的作用,从而调节内脏功能、促进全身血液循环、通畅毛细血管和加强新陈代谢,调整机体失衡状态,缓解紧张。

【操作方法】

1. 使用前将电源线、离子生化器、手腕带插头分别插入机箱插孔,将离子生化器放入盛有水的盆中,带上手腕带,金属片自然贴近皮肤。

2. 打开电源开关,通过“+”“–”按键或数字键输入需要消毒的时间(默认消毒时间为30 分钟),按“确认”键进入消毒阶段。当达到设定的消毒时间,仪器自动停止消毒,1 次消毒结束。消毒操作可在 1、2、3 模式下进行,能量值分别为 0.8、1.0、1.2。开始消毒操作时默认第三模式,可通过“+”“–”按键选择不同的模式。在消毒过程中按下“ESC”键,机器停止工作,返回待机状态。

3. 按下面板上的电源开关,设置时间、模式,即可使用。

【临床应用】

1. 长期工作压力大、脑力劳动者。
2. 免疫力低下及亚健康人群。
3. 在污染比较严重的环境下工作者。
4. 嗜食油脂类食物者。
5. 糖尿病、高血压、高脂血症、汗脚、脚气、风湿性关节炎、跌打损伤、痛风患者等。

【注意事项】

1. 尽量避免硬物冲击和敲打,禁用尖锐物品擦划,以防仪器外壳受损。
2. 仪器外壳表面沾有灰尘时,用抹布擦干净即可,不得使用化学剂。
3. 使用按键时,注意用力均匀,以延长仪器使用寿命。
4. 体内植入电磁装置者禁用。
5. 不可浸泡有伤口的部位。
6. 妊娠及哺乳期妇女禁用。
7. 8 岁以下儿童不宜使用。
8. 低血糖者必须进食后使用。
9. 有器官移植手术史者不宜使用。

十五、极超短波治疗机

极超短波（2 450MHz）是一种电磁波，属于微波范围，与生物体相互作用会产生一系列的生物效应，主要有热效应和非热效应。极超短波治疗机的小型机输出功率为 25~50W，大型机输出功率为 250~300W，配备不同规格的圆形和矩形电容电极，施治部位处于极超短波所产生的高频磁电场中（图 6-15）。

图 6-15　极超短波治疗机

【仪器原理】

极超短波治疗机将产生的极超短波通过探头传输到治疗部位，极超短波能穿透至组织内部，引起水分子、离子等高频振荡，从而产生大量热量，提升局部组织的温度，使血管扩张，改善血液循环，促进炎症吸收和组织细胞的新陈代谢，起到消炎、消肿、镇痛和修复受损细胞的作用。

【操作方法】

1. 患者取舒适体位，无需暴露治疗部位，可以隔着衣物进行治疗。

2. 选用适当电极，对准治疗部位，根据病变深浅和病情需要确定垫物厚度。

3. 电极放置多采用对置法。将两个电容电极相对放置，两电极间的距离不小于一个电极的直径。电极应与治疗部位皮肤表面平行；如不平行，成为斜对置，则两电极靠近处易形成短路，影响作用的深度和均匀度。电极与皮肤之间应保持一定的间隙。两电极下的皮肤间隙相等时，作用较均匀；反之，间隙小的一侧作用较强。两个对置的电极等大时作用较均匀；反之，作用将集中于小电极一侧。

【临床应用】

1. 适应证

（1）内科：急慢性支气管炎、肺炎、支气管哮喘、胸膜炎、胃肠炎、结肠炎、胰腺炎、消化性溃疡等。

（2）骨外科：前列腺炎、肛周炎、颈椎病、肩周炎、软组织扭挫拉伤、风湿性关节炎、类风湿关节炎等。

（3）皮肤科：皮肤溃疡、皮炎、褥疮、带状疱疹等。

（4）妇科：盆腔炎、附件炎、卵巢囊肿、月经不调等。

（5）儿科：肺炎、支气管炎等。

（6）神经科：末梢神经炎、周围神经炎、面神经炎、三叉神经痛、肋间神经痛、坐骨神经痛、神经麻痹等。

2. 应用举例

（1）膝关节炎：患者取卧位，暴露膝关节或覆盖一层纱布，将辐射器紧贴患处表面。根据治疗需要及个体差异调节治疗功率及时间。治疗功率以患者感到温热舒适为宜，治疗时间为每次 20 分钟，每日 1 次，10 日为一个疗程。

（2）腰椎间盘突出：患者取俯卧位，将辐射器分别放置于腰椎两侧，进行局部治疗，以患者感觉温热舒适为宜。治疗时间为每次 30 分钟，每日 1 次，2~3 周为一个疗程。

（3）小儿支气管炎：患儿取坐位，将频率调整为 50MHz，采用大号板状电极胸背部对置法，间隙 3~4cm，给予微热量，治疗时间为每次 20 分钟，每日 1 次，10 日为一个疗程。

（4）高血压：根据取穴选择体位，治疗频率选取 40.68MHz，选用 20cm×20cm 电极，将电极对准取穴，电极间间隙原则上大于 2cm，给予微热量，治疗时间为每次 15 分钟，每日 2 次，30 日为一个疗程。肝阳上亢证取太冲、阳陵泉；痰浊上扰证取头维、中脘、丰隆；肾精亏损证取脑空、肾俞、悬钟、太溪；气血亏虚证取心俞、脾俞、足三里、三阴交；瘀阻脑络证取阿是穴、合谷、三阴交、血海、委中。

（5）慢性盆腔炎：患者取卧位，应用电极板腰骶腹部对置法，治疗时间为每次 30 分钟，每日 1 次，7 日为一个疗程。

【注意事项】

1. 电极勿与人体直接接触，可用衣服或干毛巾隔开。
2. 行动不便或卧床者必须在看护人员陪同下使用。
3. 使用前去除金属制品或含导电纤维的衣物、电子产品、手机、手表等，主机与墙壁保持 10cm 以上的距离。
4. 急性损伤初期禁用。
5. 治疗中勿触摸他人或金属物品。
6. 使用时不可在机器上覆盖棉被或其他布类物品。
7. 每次使用不能超过 30 分钟，避免灼伤。

十六、脑健康仪

脑健康仪是应用现代康复医疗原理设计的高科技医疗设备，可以对多种脑病进行治疗，成为脑血管病现代康复治疗的重要手段。该仪器由主机和治疗体组成，主机包括单片机工作电路、振动电路、音乐电路、工作指示电路、键盘输入电路、液晶输出电路、D/A 转换器和功率放大器（图 6-16）。

【仪器原理】

脑健康仪以脑生理学、磁生物学和临床脑病治疗学为基础，通过治疗发生体输出交变电磁场，达到预防和治疗脑疾病和调整脑功能状态的目的。它突破了传统物理治疗因子难以透过颅骨屏障的难点，利用生物组织磁导率基本均匀的特点，应用交变电磁场透过皮肤和颅骨而达到脑内深层组织，作用于脑细胞和脑血管，有效改善脑组织的供血和供氧，改善

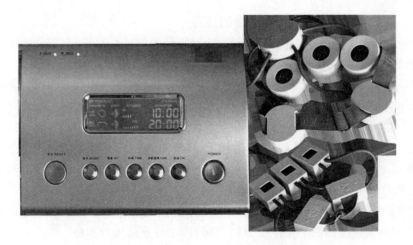

图 6-16　脑健康仪

神经细胞的代谢环境,促进侧支循环的建立,提高损伤细胞的可复率。

具体表现在:①通过特制的治疗发生体输出特定规律的交变电磁场,通过颅骨作用于脑细胞和脑血管;②改善血管壁弹性和减轻炎症反应,增加血管弹性;③舒张脑血管,解除脑血管痉挛,并通过适当加大的超导电流作用使血流速度加快,改善病灶区的血液循环;④改善脑细胞的代谢环境,使代谢环境趋于弱碱性,同时增强代谢酶活性,使受损的脑细胞代谢加快,增加受损细胞的可修复性,促进脑功能的恢复;⑤抑制异常脑电的发生,使脑电活动趋于生理性平衡;⑥通过增强大脑皮质对自主神经的调节作用,明显改善睡眠,消除神经衰弱和脑疲劳的相关症状。

【操作方法】

(1)佩戴耳机式治疗帽,开机。

(2)按"调频"键,选择治疗频率,液晶显示屏显示此时所输出的治疗频率(如不选择,默认频率为25Hz)。

(3)按"调幅"键,选择治疗强度,液晶显示屏显示此时所输出的磁场强度(如不选择,默认强度为20mT)。

(4)按"时间加减"键,选择治疗时间,液晶显示屏显示所选治疗时间(如不选择,默认治疗时间为30分钟)。

(5)按"振动功能"键,选择振动功能,液晶显示屏显示此时是否对脑部进行按摩(如不选择,默认无按摩)。

(6)按"开始"键,液晶显示屏显示"治疗中",主机自动计时,达到预设的治疗时间自动停止工作。

(7)按"复位"键,中断治疗,仪器恢复初始状态。

【临床应用】

1. 适应证

(1)缺血性脑血管病:脑血栓形成、腔隙性脑梗死、脑供血不足、短暂性脑缺血发作、脑动脉硬化,以及缺血性脑血管病高危人群的预防。

(2)脑损伤性疾病:颅脑损伤、脑震荡、脑挫裂伤及脑外伤后神经性反应、缺氧性脑病、中毒性脑损伤、脑出血恢复期、颅脑手术后脑功能需要恢复者。

(3)神经衰弱和慢性疲劳综合征:重度自主神经功能紊乱及血管性痴呆、脑血管性睡眠障碍、紧张综合征等。

2. 应用举例

(1)脑供血不足:将治疗体戴在患者头部,调节头顶旋钮至舒适位置。以 2~50Hz 缓慢调节至患者可耐受的最大强度,持续刺激 30 分钟。每日 1 次,12 日为一个疗程,每个疗程间隔 3 日。治疗 5 个疗程后,休息 1 个月继续治疗。

(2)疲劳:将治疗体戴在患者头部,调节头顶旋钮至舒适位置。以 2~50Hz 缓慢调节至患者可耐受的最大强度,持续刺激 30 分钟。每日 1 次,连续治疗 5 日。

(3)脑血管性睡眠障碍:将治疗体戴在患者头部,调节头顶旋钮至舒适位置。根据患者耐受情况,强度由 0 开始逐渐增加至患者可耐受的最大强度,持续刺激 30 分钟。每日 1 次,连续治疗 7 日。

【注意事项】

1. 全身或颅内出血性疾病或有出血倾向者禁用。
2. 颅内感染、颅内肿瘤患者禁用。
3. 孕妇和儿童禁用。
4. 严重心脏病及植入心脏起搏器者禁用。
5. 白细胞减少者禁用。
6. 身体虚弱或过敏性体质者禁用。
7. 精神病或无自主意识者禁用。

十七、脑循环功能治疗仪

脑循环功能治疗仪又名脑循环系统治疗仪,是"BC 脑细胞介入修复疗法"中的主要治疗仪器,理论上可以改善大脑供血,为脑损伤部位供给氧气,加速修复脑损害,促进神经功能恢复,为缺血、缺氧性脑性瘫痪的非药物治疗提供了一个新的手段(图6-17)。

【仪器原理】

1. 重复性经颅磁刺激　以脑生理学、磁生物学、生物物理学和临床脑病治疗学为基础,通过特制的治疗发生体输出特定规律的经颅磁刺激(负极交变电磁场)。经颅磁刺激对脑组织的生理效应主要表现在以下几个方面:

(1)增加脑血管弹性。

图 6-17　脑循环功能治疗仪

（2）改善病灶区的血液循环。

（3）改善脑组织的代谢环境。

（4）引导脑磁功能趋向正常化、秩序化。

2. 仿真生物电刺激小脑顶核　仿真生物电（无序波）通过乳突颅外刺激小脑顶核、脑细胞和脑血管，通过以下三个方面的作用，起到恢复脑功能的效果：

（1）舒张脑血管、改善血管弹性，增加大脑局部血流量，改善脑血液微循环。

（2）启动脑内源性神经保护机制，保护神经细胞，改善脑细胞的代谢环境，使受损脑细胞代谢加快。

（3）稳定脑神经细胞膜电位，抑制去极化波，引导非正常脑电趋向正常。

【操作方法】

1. 用生理盐水棉球清洁患者两耳后乳突，贴一次性体表粘贴电极。将主输出线的一对夹持器分别夹于两侧粘贴电极纽扣上，可用松紧绑带将两电极辅助固定。根据患者具体状况，设置模式、比率、强度、频率、时间等参数。

2. 启动机器，输出的信号通过输出线传输到患者，开始进行仿生电刺激，计时器进行倒计时，治疗过程中结合患者反馈调整强度。

3. 治疗结束后，取下主输出线的夹持器，取下粘贴电板，并用生理盐水清洁患者乳突。

【临床应用】

用于脑梗死、脑供血不足、脑出血恢复期、中风康复与预防、头痛、偏头痛、头晕、脑外伤促醒、脑外伤恢复等脑血管与神经系统疾病。

1. 脑供血不足眩晕　协助患者取坐位或仰卧位，暴露头部，正确连接导联线与电极片，遵医嘱将电极片放置于患者头部的相应穴位，用固定带妥善固定，根据患者的情况与主诉调节刺激强度，治疗时间为每次 20 分钟。

2. 小儿脑性瘫痪　将脑循环功能治疗仪的电极片固定于患儿两侧乳突，将辅助电极置于患侧肢体，调节刺激强度，治疗时间为每次 30 分钟，每日 2 次。

3. 脑梗死　用棉球清洁需粘贴电极片部位的皮肤，主电极安置于耳后两侧乳突区，辅电极安置于患侧肢体。从弱到强慢慢调整刺激强度，以患者能耐受为宜，治疗时间为每次 20 分钟，每日 1 次，12 日为一个疗程，疗程间隔 3 日。

4. 中风康复　患者取舒适的体位，将脉冲波输出电极放在患侧肢体的主要肌群上，用电极布带缠绕固定，注意松紧适宜。上肢电极放置在肱二头肌起止点各一片，或伸指肌和伸腕肌肌腱各一片；下肢电极放置在股四头肌起止点各一片，或腓肠肌外侧两端各一片。根据患者的病情在 1~8 号处方中选择，并调整使用。在患者能耐受的前提下，治疗仪的刺激越强治疗效果越好，掌握循序渐进的原则，强度逐步增高，逐渐增加治疗时间。

【注意事项】

1. 电极片可重复使用，但应注意黏性，并及时更换。

2. 使用前去除金属制品或含导电纤维的衣物、电子产品、手机、手表等。

3. 严禁拽拉治疗线。

4. 严重心脏病或植入心脏起搏器的患者禁用。

5. 颅内感染、颅内肿瘤、颅内血管金属支架植入者禁用。

十八、脑电仿生电刺激仪

脑电仿生电刺激仪是一种通过直接数字频率合成技术合成脑电仿真低频生物电流，通过粘贴于乳突、太阳穴或风池穴表皮的电极，用仿生物电自颅外无创伤地穿透颅骨屏障刺激小脑顶核区的电疗设备。此电流刺激可启动颅脑固有神经保护机制，改善脑部血液循环，加速修复脑损伤（图6-18）。

【仪器原理】

1. 小脑顶核电刺激　采用生物信息（脑电）模拟技术，通过数字频率合成脉冲组合波形，输出脑电仿真生物电流。通过粘贴于两耳乳突的主电极，脑电仿生物电自颅外无创伤地穿透颅骨屏障刺激小脑顶核区。小脑顶核电刺激具有下列生理作用：增加大脑局部血流量，改善微循环；激发大脑条件性中枢神经保护机制；降低神经细胞兴奋毒性；稳定脑神经细胞膜电位，抑制去极化波；抑制脑部炎症反应，促进水肿吸收。

图 6-18　脑电仿生电刺激仪

2. 肢体神经肌肉电刺激　采用低频调制中频仿生电流，通过辅电极刺激肢体肌肉组织的运动神经点或阿是穴，兴奋神经肌肉组织。作用如下：预防失神经肌肉萎缩；促进肢体功能锻炼；利于神经通路重建及功能恢复。

3. 重复经颅磁刺激　采用重复经颅磁刺激原理，以脑生理学、磁生物学、生物物理学和临床脑血管病治疗学为基础，通过特制的磁治疗及变频振动按摩装置——治疗帽，输出特定能量的负性交变电磁场。交变电磁场对脑组织的生理效应主要表现在以下方面：改善脑血管性状，增加脑血管弹性；改善病灶区血液循环；改善脑细胞的代谢环境，促进脑功能恢复；干扰和抑制异常脑电、脑磁的发生和传播，使脑电活动趋向正常；增强大脑皮质对自主神经的中枢调节作用，改善睡眠；消除神经衰弱和脑疲劳相关症状。

【操作方法】

1. 接通电源，将机器背面的开关调至"1"，即开机。

2. 用生理盐水棉球清洁局部，粘贴电极片，脑部治疗选择双侧乳突，肢体一般选择手腕或脚踝上5cm处相对粘贴两片电极，以构成回路。

3. 据液晶屏提示选择通道，按"通道1"或"通道2"，即出现该通道参数设置界面。

4. 按三角形按键调节参数。按左右指向三角形调节选项，当右指向三角形停留在某项指数前，表示该项可以调节。按上下方向三角形调节该项数值。

5. 选择模式。一般为模式1，脑梗死发病10日后的患者选择模式3，脑出血患者急性期禁用，恢复期选择模式1。

6. 选择频率。分为主频与辅频，主频默认档位为5，共1~9档可调；辅频默认档位为1，共1~8档可调。

7. 选择强度。分为主强和辅强，主强默认1档位，1~25档可调；辅强默认1档位，1~60档可调。

8. 各项参数调节完毕，再次按下通道1或2，当界面显示1通道剩余30分钟、界面左下角进度条一格格递增时表示开始工作。

9. 要在开始后调节参数，按1次"终止"键，即可进入调节界面。要停止某通道时，按2次该通道的"终止"键即可。

10. 设定时间到后，仪器自动停止工作。关闭电源，撤下电极，安装新电极备用。

【临床应用】

可用于各期脑梗死、脑出血恢复期、脑外伤、脑供血不足、偏头痛、认知障碍、抑郁症、眼底动脉缺血、眼疲劳、小儿脑性瘫痪等。

1. 慢性脑供血不足　患者取仰卧位，将主电极放置于双侧乳突，辅电极可暂不连接，采用脑电模式输出刺激信号，直角方波脉冲，主电极有效电流强度应≤3mA，治疗强度控制在3档，治疗频率为5档，根据患者耐受情况合理选择不同频率。每日1次，每次30分钟，连续治疗2周。

2. 小儿脑性瘫痪　主电极贴于双侧乳突，辅电极采用0.9%氯化钠注射液浸润衬垫，将电极贴于吞咽肌部。根据患者对刺激强度的感受和承受能力，设置主强为5~11档，主频为1~4档。对于感觉功能障碍或无法表达感受的儿童，设置主强为5档，主频为2档，辅频为1~4档，辅频1~20档。每日1次，每次30分钟，12日为一个疗程，治疗2个疗程，每个疗程间隔3日。

3. 失眠　患者取舒适坐位或卧位，局部消毒，将一次性电极片固定于患者双侧耳背乳突处，连接仪器标准刺激输出端口，启动按钮进入刺激状态，设定频率为5档，强度3档，比率1∶2。每日1次，每次治疗30分钟，连续治疗4周。

4. 脑梗死　患者取仰卧位，将主电极贴到乳突部，将辅助治疗电极贴在合谷穴，治疗强度控制在3档，频率为5档，根据患者耐受情况合理选择不同频率。每日1~2次，每次20分钟，10日为一个疗程，治疗4个疗程，每个疗程间隔3日。

【注意事项】

1. 有出血倾向者禁用。

2. 严重心脏病或植入心脏起搏器者、颅内支架植入者禁用。

3. 颅内感染或颅内肿瘤患者禁用。

4. 生命体征不稳定者禁用。

5. 有电疗过敏反应、对电极片严重或持续性过敏者禁用。

6. 治疗部位皮肤破损、感染者禁用。

7. 恶病质、活动性肺结核及癌肿患者禁用。

8. 孕妇、发热及严重精神病患者禁用。

9. 应避免高频手术设备和脑电仿生电刺激仪同时用于一个患者，此两种设备同时使用可能引起电极处烧伤，并可能损坏本设备。

十九、痉挛肌治疗仪

痉挛肌治疗仪用两路电流交替刺激痉挛肌及其对抗肌,可用于治疗各种痉挛性瘫痪,也可以用于功能性电刺激和电体操,还可用作高效电针(即电针灸)。A、B 两组输出既可同步调节也可异步调节;可自定义10 个处方存于机内,并可随时修改脉冲周期、延迟时间、脉冲宽度、脉冲电流峰值、治疗时间(图 6-19)。

图 6-19　痉挛肌治疗仪

【仪器原理】

1. 理化原理　第一路电流刺激痉挛肌,使其产生强烈收缩,肌腱上的感受器产生兴奋,兴奋由 Ⅰ 类纤维传入脊髓,反射性抑制痉挛肌。第二路电流刺激痉挛肌的拮抗肌,拮抗肌产生收缩对抗痉挛肌,发生反射性抑制作用。两种抑制接连发生,使痉挛得以减轻。

2. 治疗原理　放松肌肉,防治挛缩,提高头和躯干的控制能力,增进上下肢功能。痉挛肌治疗仪输出的低频脉冲,可以有效促进静脉和淋巴回流,改善肌肉的代谢和营养,降低肌肉纤维变性,防止肌肉结缔组织变厚、变短和硬化,防治软组织挛缩。

利用治疗仪输出的先后出现的两组低频脉冲,分别刺激痉挛肌和拮抗肌,使两者交替收缩,通过交互抑制使痉挛肌松弛,并提高拮抗肌的肌力和肢体功能。

【操作方法】

1. 痉挛肌和对抗肌的交替刺激。将 A 路的两个电极放在痉挛肌的肌腱处,B 路的两个电极放在拮抗肌的肌腹处。

2. 单纯刺激拮抗肌,减低痉挛肌的张力,增加关节的活动度。将 A 路或 B 路的两个电极放在痉挛肌的两端。

3. 单独刺激 1 块或 2 块肌肉,或锻炼肌肉牵拉关节周围软组织以引起关节活动,增加关节的活动度。若关节活动度只在一个方向受限,则将 A 路或 B 路的两个电极放在需要治疗的肌肉两端即可;若关节活动度在两个方向受限,则需将 A 路和 B 路的两个电极分别放在所要治疗的 2 块肌肉的两端。

4. 操作

(1)将随机配备的电源线插入仪器后面板的电源插座,再将电源线插头插入 220V 交流电源,供电电源插座要有良好的接地线。

(2)打开电源开关,定时指示灯发黄光、周期由上排浅绿色条形屏显示、延时时间由下排浅绿色条形屏显示。

(3)选择 T、T1、TA、TB。

（4）在摆放电极前,将输出旋钮 IA、IB 逆时针方向调回"0"位。

（5）按治疗部位面积大小选择合适的导电橡胶片,插在电极线插头上,将相配的绒毛套在温水中浸湿,稍拧干后套在电极上(绒毛面贴在导电黑面上)。

（6）将 A 路输出的两个电极安放在痉挛肌的两端肌腱处,将 B 路的两片电极安放在其对抗肌两端的肌腹处(绒毛面贴在皮肤上)。

（7）确保电极与皮肤接触良好,用绷带捆绑或用沙袋压迫固定。

（8）按"定时"键,黄灯亮处表示设定为相对应的定时时间,一般治疗时间为 20~30 分钟。

（9）分别按顺时针方向缓慢调节输出电流 IA 和 IB,并不断询问患者的感受,输出调至患者肌肉明显收缩为准。由于开始时人体对电流比较敏感,故过 1~2 分钟后需做微调,使输出电流尽量增大,若患者难以忍受,则可适当减小输出电流。

（10）报时信号鸣响提示治疗结束。按"定时"键,蜂鸣停止后,输出端无电流。此时应将输出电流 IA、IB 逆时针方向调回"0"位,取下电极。

【临床应用】

可用于治疗脑性瘫痪、中风、脑外伤、神经退行性疾病和多发性硬化等。

1. 痉挛性瘫痪　采用脉冲波,频率 50Hz。10 日为一个疗程,间隔 3~5 日进行下一个疗程。

2. 中风、脑外伤、神经退行性疾病　脉冲宽度 0.3ms,脉冲周期 1.5s,延时时间 0.1s。每日 1 次,每次 20 分钟,共治疗 4 周。

3. 脑卒中后肌痉挛　根据治疗部位的大小选择合适的电极片,接通电源,将选配的绒布套浸湿并套在电极上。将 A 路输出的两个电极置于肢体痉挛肌两端的肌腱处,将 B 路电极放置于对抗肌两端的肌腹处,固定后开机,选择 T=1.0s、T1=0.1s、TA=0.3ms、TB=0.3ms、Time=20 分钟,启动治疗仪,适当调节电流,以患者能够耐受为度。

【注意事项】

1. 皮肤电阻很大者可以适量加水或盐水(不可用酒精)。

2. 两电极不能同时放置在心脏前后、头颅两侧、贯穿或横跨脊柱。

3. 治疗前后,电流调节按钮必须逆时针调到"0"位。

4. 各导线要与电极片接触良好好,治疗中绒布套不能拧得太干,套电极时不能反置,套好布套的电极要与人体紧密接触。

5. 治疗时,患者不得随意变换体位或拉扯电极线或绑带,以免造成接触不良,有瞬间电击感或灼伤危险。

6. 治疗仪面板上薄膜轻触键不可重压。

7. 治疗仪工作时不应用布蒙盖,以免影响仪器散热。

二十、电脑偏瘫治疗机

电脑偏瘫治疗机内置处方治疗、技术治疗模块,可以根据医护的治疗经验和偏好,以及患者的情况,采取对应的治疗措施。仪器内置的病案管理功能,方便医护人员建立和管理患者的治疗情况。仪器内置背景音乐，可以在患者治疗的过程中播放，让治疗过程变得轻松愉快（图 6-20）。

【仪器原理】

电脑偏瘫治疗机具有波形脉冲、红外辐射、传感热温、药物离子热透与电平导入等多项治疗功能，通过穴位治疗配用药液导入，加强了治疗效果，起到刺激穴位和神经、舒筋活血的作用，使失控萎缩的肌肉产生节律性收缩，刺激肌肉产生抗过敏、免疫功能，恢复神经传导。该治疗机的电磁功能与人体组织细胞产生同步共振，促进生理代谢，改善微循环，故能减轻和消除疾病。

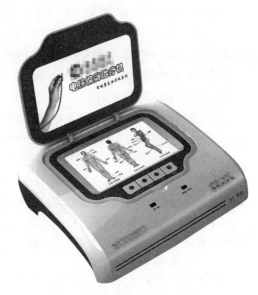

图 6-20　电脑偏瘫治疗机

【操作方法】

触按"进入"键，进入病症选择界面，选择适应病症后，对应症状分型，参考穴位图，选择治疗穴位（个别穴位在人体穴位图标注不清晰，可参照说明书或使用帮助功能，选择正确穴位）。从电极边缘处撕去隔离膜，将导电胶面充分紧密粘贴在正确穴位上。按"进入"键后，设定治疗时间。按"启动/停止"键即开始治疗。治疗中，根据患者耐受情况，调整治疗能量，至最大耐受值。治疗到设定时间后，机器停止工作。治疗中如有不适或其他原因可按"启动/停止"键，即中断治疗。

【临床应用】

主要用于治疗肢体瘫痪、面瘫、中风、中风后遗症、颈椎病、肩周炎、腰痛、关节炎等。

1. 肢体瘫痪　询问患者有无心脏病、高血压、恶性肿瘤等禁忌证。接通电源，打开总开关，将输出线与机器端口连接。选择偏瘫，根据患者症状，参考穴位图，选择治疗穴位。从电极边缘处撕去隔离膜，将导电胶面充分紧密粘贴在穴位上。按"进入"键，设定治疗时间为 20 分钟。按"启动/停止"键开始治疗。治疗中，根据患者耐受情况调整治疗能量，至最大耐受值。还可加入药物离子热透治疗，连接移动治疗头，将 20~30ml 治疗液注入移动治疗头内，将一次性治疗纱布固定于治疗头底部，处方设置为低频模式，按"启动/停止"键，将加热调至 20 级，能量调至 10 级，医护人员手持治疗头，按 2 次/min 的频率敲打患处，左手持治疗头轻敲 2 次，右手持治疗头再轻敲 3 次，为一个治疗流程，循环操作。待仪器提示治疗时间结束时，停止治疗。

2. 颈椎病、肩周炎、腰痛　询问患者有无心脏病、高血压、恶性肿瘤等禁忌证。接通电源，打开总开关，将输出线与机器端口连接。选择颈痛、肩痛或腰痛，根据患者症状，参考穴位图，选择治疗穴位。从电极边缘处撕去隔离膜，将导电胶面充分紧密粘贴在穴位上。按"进入"键，设定治疗时间为 20 分钟。按"启动/停止"键开始治疗。治疗中，根据患者耐受情况调整治疗能量，至最大耐受值。还可加入药物离子热透治疗，连接移动治疗头，将

20~30ml 治疗液注入移动治疗头内,将一次性治疗纱布固定于治疗头底部,处方设置为低频模式,按"启动 / 停止"键,将加热调至 20 级,能量调至 10 级,医护人员手持治疗头,按 2 次 /min 的频率敲打患处,左手持治疗头轻敲 2 次,右手持治疗头再轻敲 3 次,为一个治疗流程,循环操作。待仪器提示治疗时间结束时,停止治疗。

【注意事项】

人体电阻存在差异,不同个体对能量的耐受程度也存在差异。电脑偏瘫治疗机在 25 级能量时有警示音提示,使用超过 25 级能量时需谨慎。如果需要使用音乐功能,可以插入 U 盘,触按"音乐"键选择乐曲,插入耳机或外接音响设备即可享受音乐。如因操作不当或其他原因导致仪器程序出现故障,可以触按"复位"键,仪器恢复出厂设置。

二十一、生物刺激反馈仪

生物刺激反馈仪利用肌电生物反馈技术,结合多种电刺激模式进行肌肉训练,以重建并恢复肌肉的正常运动功能,改善脑血管、中枢神经系统损伤所致的运动障碍及盆底肌肉功能障碍等(图 6-21)。

【仪器原理】

1. 理化原理　运用肌电生物反馈技术结合多种电刺激模式进行肌肉训练。

2. 治疗原理　生物刺激反馈仪利用肌电生物反馈技术,结合多种电刺激模式进行肌肉训练,以重建并恢复肌肉的正常运动功能,改善脑血管、中枢神经系统损伤所致的运动障碍及盆底肌肉功能障碍等,结合生物反馈和神经功能重建的最新康复理念,集肌电、直肠、盆底的评估和治疗、训练于一身。

【操作方法】

1. 连接信号处理器电源,选择 script 方式。
2. 点击"stim"。
3. 选择治疗部位。
4. 通过上下键选择治疗方案。
5. 点击"start"开始。

【临床应用】

1. 适应证
(1)偏瘫患者的功能康复。

图 6-21　生物刺激反馈仪

（2）尿失禁、产后康复、产后盆底功能恢复。

（3）上下神经元损伤后的重建治疗。

（4）神经肌肉功能障碍的恢复治疗。

（5）功能性便秘、大便失禁、术后排便功能恢复。

（6）儿童脑性瘫痪的康复治疗。

（7）骨折后的神经、肌肉功能康复治疗。

2. 应用举例

（1）偏瘫患者的功能康复：用酒精棉球对局部皮肤充分消毒，将电极分别放置于痉挛肌的拮抗肌上，记录电极与参考电极的中心距离 5mm，与肌肉纤维的长轴平行，用弹力绷带将电极线紧密固定在皮肤上。刺激强度 15~20Hz，使患侧上肢有屈肘、手指张开动作出现。频率约 120 次，每次治疗 20~30 分钟。每日 1 次，3 个月为一个疗程。

（2）尿失禁、产后康复、产后盆底功能恢复：患者取 30° 半卧位，将阴道电极置于阴道内，通过电流进行刺激，电流强度逐渐增加，以出现盆底肌收缩且无不适感为度。每次治疗 15 分钟，每周 5 次，连续治疗 3 个月。

（3）术后排便功能障碍：患者取侧卧位或仰卧位，根据个人情况选择治疗方案。将电极片贴于小腹左右侧，调节电流大小，以患者感觉肌肉强力收缩而不疼痛或盆底肌肉有跳动感而无疼痛为宜。根据患者的个人情况，按照屏幕显示的压力波形指导患者进行盆底肌肉的收缩和放松。每次 15 分钟，10 次为一个疗程。

【注意事项】

孕妇、植入心脏起搏器、多发性癫痫、肿瘤、异常疼痛和感染急性期禁用。

二十二、高电位治疗仪

高电位治疗仪是使电场直接作用于自主神经，用于提高患者自愈能力的物理疗法型治疗设备（图 6-22）。

【仪器原理】

1. 理化原理　高电位治疗仪使电场直接作用于自主神经，具有以下理疗原理：带电物体的周围空间中存在电场，如果将导体放置在该电场中，则导体中的可移动电荷迅速向电场的两极移动，电荷在导体的两极聚集产生感应电荷。同样，人体属于导体，当人体处于高压电场中时，细胞膜的电位会发生改变，在机体中会产生 0.1~0.2mA 的微弱电流，该电流能够提升细胞的活力。高压电场可以使周围的空气电离，产生大量的空气离子，当使用者接触到治疗电极时，空气中的离子流作用于皮肤，对人体产生一种类似于维西按摩刺激的反应。现有的高电位治疗仪功能单一，一般通

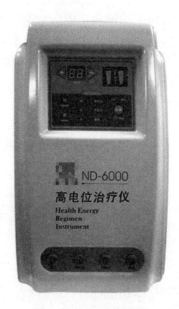

图 6-22　高电位治疗仪

过设置不同电压值的电压输出实现理疗,但人体经一定时间的理疗后,会对相同电压、相同波形的理疗产生一定的耐受性。

2. 治疗原理

(1)改善血清脂蛋白的构成,治疗和预防动脉粥样硬化。

(2)降低血液黏度,改善心脑血管的血液供应。

(3)调节血管张力,扩张血管,降低血压。

(4)促进血液循环,改善脑细胞功能。

(5)增加细胞活性。

(6)镇痛。

(7)强化免疫(肝肠免疫作用)。

(8)消炎。

(9)改善自主神经失调。

(10)促进三磷酸腺苷(ATP)合成。

(11)促进消化、消除便秘。

(12)塑身美容。

【操作方法】

1. 取出主机,放置于平稳处。

2. 将随机配置的电源线"品"字尾端插入治疗仪主机后端电源座,再将电源线插头插入220V电源。

3. 取出治疗仪输出线(灰色),一端连接治疗仪前端的电位输出孔,另一端与治疗坐垫连接,同时将辅助输出线悬空的离地线卡依次卡入输出线中,确保输出线悬空(不接地),并将治疗坐垫平放在座椅(选择非金属座椅)上。

4. 打开仪器后面的电源开关,液晶屏出现显示。若无指令键入,此种状态持续1分钟后,显示屏将熄灭,显示屏下的带电指示灯(红色)亮起,按任意键即可恢复显示。

5. 当功能键抬起,为电位功能时,应选择配备坐垫进行电位治疗。根据患者病情在3 500V、7 000V、9 000V中选择治疗强度。

6. 设定治疗时间,范围为5~90分钟。默认治疗时间为30分钟、电位强度为900V。

7. 按"启动"开关或遥控器启动开关,工作状态显示屏指示将循环闪动,时间显示器以1分钟为单位开始计时。使用电场感应器在仪器附近测试电场,如感应器指示灯亮并发出持续鸣叫,则治疗仪进入工作状态。

8. 在治疗过程中,如需中断可以按"暂停"键,此时屏幕出现闪动提示条,并停止计时。

9. 设定治疗时间结束后,声光报警,输出信号停止,治疗停止。此时屏幕出现闪动提示框,仪器进入待机状态。

10. 若需要进行脉冲治疗,则将治疗笔的引线端子插入治疗仪面板的脉冲插孔,按"功能选择"键(呈脉冲位),此时屏幕不显示计时功能。

11. 使用者手持治疗笔,用其顶端(金属头)进行点穴治疗,如颈部、肩部、腰部等。

12. 治疗时间以每个部位1~2分钟为宜。治疗结束时按"功能选择"键,使按键为弹出状态并拔出治疗笔的导线插头。此时,显示屏将恢复电位功能显示图案。

13. 治疗结束先关闭治疗仪电源开关,然后按下电源。

【临床应用】

1. 失眠、慢性疲劳、神经衰弱　选择治疗强度 7 000V，设定治疗时间 40 分钟。按"启动"开关或遥控器启动开关，工作状态显示屏指示将循环闪动，时间显示器以 1 分钟为单位开始计时。使用电场感应器在仪器附近测试电场，如感应器指示灯亮并发出持续鸣叫，则治疗仪进入工作状态。在治疗过程中，如需中断可以按"暂停"键，此时屏幕出现闪动提示条，并停止计时。设定治疗时间结束后，声光报警，输出信号停止，治疗停止。此时屏幕出现闪动提示框，仪器进入待机状态。每日 1 次，10 次为一个疗程，共治疗 2 个疗程。

2. 关节炎、颈椎病、腰腿痛、风湿病　选择治疗强度 3 500~9 000V，输出频率 25~75Hz，设定治疗时间 30 分钟。按"启动"开关或遥控器启动开关，工作状态显示屏指示将循环闪动，时间显示器以 1 分钟为单位开始计时。使用电场感应器在仪器附近测试电场，如感应器指示灯亮并发出持续鸣叫，则治疗仪进入工作状态。在治疗过程中，如需中断可以按"暂停"键，此时屏幕出现闪动提示条，并停止计时。设定治疗时间结束后，声光报警，输出信号停止，治疗停止。此时屏幕出现闪动提示框，仪器进入待机状态。每日 1 次，15 次为一个疗程，每个疗程间隔 4 日。

3. 糖尿病　选择治疗强度 3 500~9 000V，输出频率 25~75Hz，设定治疗时间 30 分钟。按"启动"开关或遥控器启动开关，工作状态显示屏将循环闪动，时间显示器以 1 分钟为单位开始计时。使用电场感应器在仪器附近测试电场，如感应器指示灯亮并发出持续鸣叫，则治疗仪进入工作状态。在治疗过程中，如需中断可以按"暂停"键，此时屏幕出现闪动提示条，并停止计时。设定治疗时间结束后，声光报警，输出信号停止，治疗停止。此时屏幕出现闪动提示框，仪器进入待机状态。每日 1 次，30 次为一个疗程，共治疗 3 个疗程。

4. 高血压、高脂血症、更年期综合征　患者坐于与地面绝对绝缘的治疗椅上，双足踏在与地面绝缘的输出踏板上，伞状辐射电极距头约 1.5m，一般采用电压 28~30kV，电流 0.5mA。每日 1 次，每次 20 分钟，15 次为一个疗程，治疗 1~2 个疗程。特殊慢性病患者可治疗 40 日。

【注意事项】

严重心脏病与肺心病、肾衰竭、植入心脏起搏器、冠状动脉搭桥术、严重高血压、传染病、中晚期癌症、认知障碍、高热、急性病发作期、大手术后，以及妇女经期、妊娠期禁用。

二十三、神经损伤治疗仪

神经损伤治疗仪的电极控制装置设有电源开关、电源指示灯、频率调节旋钮、定时旋钮、治疗处方选择按键、设定控制按钮、扬声器、液晶显示屏。对神经损伤的治疗操作简便，省时省力，降低了工作难度（图 6-23）。

【仪器原理】

神经损伤治疗仪应用低频脉冲电流刺激失神经支配的肌肉，减缓肌肉失神经支配性萎缩，促进血液循环并保持肌肉营养，促使失神经肌肉和重新接受神经支配的肌纤维肥大强化，提高肌张力。

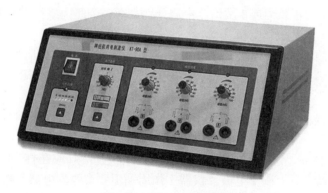

图 6-23 神经损伤治疗仪

【操作方法】

（1）接通电源，打开电源开关。

（2）调节频率调节旋钮、定时旋钮、治疗处方选择按键和设定控制按钮，根据患者的实际情况设定相应参数。

（3）从贴片电极摆放架上取下正极贴片电极和负极贴片电极，贴于神经损伤处进行治疗。

【临床应用】

1. 适应证

（1）对周围神经损伤所致的肢体瘫痪和多种病因引起的精神瘫痪、运动障碍等有良好疗效。

（2）肢体瘫痪、运动障碍、周围神经损伤、肌无力、肌萎缩、部分失神经或完全失神经瘫痪的治疗与康复。

（3）肌肉的被动节律性收缩和舒张产生的"泵"作用，可以改善肌肉的血液循环，促进静脉和淋巴的回流，提高代谢和营养，延迟萎缩。肌肉的被动收缩可以防止肌肉失水，防止电解质和酶系统的破坏，维持肌肉中结缔组织的正常功能，防止挛缩和束间凝集。肌肉的被动收缩还可以延缓肌肉的纤维化，从而延迟肌肉变性的过程。

（4）促进受损神经的再生修复。

2. 应用举例

（1）腰椎间盘突出术后马尾神经损伤所致尿潴留：接通电源，打开电源开关，从贴片电极摆放架上取下正极贴片电极和负极贴片电极，贴于次髎、中髎、关元、会阳等穴，选择矩形波、单脉冲，定时 20 分钟，每日 1 次，10 日为一个疗程，连续治疗 6 周。

（2）偏瘫：接通电源后将输出强度调节钮 A、B、C 逆时针方向调回"0"位，频率选择 1Hz，将电极线插在输出插口上，与 A 组相连的电极放在上肢的肱三头肌上，与 B 组相连的电极固定在下肢的胫前肌上，顺时针缓慢调节输出电位器，使输出电流逐渐增大，至可引起肌肉收缩的患者耐受上限为度。每日 1 次，每次 30 分钟，14 日为一个疗程。

（3）糖尿病周围神经病变：接通电源，打开电源开关，选择双极组刺激法和单极运动点刺激法。双极组刺激法用两个相同大小的导电橡胶片作为电极，放于治疗部位；单极运动点刺激法用一个小的笔形电极作用于运动点上，另一个大的电极片放在附近的皮肤上。个别肌肉神经用双极法，小肌肉或 1 次治疗中需分别刺激多个肌肉或神经时，用单极法。每日 2 次，每次 1 小时，7 日为一个疗程。

（4）神经根型颈椎病：将电极片贴于患侧的责任颈椎节段椎旁肌外缘，即受累神经根发出部位，治疗频率 500Hz，时间 15 分钟，强度以患者能耐受的最大限度为准。每日 1 次，16 日为一个疗程。

【注意事项】

电极放置于人体后，不要开关电源，否则会有瞬间电击感，应在打开电源开关以后固定电极，在关机前从患者身上取下电极。仪器工作周围不要有强烈电器干扰，不可与高频、超短波、微波等辐射源在一起工作。

二十四、电脑骨创伤治疗仪

电脑骨创伤治疗仪具有消炎、消肿、镇痛的效果，并能加速骨愈合。临床常用于股骨、胫骨、腓骨、股骨颈、髌骨、尺骨、桡骨等骨折创伤的治疗，也可用于骨延迟愈合、骨不连、骨质疏松等的治疗。具有疗效好、无创伤、无副作用、操作简便等优点（图 6-24）。

【仪器原理】

电脑骨创伤治疗仪的调频、调幅脉冲电流，通过特制的耦合器产生脉冲电磁场。电磁耦合器由两个机械旋转联接的电磁耦合盘组成，张角可调，可形成深度和宽度不同的聚焦磁场，作用于骨创伤处。磁力线穿透皮下软组织和骨骼，通过电磁场产生的一系列磁生物效应，实现对骨创伤的治疗。

图 6-24　电脑骨创伤治疗仪

1. 脉冲电磁场在人体内产生感应电流，能改变细胞膜电位，增强组织通透性，促进水肿吸收，降低血液黏度，抑制纤维化过程，促进伤口愈合。它能影响炎症介质的活性，降低神经末梢反应性，有镇痛作用。

2. 激活骨细胞内的各种酶系统，加快细胞的新陈代谢，促进骨痂生成，加速骨愈合。

3. 对钙、磷活动产生动力学影响，使钙离子和自由磷显著增加；加速纤维软骨钙化，对骨不连的治疗起重要作用。

4. 改善血液循环，修复损伤的微血管，使生理性关闭的微血管开放，改善骨膜血供，促进骨痂生成，加速骨愈合。

【操作方法】

1. 开启后显示屏默认时间为 60 分钟，可以在 0~99 分钟范围内调节。

2. 频率及强度默认均为 1 档，共 8 档，可以按"上 / 下"键进行调节。

3. 治疗过程中的频率、强度按 1 次 /min 的规律变化。

4. 急性期每次治疗 20~30 分钟，每日 2 次；亚急性期每次治疗 30~40 分钟，每日 2 次；慢性期每日治疗 1~2 次，每次治疗时间可以适当延长，但不应超过 60 分钟。

5. 此仪器为双路输出，可单路使用也可双路同时使用，设定完毕按"启动"键开始治疗。

【临床应用】

1. 骨折愈合　患者取卧位，结合病情选择磁场强度，当患者耐受后适当增加强度。治疗时间为每次 40~60 分钟，每日 1 次。

2. 骨折术后疼痛　术后当天即可用电脑骨创伤治疗仪对手术切口部位进行磁疗。将工作方式调为"聚焦"模式，频率调节为 3~7，电磁场强度为 8~4，设定时间为 45~60 分钟，将耦合器置于切口部位紧挨肢体，按下"启动"键即可。

3. 骨性关节炎　将治疗磁头与膝关节垂直对置，磁场强度 2~3 档，频率 1~4 档，治疗时间为每次 30 分钟，每日 1 次。

【注意事项】

1. 心脏病或有植入式电子装置（如心脏起搏器）的患者禁用。
2. 孕妇、骨肿瘤、骨关节结核者禁用。
3. 手术伤口、创伤伤口表面禁用电极片，建议使用磁疗。
4. 治疗区域内有创伤出血的患者禁用。
5. 治疗区域内有活体肿瘤的患者禁用。

二十五、糖尿病全息脉冲治疗仪

糖尿病全息脉冲治疗仪对糖尿病并发症有明显治疗作用。治疗仪由治疗线、耳模电极、耳模夹、手疗电极、贴片电极、足疗电极、导电片、水全息疗法专用盆组成。可延缓糖尿病慢性并发症的发生和发展，提高患者的生活质量。对糖尿病引起的倦怠乏力、失眠、胸闷心痛、心悸、眩晕、水肿、口渴多饮、手足麻木、疼痛等有一定的治疗作用（图 6-25）。

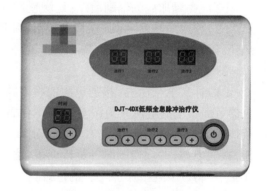

图 6-25　糖尿病全息脉冲治疗仪

【仪器原理】

1. 基本原理　"全息"是从激光全息照相演绎而来的概念，激光照相的任何一张碎片，都可以还原出被照物体的全部图像。"人体凸出部位全息论"就是说人体的每一个凸出部位，特别是耳、手、脚，都是人的缩影，包含了人体的全部生理信息及遗传信息；人身所有器官对应的穴位，都在凸出部位（耳、手、脚）上有规律地排列并得到全面反映。人体脏器是通过经络与穴位相通的，当某个器官发生病变，经络不通，其相对应穴位的生物电阻抗也发生改变,全息脉冲治疗仪可以测出这种生物电流的微小变化,来判断器官的功能是否正常。

2. 治疗原理　本仪器设置连续波、疏密波、断续波等对人体有益的复合音频脉冲,通过耳模、手疗、贴片、足疗电极等输出电极作用于耳穴、手穴、体穴或足穴,刺激穴位、疏通经络、调节气血、平衡阴阳、激发细胞活力、恢复脏器功能。

3. 工作原理　本仪器的电路由微电脑、放大电路、控制电路、机内电源变换器及治疗接口等部分组成。采用微电脑技术,由仪器发出的对称性或非对称性连续波、断续波、疏密波,通过仪器配置的治疗电极按触在耳穴、手穴、足穴或体穴时,人体受到特定频率的电刺激,进行针灸、按摩等综合治疗。仪器具有 5 个通道,可以同时进行多穴位治疗或多人同时进行治疗。配件中的手握电极采用导电材料制成,形状不固定(可以是任何形状,但需达到覆盖手部全部穴位的目的);通过水的导电性,对凸出部位按摩以达到治疗、保健的作用。

【操作方法】

1. 确认电源已关闭,连接导线与本体,连接导线与电极片。
2. 将电极片粘贴在治疗部位。
3. 按下电源开关。
4. 按"模式选择"按钮后选择合适的波形。
5. 按"强度设置"按钮,在 1~10 档之间选择合适的强度。每个治疗部位每次治疗 10~15 分钟,每日 1~2 次。
6. 治疗结束,切断电源。

【临床应用】

1. 适应证
(1)2 型糖尿病:稳定血糖,改善症状。
(2)1 型糖尿病的辅助治疗:延缓慢性并发症的发生和发展,提高患者的生活质量。
(3)糖尿病并发症:眼疾病、性功能障碍、肾脏病变、微血管病变、周围神经病变、皮肤病变,以及倦怠乏力、失眠、胸闷心痛、心悸、眩晕、水肿、口渴多饮、手足麻木、疼痛等症状。

2. 应用举例
(1)耳穴全息疗法:接通电源前将 5 路治疗强度旋钮(旋钮 1~5)调至"关"的位置。将仪器后面板上的电源开关调至"开"的位置,电源指示灯亮,把治疗线的插塞插入治疗输出接口中的某一路,再将左、右耳模分别戴入左、右耳腔并确认接触良好。旋转治疗强度旋钮,接通电源,并缓慢顺时针旋转旋钮,增加强度直至耳腔内有针麻感(以能忍受为宜)。治疗完毕,将调节旋钮置于"关"的位置。

(2)手穴全息疗法:将治疗线插塞插入任意一路治疗输出接口,并将两个输出插塞分别插入手疗电极的小孔内,手握住手疗电极,使电极覆盖住全部手穴。旋转治疗强度旋钮,接通电源,并缓慢顺时针旋转旋钮,增加强度直至有针麻感(以能忍受为宜)。治疗完毕,将调节旋钮置于"关"的位置。

(3)足穴全息疗法、体穴全息疗法:主要附件之足浴盆(足穴治疗容器)采用绝缘材料制成,形状不固定(可以为方形、圆形、椭圆形、菱形,可以是桶状、盆状等),其 2 个隔离部分各有 1 个电极,2 块电极金属板分别内置于容器左右两边的中间部位,电极连线从靠近电极金属板的部位引入,内置在容器绝缘壁内,并在中间部位与电极金属板连接。在治疗容器里注入适量清水,将从主机治疗输出接口引出的两个电极线分别插入治疗容器的两个电极插孔,放入双足,旋转治疗强度旋钮,接通电源,并缓慢顺时针旋转旋钮,增加强度直至有针麻感(以能忍受为宜)。复合音频脉冲通过水对双足进行全息电子按摩,从而达到治病、按摩、保健的效果。对双手也可采取同样的方法进行全息治疗。

【注意事项】

1. 心脏病、中度高血压、骨折和大出血患者,以及处于妊娠产褥期的妇女、肢体残疾者禁用。

2. 严重心脑血管疾病或植入起搏器、心力衰竭、肾衰竭者禁用。

3. 使用人工骨骼的局部、皮肤破损或对电流过敏者禁用。

4. 有脑血管意外病史者禁用。

5. 幼儿、认知障碍者禁用。

二十六、肛肠综合治疗仪

肛肠综合治疗仪具有良好的可控性、局限性和定向性,产热快,治疗肛肠疾病具有时间短(每枚痔核3~5秒)的优点(图6-26)。

【仪器原理】

肛肠综合治疗仪是利用高频电容式电场产热原理,对仪器的振荡频率、输出功率、治疗电极的设计及测试,计算出痔组织在该仪器下的电解常数和电导率,通过高频电容场,使组织内带电离子和偶极离子在两极间高速震荡产生内源性热,使药物离子能够在短时间内顺利导入痔根部组织,使组织液干结、组织坏死,继而自然脱落。

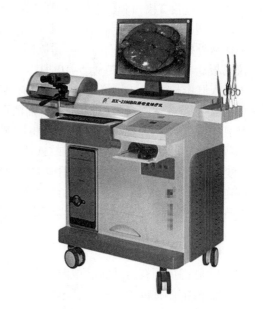

图6-26　肛肠综合治疗仪

【操作方法】

1. 骶管麻醉或局麻,取侧卧位或截石位。常规消毒直肠腔、扩肛,充分暴露术野后,用组织钳提起混合痔。

2. 对外痔部分使用高频电刀在痔核分界处行皮肤V形切开,通电3~5秒,再用电钳纵向(放射状)处理。注意尽量多保留皮肤,在两个痔核间保留皮桥≥1.0cm。

3. 对较饱满、静脉曲张高突处的皮肤用高频电刀纵向切开到肌层。上端可达齿状线,下端到肛缘。对上述皮桥下和皮瓣下的静脉团应用高频电镊钳处理,达到干化灭活。

4. 用电钳分段弧形钳夹肛缘处皮赘各3~5秒,用电刀去除残端,将肛口皮肤修理平整。

另用电钳钳夹被分离的痔组织,通电 3~5 秒后可见组织颜色变浅,用弯剪沿电钳上部切除内痔。

5. 对于较大的内痔可再次钳夹切除其上痔组织,然后用同样的方法将余下的痔切除。对于较小的痔核可直接钳夹处理。

【临床应用】

1. 混合痔 局麻者取左侧卧位,硬膜外麻醉者取截石位,常规消毒铺巾。麻醉成功后,双指涂润滑油伸入患者肛内,缓慢扩张肛管,松弛肛门括约肌,用止血钳将内痔核拖出,并用 HCPT 电钳夹持痔核基底部 2~3 秒,待痔核变白脱水干结后送至肛内,若痔核较大,则可分部位多次夹持。外痔做 V 形切口,锐性分离局部皮肤,剥离痔核于齿线上 5mm,用电钳夹持痔核,待其变白后用电刀将其切除,避免夹持时用力过大夹断痔核导致出血,在切除痔核时若有出血,则应立即用电镊止血。以相同的方法对其他部分的痔组织进行处理,肛内塞入化痔栓,创面使用凡士林纱条填塞,覆盖塔形垫,丁字加压包扎处理。

2. 内痔 患者取左侧卧位,局部常规消毒,麻醉后扩张肛门,将痔核显露。用组织钳把痔核牵拉出来,电容止血钳沿直肠纵轴夹痔核基底部,钳头部及后部用纱布与正常组织隔开,以防灼伤周边正常组织,钳夹后脚踏开关启动,在 3~5 秒内达到治疗部位组织干结,不炭化,血管闭合,留有一条钳夹的白线。根据情况用高频电刀修理创缘和创底,或肛外减压,而后塞入痔疮栓 2 枚,将马应龙痔疮膏或京万红膏放在敷料一角贴敷于肛门口,胶布固定。

3. 外痔 患者取侧卧位,局部常规消毒。麻醉完毕,利用组织钳钳夹外痔,用一次性电切钳从外痔的基底部夹紧,在电钳周围覆盖湿消毒纱布,防止损伤周围正常组织,脚踩治疗仪踏板通电,脚踏时间持续 5~10 秒,可见外痔基底部干结脱落。对创面进行常规消毒,肛内塞入肛泰栓 1 枚,创面涂肛泰软膏,消毒纱布覆盖。

4. 肛裂 骶管麻醉,取侧卧位,铺消毒巾,不做常规扩肛,肛管内消毒,检查肛窦,肥大肛乳头有无合并痔及瘘内口情况。将肛裂的增生组织、皮下瘘、哨兵痔及肥大乳头一并用高频电刀切除,在示指引导下用蚊式钳于切口内原位挑出部分内括约肌肌束,电钳通电 3~5 秒,治疗仪报警后予以切断,用电刀向远端延长切口,并切断外括约肌皮下部,修剪创缘,用电镊彻底止血,创面及切口边缘注射长效止痛剂,肛内置醋酸氯己定痔疮栓及马应龙麝香痔疮膏,伤口内置云南白药及紫草油纱条,纱布包扎固定。

【注意事项】

1. 肛门周围有急性脓肿或湿疹者不宜使用。
2. 内痔伴有痢疾或腹泻者不宜使用。
3. 因腹腔肿瘤引起的内痔者不宜使用。
4. 内痔伴有严重肺结核、高血压、肝肾疾病或血液病者不宜使用。
5. 临产期孕妇不宜使用。

二十七、肛肠多功能检查治疗仪

肛肠多功能检查治疗仪采用等离子技术,使组织内带电离子和偶极离子在两极间高速振荡产生内源性热，使病变组织根基部迅速干结。治疗仪热导向性能好，局限性强，采用电脑程序控制，全自动传感感应，具有开机自检的自动保护装置，为肛肠科手术提供了方便、快捷的治疗手段（图6-27）。

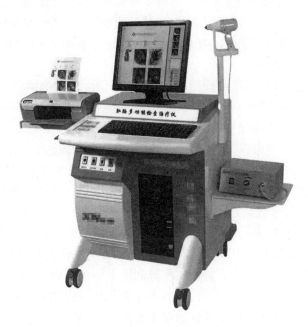

图 6-27　肛肠多功能检查治疗仪

【仪器原理】

肛肠多功能检查治疗仪采用射频热干核内热原理，根据痔组织在不连续电容电场作用下的电解常数和电导率而设计，采用热干核内热原理及高热透原理，治疗时能在最短时间内使组织干结、血管闭合，切割部位不炭化、不流血，对周围组织无伤害，几日后坏死的痔核自行脱落。

【操作方法】

1. 患者取侧卧位，术野常规消毒铺洞巾。肛周局部浸润麻醉，充分暴露病变部位。

2. 将肛肠多功能检查治疗仪接通电源，打开开关，按"电钳"按钮，强度一般选择30（根据病变组织大小强度可在10~50范围内选择）。

3. 组织钳钳夹提起痔核外痔部分，以电极钳放射状钳夹至齿线，启动治疗3~5秒，去除电钳，用高频电刀沿干结带切除；以电极钳沿直肠纵轴方向夹住痔核内痔部分基底部，启动治疗3~5秒，痔核组织基底部钳夹处干结凝固，松开电极钳，无需结扎和剪除。以同样方法逐一钳夹其他痔核，痔核间保留皮肤及黏膜约0.5cm，一般每次治疗3~4个痔核。

4. 各钳头顶点连线呈齿线。混合痔的外痔部分特别巨大或合并血栓外痔时需用高频电刀剥离切除，切口呈放射状。合并肛乳头肥大时，以组织钳钳夹提起肥大肛乳头，以电极钳沿直肠纵轴方向夹住其基底部，启动治疗3~5秒，去除电极钳，用高频电刀沿干结带切除，治疗结束。

【临床应用】

主要用于治疗各期内痔、外痔、混合痔、肛乳头纤维瘤、肛裂、肛瘘、肛周脓肿等。

1. 内痔　骶管麻醉，患者取截石位，术野皮肤常规消毒，扩张肛门括约肌，在下齿线上0.2cm 处，倾斜电镊 15°角，夹痔黏膜基底部。踏开关通电 1~2 秒，重复踩踏 2~3 次即可，黏膜烧灼点应保留足够的黏膜间距，以防术后直肠狭窄。术后第 2 天肛内置马应龙痔疮栓、龙珠软膏换药治疗，每日 2 次。

2. 混合痔　接通 220V 电源，打开开关，患者取侧卧位，常规消毒铺巾。用 1% 利多卡因 40ml+ 肾上腺素 0.2mg 肛周 4 点及外痔皮下、基底部局部注射。麻醉满意后，用液体石蜡润肠，碘伏棉球清洁肠管末端及肛管。充分扩肛，暴露痔核，以组织钳钳夹提起痔核外痔部分，以电极钳放射状钳夹至齿线，启动治疗 3~5 秒，去除电极钳，高频电刀沿干结带切除；以电极钳沿直肠纵轴方向夹住痔核内痔部分基底部，启动治疗 3~5 秒，痔核组织基底部钳夹处干结凝固，松开电极钳，无需结扎和剪除。以同样方法逐一钳夹其他痔核，痔核间保留皮肤及黏膜约 0.5cm，一般每次治疗 3~4 个痔核。各钳头顶点连线呈齿线，混合痔的外痔部分特别巨大或合并血栓外痔时需用高频电刀剥离切除，切口呈放射状。合并肛乳头肥大时，以组织钳钳夹提起肥大肛乳头，以电极钳沿直肠纵轴方向夹住其基底部，启动治疗 3~5 秒，去除电极钳，用高频电刀沿干结带切除。修剪创缘至引流通畅，彻底电凝止血，检查无出血，肛管内放吲哚美辛呋喃唑酮栓 2 枚，油纱条 1 根包裹马应龙痔疮膏 3 支纳肛，无菌纱布加压固定。给予抗感染、止血、补液对症治疗 3~5 日，术后第二日开始每日换药。

3. 外痔　患者取侧卧位，常规消毒铺巾。麻醉完毕，用组织钳钳夹起外痔，用一次性电切钳从外痔的基底部夹紧，在电钳周围覆盖湿消毒纱布，防止损伤周围正常组织，用组织钳提起外痔部分，用电切刀沿外痔基底 V 形切开皮肤至齿状线处，外痔出血处用电镊止血。术毕，肛门周围注射亚甲蓝长效止痛剂，肛管内置入 1 枚马应龙麝香痔疮栓，外用塔形纱布加压包扎。

【注意事项】

1. 肛门周围有急性脓肿或湿疹者不宜使用。
2. 内痔、外痔、混合痔伴痢疾或腹泻者不宜使用。
3. 内痔、外痔伴严重肺结核、高血压、肝肾疾病或血液病者不宜使用。

二十八、电脑高频痔疮治疗机

电脑高频痔疮治疗机是一种利用高频电容技术使痔核组织干结，从而治疗痔疮的医疗设备（图 6-28）。

【仪器原理】

电脑高频痔疮治疗机通过高频发生装置，借助电钳、电镊等产生电容场，在 100 万次 /s 的高频振荡电场作用下，痔核组织内的带电离子和偶极离子在两极间高速振荡产生内源性

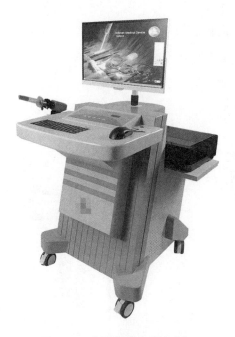

图 6-28　电脑高频痔疮治疗机

热,使组织干结、血管闭合,组织因缺血而坏死、萎缩,继而自然脱落。

【操作方法】

患者取侧卧位,放松肛门括约肌。对肛周进行常规消毒,局麻。麻醉后缓慢扩张肛管,对肛内消毒。用止血钳充分暴露痔核,使其脱出肛门外。用生理盐水或干棉球擦拭,利于导电。用钳式电极夹住痔核基底部,踏脚控开关,治疗开始 3~5 秒自动报警、自动断电,达到治疗效果。若痔核过大,可多次钳夹开机,直至痔核压缩后还纳肛门内,治疗完毕。

【临床应用】

适用于内痔、外痔、混合痔、肛瘘、肛裂、肛周脓肿及息肉、纤维瘤等肛肠疾病的检查治疗。

1. 混合痔　常规术前准备,排空大便,清洁灌肠,取侧卧位或俯卧位,常规消毒后铺巾。行肛周浸润麻醉,扩肛,探查痔核的分布、大小等情况,电极从混合痔的内痔部分刺入黏膜下层,通电 6~10 分钟,根据患者的耐受情况电流强度选用 10~20mA,至内痔黏膜变为苍白色退出电极。每次处理的内痔痔核不超过 3 个。

相对应外痔部分的处理:先用皮钳提起外痔,沿外痔的基底做 V 形切口,然后用高频电刀在外括约肌皮下部与痔静脉丛之间的疏松间隙分离痔核至齿状线下 0.5cm 处,切除痔静脉丛并保留齿状线,创面开放引流,同法处理其余痔核。术毕,肛管内置化痔栓 1 枚,肛缘外创面涂烫火膏并用纱布加压包扎。

2. 外痔　常规术前准备,排空大便,取侧卧位或俯卧位,常规消毒后铺巾。局部麻醉完毕后,用组织钳夹起外痔,沿外痔的基底做"V"形切口,然后用高频电刀在外括约肌皮下部与痔静脉丛之间的疏松间隙分离痔核至齿状线下 0.5cm 处,切除痔静脉丛并保留齿状线,创面开放引流,同法处理其余痔核。对创面进行常规消毒,肛内塞肛泰栓 1 枚,创面涂肛泰软膏,消毒纱布覆盖。

3. 内痔　患者取侧卧位,局部常规消毒,麻醉后扩张肛门,将痔核显露,电极从混合痔的内痔部分刺入黏膜下层,通电 6~10 分钟,根据患者的耐受情况电流强度选用 10~20mA,至内痔黏膜变为苍白色退出电极。每次处理的内痔痔核不超过 3 个。根据情况用电刀修理创缘和创底,而后塞入痔疮栓 2 枚,马应龙痔疮膏或京万红膏放在敷料一角贴敷肛门口,消毒纱布覆盖。

【注意事项】

1. 痔核超过 2.0cm×1.5cm 时,可先钳夹痔核基底部,然后再在该痔核的不同平面多次钳夹,直至将痔核压缩回纳肛门内。

2. 环状痔应根据情况分次间断治疗。

3. 较大的混合痔，外痔部分每次治疗不宜超过 3 个。

4. 钳夹基底部时，注意不宜夹得过深，不能夹住对侧肛缘组织，避免损伤肛门括约肌，引起肛门狭窄或肛门失禁。

二十九、超声电导前列腺治疗仪

超声电导前列腺治疗仪为治疗前列腺疾病的设备。该仪器通过双频双向超声波声场消融，穿透前列腺脂质细胞膜屏障，利用超声波原理，将药物透入人体组织内部，从而达到治疗目的（图 6-29）。

【仪器原理】

1. 理化原理

（1）机械效应：超声在组织中前进时所产生的效应。超声在组织中传播是由反射而产生的机械效应，它可引起机体若干反应。超声振动可引起组织细胞内物质运动，由于超声的细微按摩，使细胞质流动，细胞震荡、旋转、摩擦，从而产生细胞按摩的作用，也称为"内按摩"。这是超声波治疗所独有的特性，可以改变细胞膜的通透性，刺激细胞半透膜的弥散过程，促进新陈代谢，加速血液和淋巴循环，改善细胞缺血缺氧状态，改善组织营养，改变蛋白合成率，提高再生功能。超声波的机械作用可软化组织，使细胞内部结构发生变化，使坚硬的结缔组织延伸、松软，刺激神经系统和细胞功能。

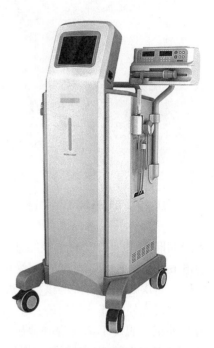

图 6-29　超声电导前列腺治疗仪

（2）温热效应：人体组织对超声能量有比较大的吸收本领，因此超声波在人体组织的传播过程中，其能量不断地被组织吸收而变成热量，使组织的自身温度升高（并非其他物理手段的传导热疗）。产热过程是机械能在组织中转变成热能的能量转换过程，即内生热。超声温热效应可加快血液循环，加速代谢，改善局部组织营养，增强酶活力。一般情况下，超声波的热作用以骨和结缔组织最为显著。温热效应使前列腺内部温度升高，血管扩张，从而改善前列腺血液循环，增加腺泡、腺管的通透性，有利于前列腺产生多种免疫球蛋白和合成具有抗感染作用的含锌多肽，促进局部炎症的消散吸收。

（3）理化效应：超声的机械效应和温热效应均可促发若干物理化学变化。实践证明，一些理化效应往往是上述效应的继发效应。

2. 治疗原理

（1）弥散作用：超声波可以提高生物膜的通透性，超声波作用后，细胞膜对钾、钙离子的通透性发生较强的改变，促进物质交换，加速代谢，改善组织营养。

（2）触变作用：超声波可使凝胶转化为溶胶状态，扩张局部血管，提高组织细胞的通透性,从而加快药物吸收。

（3）空化作用:一般包括 3 个阶段,空化泡的形成、长大和剧烈的崩溃。空化过程使细胞功能改变,增加细胞内钙水平。激活成纤维细胞,增加蛋白质合成,增加血管通透性,增加胶原张力。

（4）聚合作用:水分子聚合是将多个相同或相似的分子合成一个较大分子的过程。低聚物继续反应,使产物的分子随时间的延长逐渐增大,提高转化率。

（5）解聚作用:大分子解聚,是将大分子的化合物变成小分子的过程,是小分子扩散通过脂质双层膜能力的一种量度。

（6）消炎,修复细胞:超声波可使组织 pH 值向碱性发展,缓解炎症所致的局部酸中毒。超声波可影响血流量,抑制炎症反应。使白细胞移动,促进血管生成、胶原合成及成熟。促进损伤的修复和愈合过程,从而达到对受损细胞组织的清理、激活、修复作用。

【操作方法】

患者于治疗前排空大小便,取侧卧位,充分暴露臀部。开机后,电功率默认为 50W,初次接受治疗的患者可暂将电功率降到 30W,随后根据患者的承受情况逐渐增加。

【临床应用】

急慢性前列腺炎、前列腺钙化、会阴部胀痛、阳痿、早泄、勃起功能障碍、射精障碍等。

前列腺炎:患者于治疗前排空大小便,取侧卧位,充分暴露臀部。开机进入自检程序,连接相应附件,电功率调到 30W,将体外声电耦合片注入耦合剂后固定于中极穴或关元穴,两穴交替使用;将体内智能治疗头注入耦合剂后插入肛门约 7cm 处,治疗头的声头辐射面朝向前列腺部位。超声波采用双频双向声场消融技术,体内 1.2MHz、体外 600RHz。每日 1 次,每次 15 分钟,连续治疗 2 周。

【注意事项】

若体内治疗头的声窗吸液棉在插入体内前没有完全浸湿,吸液棉通过导液装置越来越湿润,随着电功率的增加,电脉冲对患者的刺激逐渐明显,甚至会有一个瞬间非常强烈,容易给患者造成恐惧。所以一定要在体内治疗头声窗吸液棉充分湿润后,再根据患者的耐受力,逐渐增加电功率。

第七章 中医超声治疗设备

一、超声电导仪

超声电导仪是一种以超声波为主要动力，实现无针注射、靶位透药的医疗设备，以低频超声物理能量进行生物致孔、压力驱动，将药物透过皮肤和生物膜推送到局部病灶，以达到治疗效果（图7-1）。

【仪器原理】

1. 理化原理　超声电导仪主要功能是体外透药，而不是物理治疗。通过现代物理手段（电致孔、超声空化等）在皮肤、组织和细胞膜之间形成一定深度和范围的"人工生物通道"，使药物沿人工通道直接进入病变的器官和组织，发挥治疗作用。

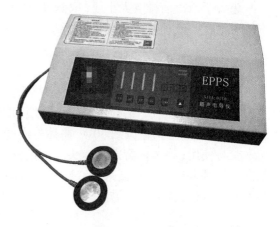

图 7-1　超声电导仪

2. 治疗原理　通过电脉冲致孔与超声、电脉冲导入，促进可透皮吸收的药物经皮肤透入人体，发挥作用。超声药物透入直接将药物送达病变组织，实现靶位治疗。药物不经过全身血液循环，减少了药物对正常组织及肝肾器官的损害。药物直接送达病变组织，无药物到达靶组织之前的损失（如药物在肝脏的首过效应和药物经血液循环在靶组织之外其他正常组织的无效分布），提高了药物的生物利用度，从而减少了药物用量（是全身用药量的1/5~1/3）。药物直接送达病变组织，同时超声促使药物向细胞内转运，实现了药物在病变组织的均匀性高浓度分布，提高了疗效。

【操作方法】

1. 选择距病变部位较近、局部相对平坦、活动度较小的部位作为治疗部位。
2. 治疗区域皮肤应清洁、干燥、完整、无皮损，清洁皮肤表面的汗液、油渍、污垢。
3. 应用设备配套耗材。两只电极贴片凸面分别装入两只圆凹内（扣正，牢固）。

4. 根据医嘱将相应药棉（排气或消肿）放入贴片圆凹内。

5. 将贴片连同治疗头牢固粘贴于治疗部位的皮肤上。

6. 用弹力绑带或配合其他方法将两只治疗头绑定。

7. 打开仪器后面的电源开关,电源开关以"1""0"表示通、断。

8. 打开电源开关后光标和显示屏显示的参数数值为常规参数,如需调整参数,按说明书中要求进行。

9. TD 型仪器按"开始 / 停止"键治疗开始,出现短暂提示音,时间数码开始倒计时。

10. 治疗结束时发出连续提示音,并自动停机,恢复至预置状态。治疗结束后取下治疗头,将贴片留置于治疗部位 30 分钟后去除（婴幼儿和皮肤过敏者不保留）。

【临床应用】

可用于疼痛、炎症、肿瘤、消化系统疾病、呼吸系统疾病、妇科疾病、男科疾病等的治疗。

1. 慢性疼痛　采用超声电导仪进行靶向给药治疗,选择疼痛最明显的部位,清洁皮肤后,贴已安装带药耦合凝胶片的贴片,连接并固定治疗头,电压 220V,有效超声输出功率 1.5W。根据患者的疼痛部位及耐受情况调整电流量,每日 1 次,每次 30 分钟,6 次为一个疗程。

2. 结核性胸膜炎　通过胸腔超声确定胸腔积液位置及胸膜厚度,定位后对局部皮肤清洁消毒,将专用的药物贴至定位处,连接治疗头,并用绷带固定。在电压 220V、有效超声输出功率 1.5W 的条件下进行治疗,每次 30 分钟,每日 1 次,15 日为一个疗程,治疗 4 个疗程。

3. 癌性疼痛　通过超声电导仪强力透皮给药,贴片置于与疼痛相关的穴位（胸部疼痛者贴于双侧肺俞,上腹部疼痛者贴于中脘、下脘,腰部疼痛者贴于双侧肾俞,下腹部疼痛者贴于气海、关元,上肢疼痛者贴于同侧曲池、合谷,下肢疼痛者贴于同侧足三里、三阴交,肩部疼痛者贴于肩井、肩髃）,以弹力绷带固定后开启仪器,根据患者的耐受情况、疼痛部位调节致孔脉冲、电导脉冲、超声 3 个项目的参数后开始治疗。治疗结束后将超声电导仪探头取下,贴片继续在穴位上保留 4 小时,持续发挥药物的自然渗透作用,以增强疗效。每日 1 次,每次 30 分钟,密切观察患者的局部及全身反应。

4. 便秘　清洁治疗部位,连接一次性电极片及治疗发射头,将贴片置入电极片的匹配凹槽内,将电极片按照选定的部位（紧贴降结肠处的皮肤表面）进行放置,设置仪器治疗致孔脉冲、电导脉冲及超导脉冲的各参数。治疗时间设置为 30 分钟,每日 1 次。

5. 急性胰腺炎疼痛　在腹部疼痛处使用超声电导仪导入止痛药,频率 4Hz,治疗时间 30 分钟。治疗结束后凝胶片继续留置 15~20 分钟,每日 2 次,7 日为一个疗程。

6. 肺结核　采用超声电导仪及由异烟肼、利福平为主要成分的超声电导凝胶贴片进行药物透入治疗。根据胸部 CT 定位和标记空洞部位,将含有药液的贴片连同两个治疗发射头分别固定于距离空洞最近的皮肤上,开启治疗,每次 30 分钟,每日 2 次。

7. 肛瘘术后疼痛　术后 6 小时开始采用超声电导仪经皮透入给药,应用注射器将长效止痛药加入止痛贴片内,每日 30 分钟,每日 1 次,3 日为一个疗程。

【注意事项】

1. 孕妇、0~6 个月的婴儿,以及心脏病、癌症、冠状动脉搭桥术后患者禁用。

2. 在操作过程中,电源线两极不能对接,在关机的情况下除外。

3. 严禁设备在无电极贴片及电极贴片上没有药的情况下直接用于治疗。

4. 治疗结束后,可将贴片留置于治疗部位 30 分钟后去除。

二、超声治疗仪

超声技术在治疗肢体软组织损伤、慢性疼痛康复、运动康复方面取得了非常好的疗效,并拓展用于治疗中医科、骨科、外科、内科、儿科、肿瘤科、男科、妇产科等疾病,超声治疗仪临床应用广泛,治疗效果满意(图 7-2)。

图 7-2　超声治疗仪

【仪器原理】

1. 机械效应　超声振动可引起细胞内物质运动,由于超声的细微按摩,使细胞质流动,细胞震荡、旋转、摩擦,从而产生细胞按摩作用,也称为"内按摩",这是超声波治疗所独有的特性,可以改变细胞膜的通透性,刺激细胞半透膜的弥散过程,促进新陈代谢、加速血液和淋巴循环,改善细胞缺血缺氧状态,改善组织营养,改变蛋白合成率,提高再生能力等。

2. 温热效应　人体组织对超声能量有较大的吸收能力,超声波在人体组织传播的过程中,其能量不断地被组织吸收而变成热量,致组织的自身温度升高,即内生热。超声的温热效应可加快血液循环,加速代谢,改善局部组织营养,增强酶活力。一般情况下,超声波的热作用以骨和结缔组织为显著,脂肪与血液最少。

3. 理化效应　超声的机械效应和温热效应均可促发若干物理化学变化。

(1)弥散作用:超声波可以提高生物膜的通透性,使钾、钙离子的通透性发生较强的改变,促进物质交换,改善组织营养。

(2)触变作用:超声波可使凝胶转化为溶胶状态,对肌肉、肌腱有软化作用。

(3)空化作用:产生的负声压超过液体的内聚力时,液体中出现细小的空腔,分为稳定空腔和暂时空腔。空腔周围产生局部的单向液体流动,即微流,可以改变细胞膜的通透性,改变膜两侧钾、钙等离子的分布,因而加速组织修复的过程,改变神经的电活动,缓解疼痛。

(4)聚合作用与解聚作用:分子聚合是将多个相同或相似的分子合成一个较大分子的过程。大分子解聚,是将大分子的化合物变成小分子的过程。

(5)消炎,修复细胞:超声波可使组织 pH 值向碱性发展,缓解炎症所致的局部酸中毒。超声波可影响血流量,抑制炎症反应。使白细胞移动,促进血管生成、胶原合成及成熟。促进损伤的修复和愈合过程。

【操作方法】

1. 固定法　对于小关节疼痛的患者,可将探头固定在疼痛部位进行治疗。其特点是操作简便,所用剂量较小($< 0.6W/cm^2$)。

2. 移动法　是将探头在疼痛的关节局部不断移动进行治疗的方法。移动法适用于较大范围的疼痛,使用剂量也较大。

此外,还有水下法、透声法等多种方法可供选用,但固定法和移动法是最常用的治疗方法。

【临床应用】

1. 适应证

(1)骨伤科疾病:急慢性软组织损伤、软组织慢性疼痛、颈椎病、腰椎间盘突出症、慢性腰肌劳损、风湿性关节炎、类风湿关节炎、慢性血肿、慢性膝关节疼痛等。

(2)呼吸系统疾病:上呼吸道感染、扁桃体炎、腮腺炎、支气管炎、肺炎、哮喘。

(3)儿科疾病:颌下淋巴结炎、腹膜后淋巴结炎、小儿腹泻、肾病、肾炎。

(4)男科疾病:前列腺炎、前列腺增生、尿道炎、性功能障碍。

(5)妇科疾病:盆腔炎、附件炎、子宫内膜炎、痛经、子宫内膜异位症、巧克力囊肿、妇科术后康复、产后康复、人工流产术后康复、产后乳腺导管不通、乳腺炎、乳腺增生、乳腺囊腺瘤,以及妇科肿瘤的辅助治疗。

(6)肿瘤科疾病:靶位局域性化疗、放疗增敏、癌性疼痛、肿瘤合并感染、白细胞减少症的预防和治疗、基因治疗和免疫治疗、胃肠功能恢复、介入辅助治疗。

2. 应用举例

(1)小儿遗尿:功率200W,频率40MHz,片状电极两块(A、B)。患儿仰卧,A极(3cm×3cm)放置于关元穴,B极(1cm×1cm)放置于三阴交穴。用湿棉球清洁皮肤,保持穴位周围的皮肤湿润。超声波穴位治疗虽无热量或微热量,但有酸麻胀痛的感觉,故在操作中要不断询问患儿有无不适。调频由低缓慢向高,至患儿能耐受为度。在整个治疗过程中,由于患儿的敏感性会随时间延长而降低,故要根据情况不断调整频率。操作尽量做到动作轻柔、选穴准确。每日1次,每次20分钟,12日为一个疗程。

(2)第三腰椎横突综合征:超声波频率0.8MHz,输出模式为连续正弦波＋脉冲波。治疗能量分4档:Ⅰ档输出功率$0.30W/cm^2$,Ⅱ档输出功率$0.70W/cm^2$,Ⅲ档输出功率$1.00W/cm^2$,Ⅳ档输出功率$1.40W/cm^2$。小治疗枪治疗深度可达20~30mm,大治疗枪治疗深度可达50~70mm。患者取俯卧位,治疗头对准第三腰椎突部位(压痛点),治疗头平面的垂直方向与腰背部平面约成75°角来回移动。患者出现热、酸胀或疼痛感即固定治疗1分钟。患者不能忍受则移动治疗5分钟。每日1次,连续治疗10日为一个疗程,疗程间休息2日。

(3)颈部淋巴结结核:常规应用抗结核药物的同时采用超声治疗仪定向靶位透药治疗。清洁患处,将含有异烟肼和硫酸阿米卡星混合液的导电凝胶贴片敷贴患处,通过超声治疗仪将药物导入肿大的淋巴结内,每次治疗时间40分钟,28日为一个疗程。

(4)儿童肾病综合征:使用儿童专用超声治疗仪,选择一侧电路(A路或B路),以第11、12肋间隙为中心,对直径5cm范围内的皮肤用酒精消毒,贴超声药物贴,再将超声治疗仪和超声药物贴通过线路连接,打开超声治疗仪电源开关,选择治疗模式,调节时间,每次 25 分钟,每日 1 次,7 日为一个疗程。

【注意事项】

1. 由于超声波具有方向性强、能量集中、穿透力强的特点,尽可能做到对症调理,找准痛点和病变处,以达到最佳效果。

2. 由于超声波波束集中,能够进入人体深层细胞组织,用于中医穴位治疗效果更好。

3. 个体对超声波的适应能力和耐受力不同,治疗时皮肤有温热感和轻微针刺感属正常反应,如果感到皮肤灼热不能忍受,则降低治疗档位或暂停治疗。

4. 超声波调理必须有足够的导声膏涂抹在皮肤表层,以便于超声导入人体,同时治疗头要完全接触皮肤才能保证超声波的正常传导。导声膏过少或探头与皮肤接触不良,超声波难以传导入人体,探头易发烫伤;更不可用其他物品代替。

5. 超声探头必须围绕"调理部位"做往复式移动,不能固定或停留在某一部位。

三、超声脉冲电导治疗仪

超声脉冲电导治疗是一种利用超声波脉冲信号治疗组织内部疾病的方法,其主要使用中频超声脉冲信号,通过调制的交变脉冲电流作用于人体皮肤,使皮肤角质层的结构发生改变,可以有效地去除皮肤的极化现象及对药物吸收的时滞现象,提高了药物的透皮速率。此外,该技术可增加分子渗透性,起效快,效率高,且可以脉冲方式给药,适用于大分子药物的体内传递(图 7-3)。

【仪器原理】

1. 超声导入　超声导入是利用超声波为动力促使药物透过完整皮肤的一种物理促渗方法。超声波的机械效应、温热效应和空化效应能够使皮肤的角质层通透性增加,有利于药物透入体内。

2. 电致孔　电致孔是用瞬时高电压脉冲在皮肤角质层的质脂双层打出暂时的可逆性水性生物孔道,这些通道为药物的导入提供了途径,使药物能直接穿过角质层被毛细血管吸收。

图 7-3　超声脉冲电导治疗仪

3. 中频　采用不同波形、频率、波幅及占空比等多参数的复合波形,并经过调制的交变脉冲电流作用于人体皮肤,使皮肤角质层的结构发生改变,可以有效地去除皮肤的极化现象及对药物吸收的时滞现象,提高了药物的透皮速率。

4. 干扰电　采用两组电流通过 4 个电极交叉输入人体,治疗作用较深;4 个电极的两组电流在人体内部交叉干扰所形成的"内生"低频调制中频电流可以同时发挥低频电与中频电的治疗作用。其镇痛作用明显和持久,在体内形成的低频干扰内生电流可以抑制感觉神经,同时促使毛细血管和动脉扩张,局部血液循环的改变有利于炎症渗出液、水肿的吸收。干扰电的突出特点是镇痛作用比较明显和持久。

5. 低频电　医学上把频率1 000Hz以下的脉冲电称作低频电。低频电疗法是运用刺激电流使机体产生神经反应,具有镇痛、促进局部血液循环、锻炼骨骼肌和平滑肌、止痒、软化瘢痕和松解粘连的作用。

【操作方法】

1. 洗手、戴口罩,评估主要临床表现、既往史、治疗部位皮肤情况、对疼痛的耐受程度及心理状况等。

2. 患者取合适体位,暴露治疗部位,注意保暖。清洁治疗部位皮肤。

3. 接通电源,开机,连接电极片与导联线。

4. 根据医嘱正确选择治疗方法,按"输出"键,再按"强度"键逐步增大治疗强度。

5. 观察患者情况及仪器运作情况,发现异常及时处理。

6. 操作完毕取下电极贴片,关闭电源;协助患者穿衣,取舒适卧位,并妥善处理治疗仪及电极贴片。

7. 记录治疗结果并签字。

【临床应用】

1. 适应证

(1)儿科:上呼吸道感染、急性扁桃体炎、颌下淋巴结炎、腮腺炎、支气管炎、肺炎、哮喘、反复呼吸道感染、腹泻、腹膜后淋巴结炎、肾病、肾炎、风湿病、厌食症、肥胖症、遗尿症等。

(2)骨伤科:椎间盘突出、颈椎病、肩周炎、慢性骨髓炎、强直性脊柱炎、股骨头坏死、关节炎、急性闭合性软组织损伤、慢性软组织损伤、脊柱术后康复等。

(3)妇产科:盆腔炎、附件炎、子宫内膜炎、子宫内膜异位症、卵巢囊肿、炎性不孕、产后尿潴留等。

(4)内科:呼吸道感染、慢性结肠炎、胃肠疾病、肾炎、肾病、风湿病、高血压、糖尿病等。

(5)外科:乳腺疾病、胆囊炎、急慢性阑尾炎、脉管炎等。

(6)泌尿科:急慢性前列腺炎、精囊炎、前列腺增生。

(7)传染科:病毒性肝炎、难治性结核。

2. 应用举例

(1)小儿病毒性肠炎:采用超声脉冲电导治疗仪经皮给药,药贴贴敷在神阙、关元、命门及大肠俞。强度:致孔1~2档、中频1~2档、超声2~3档,时间15分钟。治疗结束将药贴固定于神阙、关元、大肠俞等穴位上约5小时后取下,同时服用助消化药物。

(2)婴幼儿腹泻:在常规治疗的基础上加用超声脉冲电导治疗仪及配套的腹泻专用中药贴片。将分别放有中药贴片的2个电极粘贴固定于神阙穴及关元穴,根据患儿年龄选择强度5~7级,温度38~40℃,治疗时间25~30分钟。治疗后贴片留于穴位6小时,每日1次,3日为一个疗程。

（3）慢性胃炎：采用中药药贴经皮给药法，经超声脉冲电导经皮给药，药贴贴在中脘穴、上脘穴，强度：致孔 5 档，中频 5~7 档，超声 5~7 档，时间 30 分钟。治疗结束将药贴固定在中脘穴、上脘穴约 5 小时后，同时服用抑酸药物。

（4）急性缺血性脑卒中偏瘫患者康复治疗：用清水或 0.9% 氯化钠注射液清洁治疗部位皮肤，将内芯含有药物的电极贴片取出，放置在泡棉止水圈内，粘贴于患肢的阿是穴或肌腱附着点，再将贴片背部与治疗仪超声输出电极连接，将理疗电极耦合片取出，与干扰电 / 低频输出电极相连，再在患侧上下肢固定输出电极，形成一个回路。同时，打开电源，按下选择键，根据患者的耐受情况，确定强度范围，每次 40 分钟。结束治疗将治疗头去除，留置电极片 30 分钟以自然渗透。

（5）老年膝关节炎：将含药超声专用电极贴片贴在髌骨左右或上下两侧，超声治疗电极置于贴片上面，用绑带加压固定，刺激强度范围根据患者情况进行调整；电致孔强度范围 3~4，超声频率 20kHz。每日 1 次，每次 20 分钟，7~14 次为一个疗程。

【注意事项】

1. 本仪器输出电极能量盘的温度有可能超过 45℃，儿童和老人使用时需有人陪同照顾，避免烫伤。

2. 严禁在通电情况下插拔治疗头及各连接件。

3. 具备强磁场的设备可能会影响本仪器正常工作，需尽量远离。

4. 治疗时如出现报警、显示异常，应立即停止使用。

5. 个别患者会出现皮肤过敏现象，更换治疗部位或停止治疗后即可消失，也可外涂抗过敏药膏治疗。

6. 严禁将治疗电极用于心前区，以免发生意外。

7. 活动性肺结核、严重支气管扩张、脑血管病非稳定期或血压过高（＞ 200/100mmHg）、严重脑水肿、颅内高压、化脓性炎症、恶性肿瘤、植入心脏起搏器者及孕妇禁用。

第八章 中医磁疗设备

一、磁振热治疗仪

磁振热治疗仪是将磁疗、温热治疗与微振动治疗结合在一起的综合性治疗仪。它融入了磁疗原理和现代针灸，可以仿生出一种稳定、符合人体的电磁环境，并借助于磁、振、热三种物理因子，作用于皮肤对疾病进行治疗，以起到祛肿、镇痛、消炎、解除疲劳和肌肉酸痛的作用。由于本设备具有产热快、磁场范围大、振动效果好、能明确控制磁热振子治疗温度和时间的特点，已逐渐应用于慢性软组织损伤和颈肩腰腿痛等疾病的辅助治疗中（图8-1）。

图 8-1　磁振热治疗仪

【仪器原理】

1. 理化原理

（1）交变磁场原理：磁振热治疗仪利用交变电流产生交变磁场，电场和磁场之间存在着紧密的联系，可改善人体的血流速度，增强细胞膜通透性。

（2）生物磁振原理：磁振热治疗仪具有磁场兼振动按摩的双重作用，而且磁场强度远远高于普通磁疗产品，利用生物磁振产生特有的非机械振动，能有效改善局部血液循环和组织营养状况。同时，特有的振动可伴有舒适的按摩感，使患者舒适地接受治疗。

（3）温热原理：治疗振子在振动下产生温热感，可渗透到皮下组织深处，使其治疗效果持久。另外，温热能起到热疗效果，进一步改善局部组织血液循环，振动和温热作用也可增强交变磁场的渗透深度而使其治疗效果更明显。

2. 治疗原理　一般认为，磁振热治疗仪能起到消肿、镇痛、解除疲劳和缓解肌肉酸痛的作用。

（1）祛肿消炎：磁振热治疗仪作用于人体深层受损组织，可改善细胞膜通透性，加速血液流动，有助于消除肿胀，可有效减轻神经根无菌性炎症反应，改变其周围血液供应，加速组织修复，促进营养吸收。

（2）镇痛：生物磁振产生特有的非机械振动，能有效改善局部血液循环和组织营养状况，加快组织愈合，降低肌肉紧张度，从而达到止痛的作用。另外，理疗仪还能降低神经末梢兴奋性、终止感觉神经传导，提高痛阈，使镇痛效果增加。

（3）缓解疲劳：磁振动可产生热疗作用，加速血液循环，加快代谢，改善局部组织营养状况，增强酶活力，从而达到缓解疲劳的作用。

【操作方法】

1. 连接电源线，连接治疗垫。

2. 接通电源开关，时间显示 30 分钟。如果数码显示不正常，可关闭电源，稍等片刻重新启动操作。

3. 根据患者病情，选择治疗垫和治疗模式，治疗垫以痛点为中心摆放，需要时用绑带固定，可以隔着薄衣服治疗。温度以患者舒适能耐受为度，一般为 40~52℃，时间约 30 分钟。

4. 调节时间，一般为 30 分钟。

5. 按"启动"键 10 秒钟后，输出指示灯亮，设备开始工作。

6. 调节温度调节按钮，以患者感觉舒适且能耐受为度。

7. 治疗结束，治疗仪自动复位到初始状态，并有蜂鸣报警。

8. 取下治疗垫，放置于预定地方，关闭电源，治疗结束。

一般，疾病急性期用Ⅰ档，每日 2 次，每次 15 分钟，10 日为一个疗程，；亚急性或慢性期用Ⅱ档和Ⅲ档，每日 1 次，每次 20 分钟，20~30 日为一个疗程。另外，将振子袋置于足底，睡前使用 20 分钟，可起到类似"足疗"的效果，安神助睡，改善失眠症状。

【临床应用】

适用于颈椎病、腰椎间盘突出症、软组织损伤、骨关节病、神经痛等，亦可用于常见的内科疾病（如慢性胃炎、功能性胃肠疾病、慢性腹泻、脑出血、脑梗死恢复期、支气管肺炎、慢性支气管炎、痛经、慢性盆腔炎、耳聋耳鸣、牙痛等）、儿科疾病（如遗尿）等。

1. 颈椎病　患者取俯卧位，选择大小合适的治疗垫，将磁振热治疗仪的治疗垫置于患者的颈肩部，以痛点为中心摆放，电极片超过疼痛部位 3~5cm，电极紧贴皮肤，消除空气间隙，设置磁感强度为 120~620Gs；调节温度于 40~52℃，由低到高，以患者感觉舒适为度。根据患者情况选择治疗模式，急性期选用Ⅰ档，每日 2 次，每次 15 分钟，10 日为一个疗程；亚急性或慢性期用Ⅱ档或Ⅲ档，每日 1 次，每次 20 分钟，20~30 日为一个疗程。

2. 慢性支气管炎　患者取俯卧位或仰卧位，选择大小合适的治疗垫，将磁振热治疗仪的治疗垫置于患者的胸部或背部，选取相应穴位为治疗中心点（如背部的肺俞穴、胸部的中府穴等），电极片摆放超过所选腧穴敏化区域 3~5cm，治疗垫紧贴皮肤，设置磁感强度为 120~620Gs；调节温度于 40~55℃，由低到高，以患者感觉舒适为度。治疗模式选用Ⅱ档或Ⅲ档，每日 2 次，每次 20 分钟，10 日为一个疗程。病程较长的患者疗程结束后休息 10 日继续下一个疗程。

3. 腹泻　患者取仰卧位，取 40cm×30cm 大小的两片治疗垫，置于患者腹部，以神阙穴为中心治疗点上下对置，设置磁感强度为 120~620Gs；调节温度于 40~55℃，由低到高，以患者感觉舒适为度。急性期用 Ⅰ 档即可，每日 2 次，每次 15 分钟，10 日为一个疗程；亚急性或慢性期用 Ⅱ 档或 Ⅲ 档，每日 1 次，每次 20 分钟。对迁延性腹泻，第一个疗程结束后休息 10 日继续下一个疗程。

4. 神经痛　患者根据疼痛部位选取合适体位，依据疼痛区域大小选取大小合适的治疗垫，将治疗垫置于疼痛部位，设置磁感强度为 120~620Gs；调节温度于 40~55℃，由低到高，以患者感觉舒适为度。急性期用 Ⅰ 档，每日 2 次，每次 15 分钟；亚急性或慢性期用 Ⅱ 档或 Ⅲ 档，每日 1 次，每次 20 分钟。20~30 日为一个疗程。顽固性神经痛者在第一个疗程结束后休息 10 日继续下一个疗程。

【注意事项】

1. 仪器开始工作后，无法调节治疗时间和模式。

2. 患者第一次使用时应选择低温治疗，待适应后再调高温度。

3. 治疗过程中禁止拔下治疗垫插头。

4. 大块纤维环、软骨板脱落者慎用；急性或慢性软组织损伤、有结核和感染病灶、有出血倾向、严重心肺及肾脏疾病、高热、肿瘤、围手术期、有金属内固定物者及孕妇禁用。

二、特定电磁波治疗仪

特定电磁波治疗仪又称 TDP 神灯治疗仪（台式），具有发热均匀、照射舒适、照射面积大、宽频等特点。特定电磁波治疗仪的治疗板是根据人体必需的几十种微量元素，通过科学配方涂制而成，在红外线热辐射作用下，产生具备各元素特征信息的振荡信号（图 8-2）。

【仪器原理】

1. 理化原理　磁与电有着密切的联系。交变电场的周围必定有交变磁场存在，反之，动磁场的周围也必定有电场存在，即电生磁、磁生电。磁场可分为恒磁场、动磁场、脉冲磁场及交变磁场等。无论何种磁场都能对机体产生影响。当磁场作用于人体时，可使人体内产生微电流，因为人体中含有 K^+、Na^+、Ca^{2+}、Mg^{2+} 等多种无机盐和离子，而血管和淋巴管中的液体可看作流动的导体。

2. 工作原理　特定电磁波治疗仪的红外线热辐射能有效疏通被阻塞或阻滞的微循环通道，促使机体对深部瘀血块和积液（水分子）的吸收。各种元素的振荡信息，随红外线进入机体的同时，与相同元素产生共振，使机体中各种元素的活性被激活，

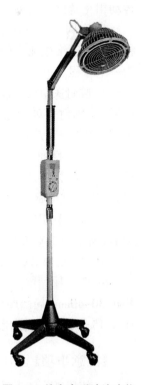

图 8-2　特定电磁波治疗仪

元素所在的原子团、分子团和体内各种酶的活性得到提高,增强机体对缺乏元素的吸收,提高自身免疫力和抗病能力。

【操作方法】

1. 接通电源后电源指示灯亮,治疗仪处于通电待机状态。控制面板有温度、时间、电源的提示灯,以及开关键、温度设置键、时间键。按"开/关"键,治疗仪开始工作,并显示治疗的时间和温度,开机默认时间为60分钟,默认温度为高档。治疗过程中可调节时间和温度,按"时间"键,可设置30分钟/60分钟/90分钟三个时间段,按一下"时间"键,转为其他时间。按"温度"键,设置治疗头的工作状态(高档、低档)。按"高低"键,转为低档。

2. 根据需要按压支臂的两个关节,调节治疗器辐射头的位置。

3. 裸露患处或相关的穴位,对准治疗器辐射头。

4. 根据需要将治疗器辐射板与患者的距离调整到30~40cm;诊疗时间每次20~60分钟。

5. 治疗完毕先关闭电源开关,再拔掉电源线。

【临床应用】

可用于治疗颈肩部、腰背部和四肢的慢性软组织损伤性疼痛,以及周围性面瘫、产后尿潴留等疾病的辅助治疗。

1. 颈椎病　患者取俯卧位或坐位,暴露颈部病变部位。特定电磁波治疗仪预热10分钟后,将辐射头对准裸露患处或相关的穴位,治疗器辐射板与患者的距离调整到30~40cm,每次30分钟,10次为一个疗程。患处组织吸收电磁波的能量后,引起离子和水分子振荡,分子运动相互摩擦产生热能,作用于深层组织,有明显的扩张血管、改善循环、消炎和止痛作用。

2. 肩周炎　患者取俯卧位或坐位,暴露患侧肩膀。特定电磁波治疗仪预热10分钟后,将辐射头对准患侧肩膀,治疗器辐射板与患者的距离调整到30~40cm,每次30分钟,15次为一个疗程。可以根据治疗效果调整周期,也可配合针灸或推拿治疗。

3. 膝骨关节炎　患者取仰卧位或坐位,暴露患侧膝关节。特定电磁波治疗仪预热10分钟后,将辐射头对准患侧膝关节,治疗器辐射板与患者的距离调整到30~40cm,每次30分钟,15次为一个疗程。可以根据治疗效果调整周期。

4. 周围性面瘫　患者取仰卧位或坐位,暴露患侧面部。特定电磁波治疗仪预热10分钟后,将辐射头对准患侧面部,治疗器辐射板与患者的距离调整到30~40cm,并用棉花遮挡眼睛,避免被电磁波灼伤。20次为一个疗程,多辅助针刺治疗。

5. 腰部软组织损伤　根据损伤部位取俯卧位或侧卧位。特定电磁波治疗仪预热10分钟后,将辐射头对准患处,治疗器辐射板与患者的距离调整到30~40cm,可根据患者的耐受度调节,每次30分钟,20次为一个疗程。多辅助针刺、推拿治疗。

6. 产后尿潴留　患者取仰卧位,采用TQ-2型特定电磁波治疗仪。照射头对准下腹部,相距30~40cm,局部照射15~20分钟,然后治疗者用右手拇指垂直下压气海穴,先轻后重按压5~15分钟,至患者出现下腹发胀并有尿意止。

【注意事项】

1. 使用特定电磁波治疗仪前必须检查机械部分,确定支臂能长时间支撑辐射头。

2. 皮肤感觉迟钝的患者和儿童要小心使用或在监护人的看管下使用。

3. 长时间不使用治疗仪时,务必切断电源。

三、和合治疗仪

和合治疗仪不同于目前临床普遍使用的以声、光、电、磁等为基础的治疗仪,是以中国古代文化中的"六十四位和合数表"为依据衍生出来的一种特定物理结构而形成的物理场来治疗疾病的设备。近年来,全国多家医院使用该仪器,用于治疗运动损伤、骨与关节疾病及断肢再植术后消肿等(图 8-3)。

【仪器原理】

1. 作用原理

(1)和合能量场:按伏羲六十四卦方位图排出的六十四位和合数表具有多方向、多范围、多层次的对称合理性,而这种有序排列形成了一种特定的物理场,产生能量聚集效应,与金字塔效应类似,对人体有明显的作用。

(2)场协同:和合能量场是 64 个高低不一、强弱不一、深浅不一的复合能量作用点,形成一个非常复杂的立体结构能量场。其各部分能量有序聚合,并在聚合中叠加、共振、放大、强化,形成物理学中典型的"场协同"作用,比其他物理因子更有效地作用于人体内部。

图 8-3　和合治疗仪

2. 治疗原理　一般认为,和合治疗仪具有促进新陈代谢、引导气血运行、扶正祛邪等作用。

(1)促进新陈代谢:经实验证实,和合治疗仪可以提高血红蛋白携氧能力,从而达到促进新陈代谢的作用。

(2)引导气血运行、扶正祛邪:使血流加快,氧含量增加,细胞代谢加快,免疫功能强化,从而使血液中吞噬细胞的作用增强,代谢产物和细菌毒素排泄加快,达到治疗疾病的作用。

(3)其他作用:排毒养颜,固本培元,滋阴壮阳,恢复精力,提高体操、太极拳等锻炼的功效,缓解亚健康状态的多种不适症状。

【操作方法】

1. 接通电源(220V),打开背面的电源开关(正面会有绿色灯显示)。

2. 设定照射温度(低/中/高档)、时间(20/40/60 分钟),调整照射头的位置(先松固定螺丝,再转动照射头以调整位置,最后锁紧螺丝)。

3. 将照射头对准患病部位或相关部位(穴位)即可,治疗时不必脱衣或去除包扎物,体内有金属植入物(如心脏起搏器、支架)也可以使用。根据治疗温度确定照射距离,距治疗部位 15~20cm 即可（体感温度适宜）。不加热治疗可将照射头贴近患处，每个部位每日照射 1~3 次，每次 30 分钟以上。

如果没有不适反应，可增加每日照射次数和每次照射时间，对多个相关部位照射起效更快。用于休息时治疗保健，将照射头对准相应部位即可。如果选择加热，需设定时间及强度，到时自动停止加热。

【临床应用】

适用于急性损伤、软组织扭挫伤恢复期、闭合性软组织损伤、颈椎病、腰椎间盘突出症、膝骨关节炎、风湿性关节炎、类风湿关节炎、慢性腹泻、功能性消化不良、炎性肠病、产后恢复、慢性盆腔炎、功能失调性子宫出血等，还可以用于肌肉劳损、亚健康状态的日常调理等。

1. 神经根型颈椎病　患者取俯卧位，连接和合治疗仪电源，将治疗仪的照射头对准患者颈部，距离治疗部位约 20cm，一般温度选择中档或高档，时间 40 分钟，也可根据患者的耐受情况调节距离和温度。每日 1~2 次，7 日为一个疗程。

2. 膝骨关节炎　患者取仰卧位或坐位，连接和合治疗仪电源，将治疗仪的照射头置于膝关节上方，距离治疗部位 20~30cm，设定照射温度为中档，时间 40 分钟，每日 1 次，20 日为一个疗程。

3. 风湿性关节炎　风湿性关节炎的临床表现主要为全身大小关节的肿胀、疼痛、活动障碍，治疗仪可激发人体正气，提高白细胞的聚集和黏附作用，促进炎症因子的吸收，有效改善红肿疼痛等症状。患者取仰卧位或坐位，连接和合治疗仪电源，将治疗仪的照射头置于治疗部位上方，距离 20~30cm，设定照射温度为中档，时间 40 分钟，每日 1 次，20 日为一个疗程。

4. 功能性消化不良　功能性消化不良主要与胃肠动力障碍、胃底舒张功能下降有关。治疗时以神阙穴为中心进行穴位照射，增强胃肠动力。照射头距离腹部约 30cm，依据患者耐受程度确定照射温度，时间 40 分钟。每日 2~3 次，可饭后进行，14 日为一个疗程。

5. 亚健康调理　和合治疗仪可调和气血、扶正祛邪，针对亚健康人群可能出现的疲劳、睡眠紊乱、记忆力下降等症状具有良好的调节作用。睡眠紊乱者，以百会、四神聪为主对头部区域进行照射，距离 30cm，依据患者耐受程度确定照射温度，时间 40 分钟。每日 1 次，7 日为一个疗程。若患者辨证属阴虚火旺，应减小照射温度，防止加重病情。

【注意事项】

1. 通电加热治疗时，照射头上不能有覆盖物，防止意外。调整与治疗部位的照射距离，以防灼伤皮肤。

2. 加热高温辅助治疗时，一个部位每次照射时间不宜过长（一般不超过 60 分钟）。

3. 加热时不要近距离直接照射眼睛，照射面部时需闭眼。

4. 在治疗中如果身体有较强反应，可将治疗仪照射头适当远离患处，或调节强度，或关闭电源片刻再继续使用。

5. 治疗疑难病、慢性病时，应每日多部位、多次数照射，并多饮水。

四、骨创伤治疗仪

骨创伤治疗仪具有显著的消炎、消肿效果,并能促进骨痂生成,加速骨折愈合。临床已用于股骨、胫腓骨、股骨颈、髌骨、尺骨、桡骨等骨折创伤的治疗,也用于骨折迟延愈合、骨不连、骨质疏松症等的治疗(图8-4)。

图8-4 骨创伤治疗仪

【仪器原理】

1. 理化原理 仪器根据合理数据,设计出调频、调幅脉冲电流,通过特制的耦合器产生合理的脉冲电磁场。电磁耦合器由两个机械旋转连接的电磁耦合盘组成,张角可调,可形成深度和宽度不同的聚焦磁场区域,作用于骨创伤处。磁力线穿透皮下软组织和骨骼,通过电磁场产生的一系列磁生物效应,实现对骨创伤的治疗。

2. 治疗原理

(1)脉冲电磁场在人体内产生感应电流,能改变细胞膜电位,增强组织通透性,促进水肿吸收,降低血液黏度,抑制纤维化过程,使创口硬结不易形成,促进手术切口愈合。能影响炎症介质的活性,降低神经末梢反应性,有镇痛作用。

(2)激活骨细胞内的各种酶系统,由其激活骨和软骨细胞,增加细胞的新陈代谢,促进骨痂生成,加速骨愈合。

(3)影响钙、磷产生,使钙离子和自由磷显著增加,加速纤维软骨钙化,对骨不连的治疗起重要作用。

(4)改善血液循环,修复损伤的微血管,使生理性关闭的微血管开放,改善骨膜供血,促进骨膜细胞向成骨细胞转化而加速骨痂生成,促进骨愈合。

【操作方法】

开启仪器右侧的电源开关,显示屏默认时间为60分钟,可以在0~99分钟范围内调节,频率及强度均默认为1档,共8档,1档最低,8档最高。按"上/下"键选择工作方式。

1. 调频方式:治疗过程中治疗频率按每分钟1次的规律变化。

2. 调幅方式:治疗过程中治疗强度按每分钟1次的规律变化。

3. 磁场方式

(1)顺磁式:两耦合盘相对面为不同磁极性,磁力线顺向。

(2)聚磁式:两耦合盘相对面为同一磁极性,磁力线逆向。

选择接近骨折的部位使用耦合器。用于治疗骨折不愈合和骨不连等骨骼疾病时,耦合器连接轴应与患肢骨长轴平行放置,张角的选择应使治疗部位处于磁场中心,辐射区(耦合盘内侧)适当加紧,可以获得更佳效果。治疗肿胀疼痛和短骨骨折时,选择磁场方式为聚磁,频率选择 6~7,强度选择 6~8,若患者感不适应,可将频率和强度适当降低。促进骨折愈合时,选择磁场方式为顺磁,频率选择 4~6,强度选择 5~8;对有内固定的患者,磁场强度选择 1,频率选择 4~6,不宜过高。一般选择较高频率时,应选择较低的磁场强度,反之亦然,多数治疗方案选择中档位(4~6),治疗中枢神经系统疾病时宜采用频率 1~3、磁场强度 5~8。

【临床应用】

1. 适应证

(1)骨折创伤后的消肿、消炎、镇痛。

(2)促进骨愈合。

(3)骨性关节炎、软组织损伤、肩周炎、坐骨神经痛等治疗。

2. 应用举例

(1)膝关节滑膜炎:接通电源,连接导线,打开开关,将两对磁耦合盘在膝关节周围对置,形成一个方向不同的磁治疗场,频率、磁场强度都为 4 档,每次治疗 1 小时,每日 1 次,10 日为一个疗程。

(2)促进骨痂塑形:接通电源,连接导线,打开开关,将骨创伤治疗仪 2 个电极分别贴于骨折两端,并与骨小梁方向一致,根据患者年龄调节强度,一般选择中档位,治疗时间一般为 40~60 分钟,每日 1 次,2 周为一个疗程。

(3)骨折:接通电源,连接导线,打开开关,根据患者实际情况调整仪器参数,一般频率和磁场强度选择中档位,打开治疗盘将其放于患处,使用弹力带固定,确保治疗区域被磁场覆盖。且放置治疗盘应轴向垂直于患肢长骨,使感应电流沿骨轴方向流动,确保达到最好治疗作用。每次 60 分钟,每日 1 次,持续治疗 2 周。

(4)肩周炎:接通电源,连接导线,打开开关,采用旋转干扰电疗法,将 4 块 5cm×5cm 的块状电极片贴于患侧肩部周围,一对电极置于肩关节上方和上臂外侧,另一对电极置于肩关节的前面和后面。差频选择 50~100Hz,电流强度以患者能够耐受为度,每日 2 次,每次 30 分钟,10 日为一个疗程。

【注意事项】

1. 治疗区域内有创伤出血或出血倾向者慎用。

2. 心脏病患者慎用于心脏附近区域。

3. 治疗区域内有肿瘤者慎用。

4. 植入心脏起搏器者禁用。

5. 远离对磁场敏感的物品和仪器设备。

五、电脑骨伤治疗仪

电脑骨伤治疗仪采用国际先进的超低频电子脉冲技术,应用微电脑模拟人体正常生理状态下神经生物波作为治疗信息,通过两组电极交叉作用于人体患处,交叉部产生动态生物电场,在生物电场的作用下沿骨轴方向产生内生电流,激活骨和软骨细胞,增加细胞的代谢,促进骨痂形成,加速骨折愈合。同时,动态生物电场通过综合震荡效果,稀释疼痛及炎症因子,促进渗出物的吸收,达到镇痛、消肿、消炎的效果,具有重要的临床意义(图8-5)。

图8-5 电脑骨伤治疗仪

【仪器原理】

1. 工作原理

(1)电疗工作原理:由微机控制的数字电路,通过输入不同的数据,产生不同的波形,经放大、检波,得到骨伤治疗仪所需要的波形,再通过两组导电粘胶皮肤电极片交叉作用于人体的骨创伤部位,在交叉部位产生动态生物电场,通过综合振荡效果,稀释炎症因子,达到镇痛、消肿、促进骨痂形成的效果。

(2)磁疗工作原理:由微机控制的数字电路,通过大功率电容的充放电,产生低频交变脉冲电流,再通过磁疗头线圈的耦合作用,产生脉冲磁场,由改变电流的方向改变磁场的极性,经磁疗头作用于人体的骨创伤部位,磁力线穿过骨创伤部位,产生内生电流,从而刺激骨细胞的趋化和增殖,促进骨折愈合。

2. 治疗原理

(1)电疗:采用先进的超低频电子脉冲技术,模拟人体正常生理状态下神经生物波作为治疗信息,两组电极交叉作用于人体患处,交叉部产生动态生物电场,在生物电场的作用下沿骨轴方向产生内生电流,内生电流激活骨和软骨细胞,增加细胞的代谢,促进骨痂形成,加速骨折愈合。动态生物电场通过综合震荡效果,稀释疼痛及炎症因子,促进渗出物的吸收,达到镇痛、消肿、消炎的效果。

(2)磁疗:通过磁耦合器产生的脉冲磁场作用于治疗部位,磁力线作用于骨骼,产生内生电流,从而刺激骨细胞的趋化和增殖,促进骨折愈合。

【操作方法】

1. 磁疗部分

(1)调节磁疗模式转换键,M1为聚焦模式,主要用于治疗四肢骨折,促进愈合;M2为顺磁模式,主要用于治疗关节损伤、肢体肿胀、伤口炎症及疼痛。

(2)将磁疗头打开放置于患处,可以不接触皮肤。

(3)调节磁疗时间升降键,将时间调至所需数值。

(4)按磁疗"启动/复位"键,此时磁疗"启动/复位"指示灯亮。

(5)按"升/降"键调节磁疗强度、频率,调至合适数值。

(6)治疗完毕,仪器自动复位至初始状态,并有蜂鸣报警。

(7)取回磁疗头,关闭电源,治疗结束。

2. 电疗部分

(1)调节电疗模式转换键,F1为骨折治疗模式,F2为消肿镇痛治疗模式,F3为脊柱损伤、颈腰椎损伤治疗模式。

（2）将电疗治疗电极贴至患处。

（3）调节电疗时间升降键，将时间调至所需数值。

（4）按电疗"启动／复位"键，此时电疗"启动／复位"指示灯亮。

（5）按"升／降"键调节电疗强度、频率，调至合适数值。

（6）治疗完毕，仪器自动复位至初始状态，并有蜂鸣报警。

（7）按下电疗"启动／复位"键蜂鸣声停止。

（8）取回电疗贴片，关闭电源，治疗结束。

【临床应用】

1. 适应证

（1）骨折创伤后的镇痛、消肿、消炎。

（2）缩短骨痂生成时间，有效促进骨折愈合。

（3）改善缺血性股骨头坏死的临床症状。

（4）运动扭伤、急慢性软组织损伤。

（5）骨性关节炎、风湿性关节炎、水肿。

（6）颈椎病、腰椎病、网球肘、肩周炎等。

2. 应用举例

（1）老年股骨粗隆间骨折：采用电脑骨伤治疗仪辅助治疗。连接电源线，将磁耦合器插入后面板的插口，开启电源开关，将工作方式调整为 M1 聚焦模式，频率调节为 3~7Hz，电磁场调节为 4~8mT，时间 45~60 分钟。置于切口部位按下启动键，每日 2 次，20 次为一个疗程。

（2）软组织损伤：打开磁疗头放置于患处，可以不接触皮肤。开启电源开关，将工作方式调整为 M2 顺磁模式，频率调节为 10Hz，电磁场调节为 10~12mT，时间 30 分钟，每日 1 次，持续治疗 1 周。

（3）骨折后炎症期：将电疗治疗电极贴于患处附近，开启电源开关，将工作方式调整为 F2 消肿镇痛治疗模式，调节时间为 30~45 分钟，电疗强度从小到大，以患者能耐受为度，时间 30 分钟，每日 1 次。治疗周期因人而异，至骨折部位红肿疼痛完全渐退。

（4）缩短骨痂生成时间：将电疗治疗电极贴于患处，开启电源开关，将工作方式调整为 F1 骨折治疗模式，频率调节为 15Hz，电磁场调节为 12~15mT，时间 60 分钟，每日 1 次，10 次为一个疗程。

（5）颈椎病、腰椎病：电疗治疗电极片贴至穴位处，如颈椎病贴于大椎、颈夹脊穴、肩井穴，腰椎病贴于命门穴、大肠俞等，开启电源开关，将工作方式调整为 F3 脊柱损伤、颈腰椎损伤治疗模式，频率调节为 10Hz，电磁场调节为 12~15mT，时间 30 分钟，每日 1 次，20 次为一个疗程。

【注意事项】

1. 开机时，必须先打开电源开关，再把电极片贴到患者身上。关机时，必须先从患者身上取下电极片，再关闭电源开关。

2. 自粘电极片可重复使用30~40次,限用于同一患者,不可与其他患者交叉使用,以防止交叉感染。每次治疗前,应用医用酒精擦拭皮肤,确保电极片黏性,一旦电极片失去黏性,应及时更换,以保持良好的导电性能。

3. 磁疗头不能随便丢弃,以免造成磁疗头破裂或线路断开,影响治疗效果。

4. 本设备为精密仪器,不要随便打开机箱,需要维修时应由专业人员进行。

5. 仪器按键为轻触模式,不宜用指甲按键或用力过大。

6. 外接电源应采用三孔插座,接地可靠,以免意外漏电。

7. 防潮、防高温,避免强烈振动,避免意外损坏。

8. 心脏病或使用植入式电子装置(如心脏起搏器)、骨肿瘤、骨关节结核者及孕妇禁用;手术或创伤伤口表面禁用电极片。

六、电脑骨伤愈合仪

电脑骨伤愈合仪采用低频调制中频动态干扰电技术,既有中频电流的深层次导入作用,又有低频电的生理和治疗作用,能促进血液循环和骨折愈合,并有消炎、消肿、镇痛的作用,又能影响炎症介质的活性,降低神经末梢反应性,有镇痛作用。研究认为,直流电药物离子导入能使药物离子有效进入人体皮肤,在皮内形成离子堆,缓慢通过血液、淋巴循环分布于全身,药物离子在皮内可停留数天,且两者具有叠加作用,比单纯直流电或单纯药物治疗疗效好(图8-6)。

图8-6 电脑骨伤愈合仪

【仪器原理】

1. 工作原理

(1)应用幅频变化的高压交变电流,通过特制的耦合器产生调频、调幅交变脉冲电磁场,脉冲电磁场的磁力线作用于皮下组织和骨骼,发生磁场生物效应,在动静电磁场的双重作用下,在人体内产生感应电流,能改变细胞膜电位,产生细胞去极化。

(2)4个电极板交错贴在肢体两端的皮肤上,去单极形成复极化,增强组织通透性,促进水肿吸收,降低血液黏度,抑制炎症介质,抑制纤维化过程,使骨折端血肿易于消散,达到消肿的效果。

2. 治疗原理 骨伤早期局部有疼痛和压痛,局部肿胀、青紫,关节功能部分或完全丧失。局部组织损伤后周围血管壁的通透性改变,血管内的水分通过扩大的内皮细胞间隙进入组织间隙,导致肢体肿胀。骨伤后疼痛的机制十分复杂,主要由损伤局部的炎症反应所释放的炎症因子引起,同时肢体肿胀等也可加重疼痛。

(1)直流电刺激能使生理性关闭的微血管开放,由于供血丰富,血流加快,血液黏度降低,抑制纤维化过程,使骨折端血肿易于消散,达到消肿的效果。

（2）直流电脉冲电流产生的磁场能抑制炎症介质的释放,增加组织的通透性,促进水肿吸收,降低神经末梢反应性,达到止痛的作用。

（3）使自由磷增加,加速骨痂钙化,促进成纤维细胞的形成,从而加速骨愈合。

【操作方法】

1. 核对医嘱,评估患者的意识、年龄、活动能力、对热的敏感性和耐受性,检查有无感觉迟钝、障碍及治疗部位皮肤情况。

2. 告知患者或家属操作的目的、方法,可能出现的不适、并发症,以及注意事项。

3. 准备

（1）环境清洁干净,电源安全。

（2）准备治疗物品,包括电脑骨伤愈合仪、酒精棉球、电插板、电板保湿垫、沙袋。

（3）患者排空大小便,取合适体位。

4. 实施

（1）接通电源,试机是否正常运转。

（2）选择治疗部位,用酒精擦拭消毒皮肤。

（3）选择模式、频率、治疗时间。

（4）将电极保湿垫置于治疗部位,上敷穴位器,用弹性自粘绷带或沙袋固定。

（5）按"启动"键,调节能量。

（6）根据患者的耐受情况及时调整。各参数的调节由其对应的"+"和"-"键完成。

5. 热温导药

（1）将红外档位调至"1",预热10分钟。

（2）将特制的多种中药煎煮后,用纱块吸入药液。

（3）将药液纱块置于治疗部位与穴位器之间。

（4）手感试温度,确认温度适宜。

（5）两只穴位器固定后,用绑带固定于治疗部位。

6. 观察与记录

（1）观察使用过程中患者的反应。

（2）记录异常情况及处理措施和效果。

（3）观察仪器运转情况。

【临床应用】

1. 适应证

（1）骨折后及术后的消肿、消炎、镇痛,促进骨愈合。

（2）各种生理性及病理性骨折、骨延迟愈合、骨不连、骨缺损、髌骨软化、改善股骨头坏死的临床症状。

（3）骨性关节炎、急慢性软组织损伤、运动损伤、肩周炎、颈椎病、腰椎病、坐骨神经痛、骨质疏松等的辅助治疗。

2. 应用举例

（1）肱骨骨折：将电脑骨伤愈合仪的 4 个电极片分置于骨折处远近端，打开电源，选定 E（安德森电流），初始强度为中频 150Hz，能量选择 1 档，以患者有麻感且能耐受为度，可根据患者的感觉适当增加强度，每次 30 分钟，每日 2 次，6 日为一个疗程。患肢远端略抬高，注意肢体摆放舒适，冬季注意保暖。

（2）耻骨骨折：手法复位，仰卧于床限制活动，第 2 天开始用电脑骨伤愈合仪治疗。两组红、白电极交错置于骨折两端皮肤上，骨折近端为红、白电极，远端则为白、红电极，然后用弹力绷带固定。调节电流强度，以患者能耐受为准。每日治疗 2 次，每次 30 分钟。

（3）腰椎间盘突出症：采用电脑骨伤愈合仪离子导入法治疗。接通电源，将电极块放置于腰骶部疼痛明显处，以沙袋压迫或患者仰卧于电极板上，选择混频 + 处方 14 模式，调节电流强度，以患者能耐受为宜，每次 20 分钟，每日 2 次。电极放置后不要开关电源，以免产生瞬间电击感，应在开机后固定电极，在关机前取下电极。

（4）改善骨折局部血液循环：如果骨折处有肢体肿胀，电极片贴于患处附近，按下开关键，调节差频 25~50Hz，在此范围内旋转变化的内生电流，可加快血流速度，预防血栓形成。时间为 30 分钟，每日 2 次，持续治疗 1 周。

【注意事项】

1. 设备正常工作环境为 0~40℃，相对湿度 ≤ 90%。

2. 电极膜专人专用，防止交叉感染。

3. 该仪器在局部产生内生电流，是一种愈合电流，无副作用，人体不会产生习惯性，适用于多种骨科疾病。

七、骨质疏松治疗仪

骨质疏松治疗仪是依据低频复合脉冲电磁场技术研制。它保持了骨组织的自然状态，低强度而安全，特殊的低频复合脉冲电磁场信号的频谱分配与骨调节效应相匹配，由于骨膜新骨形成与垂直于骨膜表面的低频复合脉冲电磁场信号显著相关，加上选择波形、强度、频率、周期等参数，以及匹配独特的治疗体结构和更富针对性的方案等，可以明显改善骨质疏松的临床症状，显著提高骨密度，在预防和治疗骨质疏松症方面具有良好效果（图 8-7）。

【仪器原理】

1. 工作原理 骨质疏松治疗仪主要由微机控制系统（PC 机）、USB 接口模块、信号功率放大模块、信号输出隔离电路、信号输出控制电路、治疗磁场线圈等部分组成。

（1）微机控制系统（PC 机）：主要功能是产生驱动信号，对驱动信号的波形种类、频率、幅度等参数进行控制。通过微机的通用串行接口将信号传输到 USB 接口模块。

（2）USB 接口模块：主要接收来自微机控制系统的驱动信号，并将其传输给信号功率放大模块。

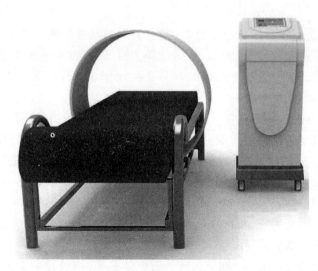

图 8-7　骨质疏松治疗仪

（3）信号功率放大模块：该模块属信号放大电路，主要功能是对驱动信号进行放大处理，以便推动治疗磁场线圈。

（4）信号输出隔离电路：该电路主要由隔离变压器和外围元件组成，主要完成信号的交流耦合、微机控制系统输出的弱电信号与外部强电信号的隔离，保护设备和人员安全。

（5）信号输出控制电路：该电路主要由双向可控硅控制电路组成。来自微机控制系统的波形信号控制双向可控硅的触发端，使双向可控硅的通断随控制信号的变化而变化，从而使加载在双向可控硅（治疗磁场线圈）两端的电压随控制信号的变化而变化，在治疗磁场线圈中产生交变的脉冲磁场。

（6）治疗磁场线圈：每对或每轴线圈都有独立的电源控制。一对线圈产生的矢量磁场作为另一对线圈的补充，从而在指定的空间产生均匀的磁场。

2. 治疗原理

（1）骨质疏松治疗仪采用环状立体式设计，其采用的脉冲电磁场结构和阶梯式循环扫描方式，有针对性地避免了人体对单一重复性刺激产生适应性。

（2）磁疗具有消炎、止痒、止痛、镇静等功能，有效降低血液黏度，增加血流量，改善全身微循环，增加营养元素的吸收，促进代谢废物排泄。

（3）骨质疏松治疗仪可产生压电效应，改变骨骼及周围组织的生物电状态，缓解肌肉痉挛，故可迅速减轻因骨质疏松引起的腰、背、腿痛，并强化对腰椎、髋骨和股骨等易骨折部位的治疗。

（4）骨膜新骨形成与垂直于骨膜表面的电磁场强度显著相关，通过促进成骨细胞中钙离子内流、促进细胞进行有丝分裂和成骨细胞的增生，来增加骨矿含量、改善骨微观结构、修复骨微观缺损，从而提高骨密度和骨骼的力学强度，促进骨细胞的增长。

【操作方法】

1. 转抄并核对医嘱。

2. 核对床位、姓名,做好解释。

3. 评估患者病情、配合能力等,告知治疗目的及方法。

4. 协助患者进入骨质疏松治疗室,告知注意事项,取仰卧位。

5. 接通电源,打开总开关,输入密码,根据病情设置频率、强度、时间后开始治疗,观察患者舒适度。

6. 治疗结束,自动停止,扶患者离床,关机,告知注意事项。

【临床应用】

1. 适应证

(1)骨质疏松及骨质疏松性骨折。

(2)股骨头缺血性坏死、骨性关节炎、骨萎缩、骨缺损、骨迟延愈合、骨不连等。该设备主要治疗骨质疏松症,结合其他疗法效果更佳。

2. 应用举例

(1)结合运动疗法治疗骨质疏松症:患者取仰卧位,选择合适的参数,分阶段进行治疗。第一阶段:每次 40 分钟,每日 1 次,连续治疗 15 次;第二阶段:每次 40 分钟,隔日 1 次,治疗 15 次;第三阶段:每次 40 分钟,每 3 日 1 次,治疗 15 次。以上为 1 个疗程,治疗周期共 3 个月。同时指导患者进行有氧运动:该运动在功率自行车上进行,依据患者个人情况设置功率,以达到靶心率且未引起不适为标准,维持靶心率运动 30 分钟,每日 1 次,连续锻炼 6 个月。

(2)结合口服碳酸钙 D_3 片治疗骨质疏松症:口服碳酸钙 D_3 片,每次 1 片,每日 1~2 片,最大剂量每次不超过 3 片。同时应用骨质疏松治疗仪,每次 30 分钟,每日 1 次,连续治疗 10 日后休息 2 日,此后隔日 1 次,治疗 10 日,为一个疗程,共治疗 5 个疗程。

(3)结合肌力锻炼治疗下肢骨质疏松症:下肢肌力锻炼有 4 种方式,即卧位向前、内、外、后方向直腿抬高,下肢抬高持续 5 秒后放松 5 秒,每次锻炼约 30 分钟,共 3 个月。骨质疏松治疗仪强度设置 11mT,频率 12Hz,每日 2 次,持续 1 个月。

(4)配合益肾坚骨汤治疗骨质疏松症:患者取仰卧位,选择自动程序中老年治疗方案,移动环分 4 次进行治疗,分别在颈椎 + 胸椎、胸椎 + 腰椎、腰椎 + 股骨头、股骨头 + 腿部各治疗 10 分钟。整个疗程分 3 个阶段,每阶段 10 次,治疗第一阶段为每日 1 次,第二阶段为隔日 1 次,第三阶段为每 3 日 1 次。益肾坚骨汤每日 1 剂,分 2 次口服,连服 7 日为一个疗程,疗程间停服 3 日,共服药 2 个月。

(5)单纯应用骨质疏松治疗仪治疗骨质疏松症:针对近期有骨折史或腰背部疼痛较剧烈者,手动设置脉冲电磁场的频率、强度和时间效果较好,设置频率为 18Hz,强度为 10,时间为 45 分钟,每日 1 次,治疗 20~30 次。

【注意事项】

1. 植入心脏起搏器或有植入式神经刺激器、肿瘤、心功能不全、急性出血或有出血倾向、高热、精神病患者禁用。

2. 在治疗过程中,患者如果出现不良反应,应立即向操作医生报告,做相应调整。反应强烈者,须立即停止操作。

3. 治疗床不能随意移动,不要用力挤压床身。

4. 环状治疗器运动时注意避免划伤。

5. 治疗时应将易干扰电磁的物品(如手机、手表、磁卡、钥匙等)远离治疗仪。

八、骨质疏松治疗康复系统

骨质疏松治疗康复系统通过特定能谱电磁场辐射系统作用于成骨细胞,促进细胞的有丝分裂和成骨细胞的增生来治疗骨质疏松。同时刺激人体的有效穴位,使之与人体内的生物电相互作用,改善新陈代谢,促进血液循环和骨细胞再生,提高骨密度,改善骨强度,降低骨折率(图8-8)。

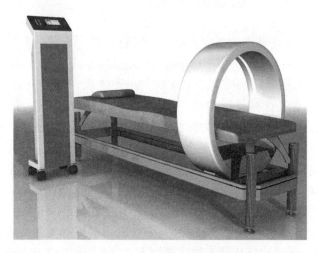

图 8-8　骨质疏松治疗康复系统

【仪器原理】

1. 工作原理　骨质疏松治疗康复系统由主控制柜、辐射器、治疗床组成,按型号分为4种,分别配置1组、2组、3组、4组辐射器,每组辐射器由6块相同的电磁转换器组成。其频率范围为5~50Hz,幅度范围5~35Vp-p,交变磁场强度1~12mT,治疗时间＜50分钟。

2. 治疗原理

(1)通过人工脉冲电磁场刺激,促进成骨细胞中钙离子的内流,改善骨新陈代谢和血液循环,进而改变活组织的电磁、化学环境,促进组织的生长、修复,使成骨作用显著增强。

(2)改善骨代谢功能,加速骨组织生长,提高骨矿含量和骨密度。同时促进骨小梁微骨折处形成骨痂,恢复其正常形态和结构,改善骨的微观结构和力学强度,从而在本质上抑制并逆转骨质疏松症,减少骨折。

(3)电磁场作用于相应穴位,疏通经络,促进气血运行。

【操作方法】

1. 转抄并核对医嘱；核对床位、姓名，做好解释。

2. 评估患者病情、配合能力等，告知治疗目的及方法。

3. 协助患者进入骨质疏松治疗室，交代注意事项，取仰卧位，调整治疗姿势。

4. 接通电源，打开总开关，输入密码，根据病情设置频率、强度、时间后开始治疗，观察患者舒适度。

5. 治疗结束，自动停止，扶患者离床，关机，交代注意事项。

【临床应用】

1. 适应证

（1）治疗骨代谢异常所产生的原发性骨质疏松症、骨质增生及关节炎，缓解骨骼疼痛。

（2）保护和促进成骨细胞生长，促进骨折后骨骼生长。

（3）治疗骨愈合障碍疾病。

（4）促进骨骼生长，延迟骺板愈合，促进儿童生长发育。

（5）增加青春期峰骨量，增强成骨细胞活力，预防骨质疏松症。

2. 应用举例

（1）中老年骨质疏松症：患者取仰卧位，选择自动程序中老年治疗方案，移动环分 4 次进行治疗，颈椎＋胸椎 7 分钟、胸椎＋腰椎 15 分钟、腰椎＋股骨头 15 分钟、股骨头＋腿部 8 分钟。整个疗程分 3 个阶段，每阶段 10 次，治疗第一阶段为每日 1 次，第二阶段为隔日 1 次，第三阶段为每 3 日 1 次。频率 5~50Hz，幅度 5~35Vp-p，交变磁场强度 1~12mT。

（2）儿童保健：患儿取仰卧位，选择自动程序儿童治疗方案，移动环分 4 次进行治疗，分别在颈椎＋胸椎、胸椎＋腰椎、腰椎＋股骨头、股骨头＋腿部各治疗 5 分钟。整个疗程分 3 个阶段，每阶段 10 次，治疗第一阶段为每日 1 次，第二阶段为隔日 1 次，第三阶段为每 3 日 1 次。频率 5~10Hz，幅度 5~10Vp-p，交变磁场强度 1~5mT。

（3）青少年保健：患者取仰卧位，选择自动程序青少年治疗方案，移动环分 4 次进行治疗，颈椎＋胸椎 5 分钟、胸椎＋腰椎 10 分钟、腰椎＋股骨头 10 分钟、股骨头＋腿部 5 分钟。整个疗程分 3 个阶段，每阶段 10 次，治疗第一阶段为每日 1 次，第二阶段为隔日 1 次，第三阶段为每 3 日 1 次。频率 5~20Hz，幅度 5~10Vp-p，交变磁场强度 1~8mT。

【注意事项】

1. 妊娠、植入心脏起搏器和癌症患者禁用。

2. 电子手表、手机等电子产品应远离磁场。

3. 设备应远离高灵敏度的电磁记录测试设备。

九、经颅磁刺激仪

经颅磁刺激仪通过交变电磁场治疗帽，运用交变电磁场无创透过颅骨屏障，直接到达脑内较深层组织,感应电流直接作用于脑部病灶,以起到增加脑血管弹性、改善脑部血液循环、引导脑磁功能趋向正常化和秩序化、促进脑功能恢复的作用(图 8-9)。

【仪器原理】

重复经颅磁刺激主要通过改变其刺激频率而达到兴奋或抑制局部大脑皮质功能的目的。高频率、高强度的重复经颅磁刺激可产生兴奋性突触后电位,导致接受刺激部位的神经异常兴奋,低频刺激的作用则相反,通过双向调节大脑兴奋与抑制之间的平衡来治疗疾病。对于不同大脑功能状况的患者,需用不同的强度、频率、刺激部位、线圈方向来调整,才能取得良好的治疗效果。

【操作方法】

1. 取出仪器配件,包括主机 1 台,治疗帽 1 个,充电线 1 条,备用配件 1 袋(测磁片 / 铁皮,2 个备用保险管),说明书 1 个(内含保修卡等)。

2. 主机背面的接口配件从左到右依次是电源开关、治疗帽输出线接口、外置保险管、电源插口。外置保险管用于设备故障时检查,一般用不到。

图 8-9　经颅磁刺激仪

3. 连接电源线,将治疗帽输出线上的凸出部与主机接口的凹口对齐,直插直进,严禁螺旋进入,防止损坏仪器(治疗帽输出线插入最底时会有"咔嗒"声,为方便多次治疗,治疗帽的输出线插好后尽量少拔插)。

4. 打开电源开关,出现欢迎界面,按"设置"键进入治疗功能选择界面(单功能版直接进入治疗界面),按"选择"键切换功能,按"设置"键确定选择。

5. 治疗界面有 4 种功能可选择,包括磁疗强度、按摩强度、按摩频率和治疗时间。

6. 功能切换按"选择"键,调整强度按"增加"或"减少"键,每次治疗时先选择治疗时间,然后点击"启动"键,在启动键指示灯亮、治疗时间后有箭头时表明主机正常运转后,再调整前三项治疗功能。

7. 第一次使用时先按"启动"键,将测磁片放在治疗帽的 6 个治疗体上测试治疗体是否工作正常(可以用手轻压测磁片,检测其是否有震动感,若无震动感则需增加磁疗强度)。

8. 若测试正常,则可以正常使用。打开仪器背面的开关,正确佩戴治疗帽,按"设置"键,再按"选择"键,选择欲治疗的相关疾病(单功能版无此功能),按"设置"键。选择治疗时间为 30 分钟。

【临床应用】

适用于缺血性脑血管病、焦虑、神经衰弱、失眠等的辅助治疗。

1. 缺血性脑血管病　患者取仰卧位,佩戴治疗帽,圆形磁场线圈与患者定位点的右侧额下回的三角部呈切线放置。调整治疗参数,频率 1Hz,强度 28%,运动阈值 80%,每个序列刺激持续时间 8 秒,间隔时间 12 秒,线圈温度 27℃。每次治疗时间 20 分钟,每日 1 次,每周 5 日,治疗 4 周。

2. 神经症　将磁极安放在患者前额中部和前额右部,选用低频重复治疗方式,每次治疗 20 分钟,每周 5 次,共治疗 2 周。

3. 脑损伤性疾病　使用"8"字形线圈,治疗刺激点为右侧皮质运动区,根据患者反应调整刺激频率与强度。每日 1 次,每次 20 分钟,前 4 个疗程治疗 6 日间隔 1 日,后 4 个疗程治疗 5 日间隔 2 日,共治疗 8 个疗程,治疗周期 80 日。

4. 脑发育畸形　使用"8"字形线圈,治疗刺激点为右侧皮质运动区,根据患者反应调整刺激频率与强度。每日 1 次,每次 20 分钟,前 4 个疗程治疗 6 日间隔 1 日,后 4 个疗程治疗 5 日间隔 2 日,共治疗 8 个疗程,治疗周期 80 日。

5. 脑卒中后失语症　患者取仰卧位,佩戴治疗帽,圆形磁场线圈与患者定位点的右侧额下回的三角部呈切线放置。调整治疗参数,频率 1Hz,强度 28%,运动阈值 80%,每个序列刺激持续时间 8 秒,间隔时间 12 秒,线圈温度 27℃。每次治疗时间 20 分钟,每日 1 次,每周 5 日,治疗 4 周。

6. 脑梗死恢复期的认知障碍　设定经颅磁刺激仪输出强度为 6.0T,刺激频率为 6Hz。患者取坐位,将电极置于右拇短展肌肌腹处,逐渐调整输出强度;调整线圈正对左侧额叶背外侧治疗区域,相切于头皮,刺激强度 120%,共 50 个脉冲,每个脉冲 25 次,刺激间隔 20 秒,每周 5 次。

【注意事项】

1. 颅内有金属异物或植入心脏起搏器者、植入冠脉支架者、植入人工耳蜗者、颅内压明显增高者禁用。

2. 接近刺激线圈部位的金属或电子仪器(如助听器、医疗泵等)有被损坏的风险。

3. 癫痫患者或有癫痫家族史者禁用高频率、高强度刺激,经颅磁治疗有诱发癫痫发作的风险。虽然在《TMS 临床应用的风险与安全指南中》指出:经颅磁刺激对预防癫痫发作有较大作用,但对癫痫患者或有癫痫家族史者,即使使用常规高频率的治疗方案,都有诱发癫痫的可能,因此必须向患者明确说明该风险,低频率的治疗是可以使用的。

十、脑功能(障碍)治疗仪

脑功能(障碍)治疗仪是采用交变电磁场进行治疗的设备,具有无创、方便、安全等优点,是神经内科、神经外科、康复科、理疗科、急诊科常备治疗仪器(图 8-10)。

图 8-10　脑功能(障碍)治疗仪

【仪器原理】

以脑生理学、磁生物学和临床脑病治疗学为基础，将特定规律的交变电磁场，作用于脑细胞和脑血管，以改变病灶区的代谢环境，使参与代谢的酶活性增高。实验证明，脑功能（障碍）治疗仪能扩张脑血管，并有促进血液循环和建立侧支循环的作用；对损伤的脑细胞可起到促进新陈代谢、增加修复能力的作用，干扰和抑制异常脑电、脑磁的发生和传播。

【操作方法】

1. 将磁疗帽连接电缆插头的凸起部分对准治疗仪的磁疗插座凹槽，手持插头略用力推入即可。卸下磁疗帽连接电缆时，握持治疗输出线插头上的活动外壳往外拉，即可将插头拔出。

2. 将电源线一端连接到治疗仪，另一端连接到电源插座。

3. 磁疗帽正面向前佩戴于头部，调节磁疗帽高度调节旋钮至合适位置，确保磁疗帽中前治疗体在眉间略上方（前额正中），两侧治疗体在两耳前上方（双侧颞部），两后侧治疗体在两耳后略下方（双侧枕部）。

4. 开启治疗仪电源开关，治疗仪待机状态液晶显示屏亮。

（1）按"选择"键，选择要设置的选项，当选项下的指示条点亮时，表示该选项处于可调节状态，按"+"或"−"键增加或减少相应参数。磁场强度分为 2 档，按"+"或"−"键，可调节到合适的输出强度；磁振幅度分为 4 档，按"+"或"−"键，可调节到合适的输出振幅；磁振频率分为 4 档，按"+"或"−"键，可调节到合适的输出振频。磁振幅度、磁振频率任一为 0 时，磁疗帽的微振功能即关闭。治疗时可根据患者的耐受能力选择振动的幅度和频率。

（2）参数设置

1）音乐音量：分为 3 档，按"+"或"−"键，可调节到合适的音乐音量。此处调节音乐音量的大小是调节磁疗帽扬声器输出的音量大小。

2）治疗时间：默认值为 30 分钟，分 20 分钟和 30 分钟二档可调，按"+"或"−"键，设定所需要的治疗时间。

（3）参数设置完成后，按"启动/停止"键，液晶显示屏上设定的时间开始倒计时，治疗仪进入工作状态。当倒计时结束，治疗完成，治疗仪发出 3 声提示音后进入待机状态。治疗过程中若要停止治疗，按一下"启动/停止"键，治疗仪即停止工作，所有参数恢复默认状态。治疗仪每次开机时，所有参数均为默认状态，即所有参数均默认在最低档位。

（4）若按下"语音"键，上述操作过程均有语音提示。治疗仪进入工作状态后，可以根据患者的耐受能力随时调节磁疗帽振动的幅度和频率。

（5）治疗结束先关闭治疗仪电源开关、拔下电源线，再取下磁疗帽，最后拔下磁疗帽连接电缆。

【临床应用】

适用于缺血性脑血管病、焦虑、神经衰弱、失眠等的辅助治疗。

1. 缺血性脑血管病　患者取仰卧位，保持环境安静，清洁并干燥治疗部位皮肤，佩戴电磁场治疗帽。治疗帽包含 5 个治疗体，前治疗体放于前额正中，双侧治疗体放于双侧颞部，后治疗体放于双侧枕部。将2个红色电极线与电极片连接好贴在患者两耳后乳突，用4条导线（两根白色，两根黑色）与电极片连接好。用生理盐水清洁前臂外侧皮肤，将两块连有白色导线的电极片分别放在腕背侧横纹上3cm处及曲池穴。将两块连有黑色导线的电极片分别放在胫骨外侧踝上4cm处及足三里穴。打开电源选择工作模式，根据患者的耐受情况调整振幅与强度，治疗过程中视患者的耐受情况适当调整刺激频率与强度，每次治疗时间20分钟，每日1次，每周5次。

2. 神经症 用清水擦拭患者两耳后乳突处，将电极片的内弧朝向耳朵贴于乳突，打开电源，调节频率，开始治疗。每次30分钟，每日1次。

3. 失眠 用清水擦拭患者两耳后乳突处，将电极片的内弧朝向耳朵贴于乳突，打开电源，调节频率，开始治疗。每次30分钟，每日1次。

4. 抑郁症 患者取坐位或半卧位，按要求佩戴治疗帽，治疗体置于额叶、双侧颞部和枕部对应的头皮投影位置，同时将主电极贴片置于耳后乳突，安静状态下治疗。每次20分钟，每日1次，15日为一个疗程，共治疗2个疗程。

【注意事项】

1. 需要较长期治疗者和年老、体弱者可先从弱档开始，待适应后改用强档。也可通过调节治疗时间改变治疗剂量。

2. 以使患者舒适为原则调节振动幅度和振动频率。当患者不适应微振功能时，可将微振功能关闭。微振功能关闭后，治疗剂量会有所减弱，但不会影响正常的治疗效果。

3. 部分患者接受治疗时可能出现头痛、头晕、乏力、心悸、气短症状，无需特殊处理，停止治疗后症状将自行消失，第二天可再次尝试复用。

第九章　中医热疗设备

一、智能蜡疗仪

　　智能蜡疗仪是将传统的蜡疗方法与现代技术融合的一种新型辅助治疗设备,由于石蜡加热后柔软度、附着性、塑形性好,具有较强而持久的温热作用,常用于治疗某些慢性损伤性疾病,如慢性结肠炎、软组织损伤等。同时,该仪器配有自动控温装置,使蜡饼的温度恒定,从而达到良好的治疗、美容效果。随着技术的不断发展,蜡疗仪逐渐实现自动化、智能化、人性化,市场需求不断增加(图9-1)。

图 9-1　智能蜡疗仪

【仪器原理】

　　1. 理化作用　蜡的热容量大,导热率低,能阻止热的传导,导致散热慢,气体和水分也不易消失,故蜡疗时,其保温时间能长达 1 小时以上。蜡具有可塑性,能紧密贴于体表,还可加入其他药物协同治疗,从而发挥药物的药理作用。

　　2. 治疗原理　一般认为,智能蜡疗仪起主要作用的是温热作用和机械压迫作用,另外还可以发挥相应药物的药理作用。

　　(1)温热作用:能使局部血管扩张、循环加快、细胞膜通透性增加,由于热能持续时间较长,故有利于深部组织水肿消散、消炎、镇痛。

　　(2)机械压迫作用:由于石蜡具有良好的可塑性及黏稠性,能与皮肤紧密接触。且石蜡具有热胀冷缩的物理特性,冷却后体积缩小,从而对皮肤及皮下组织产生柔和的机械压迫作用,既可防止组织内淋巴液和血液渗出,又能促进渗出物的吸收,有利于创面和骨折的愈合,还具有镇痛解痉作用。

　　(3)药理作用:药物经皮肤吸收,可发挥相应的药理作用,如活血化瘀、化湿消肿等。

【操作方法】

　　1. 清洁治疗局部。

2. 将医用蜡块置于 30cm×50cm 的方盘内，放置在蜡疗机中加热至 80℃。待蜡表面冷却成固体状态、蜡温约 50℃取出方盘。

3. 根据治疗部位大小切取蜡块，在蜡块表面铺一层保鲜膜，以盖住整个蜡块为宜。双手平托蜡块敷于患处，外用自制蜡套覆盖固定保温。每次外敷 30 分钟，患者无明显温热感后取出，局部用纱布擦干汗液后盖被单保温，避免受风、受凉。

【临床应用】

适用于多种损伤（如劳损、软组织扭挫伤等）、关节功能障碍、外伤或手术后遗症、伤口或溃疡面愈合不良、慢性支气管炎、慢性腹泻、慢性胃炎、克罗恩病、功能性消化不良、肾积水、尿潴留、慢性盆腔炎、子宫颈腺囊肿等。

1. 第三腰椎横突综合征　将医用蜡块置于 30cm×50cm 的方盘内，放置在蜡疗机中加热至 80℃。查看蜡疗机显示的温度，当温度低于 55℃时，蜡表面冷却成固体状态、蜡温约 50℃，取出方盘。用铲刀划开蜡盘边缘，切取 40cm×25cm 蜡块，放于一次性治疗巾中（或以保鲜膜覆盖）。患者取俯卧位，暴露腰部并清洁治疗区皮肤，适当遮挡防止着凉，将准备好的蜡饼敷于治疗部位，轻压蜡饼塑形并使其与皮肤紧贴，再用保温带或蜡套加压包扎，增加保温，无温热感时取下，作用时间 30 分钟左右，工作人员定时巡查，测试蜡温，观察病情，如有不适立即停止。治疗结束后，协助患者清洁局部皮肤，擦拭汗液，整理衣物，洗手并记录。每日 1 次，6 日为一个疗程，疗程间休息 1 日，连续治疗 3 个疗程。

2. 腰椎间盘突出症　将适量医用蜡块置于方盘内，并放于智能蜡疗仪中加热，使蜡块融化。待蜡冷却成固体状态后，根据治疗部位切取蜡块，用保鲜膜覆盖蜡块表面。患者取俯卧位，暴露腰部并清洁治疗区皮肤，适当遮挡防止着凉，双手平托蜡块敷于患者腰骶部穴区及下肢疼痛的相关穴区，轻压蜡饼塑形并使其与皮肤紧贴，再用保温带或蜡套加压包扎，增加保温，待无温热感时取下，治疗结束。每次 30 分钟，每日 1 次，10 次为一个疗程，共治疗 1 个疗程。

3. 慢性支气管炎　准备工作同前，选取相应的穴位作为治疗点，如肺俞、膻中、定喘、膏肓、肾俞。患者先取仰卧位，选取 3cm×3cm 的蜡块，置于膻中穴，轻压蜡饼塑形并使其与皮肤紧贴，再用一次性医用胶带固定，防止脱落；再取俯卧位，选取同样大小的蜡块置于肺俞穴、定喘穴、膏肓穴、肾俞穴，轻压蜡饼塑形并使其与皮肤紧贴，用一次性医用胶带固定。固定完毕后患者可穿着适当衣物，防止感冒受凉。每日 1 次，2 周为一个疗程，痊愈即可停止治疗。

4. 尿潴留　准备工作同前，选取中极穴或耻骨上方膨隆区域进行蜡疗，意在增加膀胱动力，帮助排尿。操作方法同前，应注意蜡块的厚度减至常规厚度一半，防止膀胱区过度受压，造成患者不适。每日 1 次，15 日为一个疗程，疗程间休息 5~7 日，痊愈即可停止治疗。

【注意事项】

1. 仪器禁止无蜡时通电干烧，否则将损坏加热器。

2. 蜡疗的温度较高，儿童治疗时应适当降低温度。如果治疗部位皮肤有破损，宜覆盖凡士林纱布。

3. 准确掌握蜡的温度，涂抹时要均匀、迅速，以免蜡流出造成皮肤烫伤。

4. 开始蜡疗前向患者说明注意事项。再次浸入蜡液时均不得超过第一层蜡膜的边缘，以免灼伤皮肤。

5. 注意防止水进入蜡液，以免因水导热性强而引起烫伤。

6. 虚热、高热、恶性肿瘤、活动性肺结核、有出血倾向、重症糖尿病、甲状腺功能亢进、慢性肾功能不全、感染性皮肤病患者及孕产妇、婴儿禁用。

二、智能（中药）湿热敷装置

智能（中药）湿热敷装置是一种将装有高保温保湿物质的敷袋放入水中，利用其加热后散发的热量及水蒸气作用于治疗部位，起保湿及深层热疗的作用，可有效缓解慢性疼痛的治疗设备。湿热敷装置可以使局部血管扩张，血流量增加，代谢增强，改善营养，具有软化瘢痕、消除炎症和缓解局部肌肉痉挛、消除疲劳的作用（图9-2）。

图9-2　智能（中药）湿热敷装置

【仪器原理】

智能（中药）湿热敷装置的主要作用是"中药 + 透热"，湿热敷使用的蜡疗袋加热后散发的热量和水蒸气作用于治疗部位，从而发挥湿热作用及中药的药理作用。湿热敷的效应与时间密切相关，适量时间的湿热敷可对皮肤、肌肉及神经等起到积极的治疗作用。

1. 对皮肤的影响　可以加强治疗部位的营养和代谢，促进渗出物的吸收，促进伤口和溃疡的愈合，软化瘢痕，改善皮肤功能。

2. 对肌肉的影响　短时间的热疗能使疲劳的肌肉组织恢复力量，提高工作效能；热作用时间过长，可使疲劳加剧，肌肉工作效能和应激能力降低。

3. 对神经的影响　短时间的热刺激可使周围神经敏感性提高，中枢神经兴奋；长时间的热作用使周围神经敏感性降低，对中枢神经产生镇静作用。

【操作方法】

1. 评估患者的一般情况、相关病情，了解既往史、发病部位、伴随症状及局部皮肤情况。

2. 向湿敷机内注入 1/3 水，将湿敷袋悬挂于机器内，接通电源，打开开关。

3. 设置面板参数，可手动设置加热温度，或按"自动"按钮，指示灯亮起，启动加热模式。

4. 待温度升至设定值后，取出一个湿敷袋放入塑料袋内裹好，带至患者床旁。

5. 将裹好的湿敷袋放置于治疗部位，并与皮肤间放置薄厚适当的衣物进行保护，防止烫伤。

6. 治疗期间询问患者的情况，若发现皮肤起水疱、苍白、红斑或疼痛，应立即停止，通知医生。

7. 20~30分钟后将湿敷袋取出，询问患者治疗效果，评估治疗部位皮肤情况。

8. 将湿敷袋外的塑料袋消毒浸泡 30 分钟,用清水冲洗后晾干备用。

9. 洗手,记录。

【临床应用】

适用于外科及骨伤科疾病,如软组织扭挫伤恢复期、肩关节周围炎、慢性关节炎、关节纤维性强直、坐骨神经痛、伤口慢性炎症及痛症、瘢痕、粘连、肌肉痉挛及神经痛、慢性颈腰痛、慢性退化性膝关节炎、肌肉疲劳等;对背痛、韧带拉伤或肌肉痉挛等病症有保温及深层热疗作用,可有效缓解慢性疼痛。此外,对泌尿系统疾病(如前列腺炎、输尿管炎等)、消化系统疾病(如急慢性胃炎、腹泻、便秘等)、呼吸系统疾病(如支气管哮喘、支气管扩张等)、循环系统疾病(如少量心包积液)、神经系统疾病(如脑出血恢复期)、妇科疾病(如功能失调性子宫出血等)亦有辅助治疗作用。

1. 肩关节周围炎　向湿敷机内注入 1/3 水,将湿敷袋悬挂于机器内。手动设置加热温度 45℃,或按"自动"按钮,指示灯亮起,启动加热模式。待温度升至设定值后,取出湿敷袋。患者取俯卧位,清洁治疗部位皮肤,再将裹好的湿敷袋放置于肩部,并与皮肤间放置薄厚适当的衣物进行保护,防止烫伤。在治疗过程中,定时查看湿敷袋温度,若温度明显下降或无温热感,应及时更换。每次治疗 20 分钟,7 日为一个疗程,连续治疗 2 个疗程。

2. 乳痛　将中药饮片用纱布包好,放入湿热敷装置的水箱中,设置加热温度 75℃,加热后保持恒温。在表面盖一块治疗巾,防止烫伤。待温度升至设定值后,取出湿敷袋。患者取仰卧位,清洁患处皮肤,将湿热敷袋置于双乳上,再盖一条毛巾防止散热过快。注意观察局部皮肤情况。湿热敷疗时间为 20 分钟,每日 1 次,14 次为一个疗程。

3. 功能失调性子宫出血　将装有止血药物的湿敷袋放置于水箱中,设置加热温度 65℃,加热后保持恒温。选取以关元穴为中心的区域进行皮肤清洁,铺一层无纺布,将热敷袋置于关元穴上,将两侧多余的无纺布反折覆盖药末,再在表面盖一块方巾,防止散热。亦可在脚部的隐白穴放置一块体积较小的热敷袋,以纱布缠绕,防止脱落。20 分钟后将热敷袋取下,每日 1 次,14 次为一个疗程。

4. 阵发性肌肉痉挛　发作部位多以小腿为主,准备工作同前,可选择体积较大的湿敷袋,上可至阳陵泉穴,下可至悬钟穴,敷于小腿,以纱布缠绕固定,5~10 分钟后即可取下。

【注意事项】

1. 糖尿病周围神经病变、年老、瘫痪等皮肤感觉迟钝者,要注意湿敷袋温度,并观察患者皮肤,防止烫伤。

2. 患者如有皮肤破损等情况应及时通知医生,待评估后再进行治疗。

3. 注意保暖,防止受凉。

4. 注意消毒隔离,防止交叉感染。

5. 严重心、肺、肾疾病及高热、恶性肿瘤、恶病质、感染病灶、局部外伤急性期、围手术期、孕妇、有出血倾向者禁用。

三、智能中药热敷治疗装置

智能中药热敷治疗装置是一种基于单片机的中药热敷袋。该中药热敷袋内放置中药,当检测到的温度低于设定值或达到设定的加热时间时,通过温度传感器感知信号,传递信息给主控芯片,从而启动报警电路进行加温。智能中药热敷治疗装置可以实现实时温度检测和加热时间控制,检测到的信息精确,方便使用,便于热敷中药疗法的护理(图9-3)。

图9-3 智能中药热敷治疗装置

【仪器原理】

智能中药热敷治疗装置可产生温热作用,改善局部组织营养状况和全身功能。在热敷过程中,药物的有效成分可直接附着于皮肤,发挥局部治疗作用;或经皮吸收,通过刺激皮肤的神经末梢,激动组织细胞的受体或参与调节新陈代谢等生化过程发挥药疗作用。一般来说,中药热敷具有消炎、消肿、祛寒湿、解痉止痛、消除疲劳的作用。

1. 消炎、消肿作用 热敷过程中由于温热刺激,引起皮肤和治疗部位的血管扩张,促进局部或全身血液循环及淋巴循环,加快新陈代谢,促进炎症的消散、吸收。

2. 解痉镇痛、消除疲劳作用 热敷能有效改善局部血液循环和组织营养状况,加快组织愈合,降低肌肉紧张度,发挥止痛功效。此外,热敷可加快肌肉内的废物排泄,从而减少疲劳,缓解僵硬和痉挛,使肌肉松弛。

3. 散寒祛湿作用 热敷可使汗腺分泌增加,促进发汗,使寒湿从汗而解。

【操作方法】

1. 接通电源,打开开关,根据患者情况选择中药热敷袋,放入热敷装置中。

2. 设置临界温度和加热时间,可手动设置加热温度,或按"自动"按钮,指示灯亮起,启动加热模式。

3. 将裹好的中药热敷袋放置于治疗部位,并与皮肤间放置薄厚适当的衣物进行保护,防止烫伤。每次治疗20~30分钟,每日1~2次。

【临床应用】

应用于呼吸系统疾病(如支气管扩张症、支气管哮喘、慢性支气管炎等)、循环系统疾病(如少量心包积液)、神经系统疾病(如颈性眩晕、中风偏瘫等)、消化系统疾病(如急慢性胃炎、克罗恩病、功能性消化不良)、泌尿系统疾病(如肾病综合征)、风湿病(如类风湿关节炎等)、骨科疾病(如慢性颈腰痛、慢性退化性膝关节炎、跌打损伤等)、妇科疾病(如痛经、寒性腹痛、慢性盆腔炎等)的辅助治疗。

1. 颈性眩晕　将中药饮片碾碎置于盆中,加入适量醋和白酒混匀,装进中药热敷袋,放入热敷装置中,设定加热时间为 30 分钟,加热温度 65℃,启动加热模式,半小时后取出。患者取俯卧位,清洁颈部皮肤,将裹好的中药热敷袋放置于颈部热敷 30 分钟,并与皮肤间放置薄厚适当的衣物进行保护,防止烫伤,以颈部微出汗为宜,每日 1 次。1 剂中药可重复使用 5 日,每次加热时均加适量醋和白酒,10 次为一个疗程。

2. 腰椎间盘突出症　将中药饮片碾碎置于盆中,加入适量醋和白酒混匀,装进中药热敷袋,放入热敷装置中,设定加热时间为 30 分钟,加热温度 65℃,启动加热模式,半小时后取出。患者取俯卧位,清洁腰部皮肤,根据腰椎间盘突出的部位选择治疗区域,将裹好的中药热敷袋放置于腰部热敷 30~40 分钟,并与皮肤间放置薄厚适当的衣物进行保护,防止烫伤,以腰部微出汗为宜,每日 1 次。1 剂中药可重复使用 5~7 日,每次加热时均加适量醋和白酒,10 次为一个疗程,连续治疗 1 个月。

3. 慢性盆腔炎　将中药饮片碾碎置于盆中,加入适量醋和白酒混匀,装进中药热敷袋,放入热敷装置中,设定加热时间为 30 分钟,加热温度 65℃,启动加热模式,半小时后取出。患者取仰卧位,清洁腹部皮肤,将裹好的中药热敷袋放置于腹部热敷 30~40 分钟,并与皮肤间放置薄厚适当的衣物进行保护,防止烫伤,以腹部微出汗为宜,每日 1 次。1 剂中药可重复使用 5~7 日,每次加热时均加适量醋和白酒,10 日为一个疗程,连续治疗 3 个月。

4. 痛经　将中药饮片捣碎,加入适量醋和白酒,搅匀后装入中药热敷袋,放入热敷装置中。温度设置为 65℃,加热后取出。患者取仰卧位,治疗部位以腹部为主,可结合疼痛部位调整,热敷时间为 30~40 分钟,在热敷袋与皮肤间放置薄厚适当的衣物进行保护,防止烫伤,以腹部微出汗为宜,每日 1 次。在月经来潮前 1 周开始治疗,月经来时即停止。若为经前腹痛,伴胸胁胀痛,中药可选用郁金、川芎以行气活血;若经期腹部绞痛伴四肢发凉,中药可选用艾叶以温经活血止痛;若行经时疼痛剧烈且伴有血块,经量较少,可继续治疗,待月经结束方可停止。3 个月经周期为一个疗程,连续治疗 3 个疗程。

【注意事项】

1. 糖尿病周围神经病变、年老、瘫痪等皮肤感觉迟钝者,要注意湿敷袋温度,并观察患者皮肤,防止烫伤。

2. 患者如有皮肤破损等情况应及时通知医生,待评估后再进行治疗。

3. 注意保暖,防止受凉。

4. 注意消毒隔离,防止交叉感染。

5. 严重心、肺、肾疾病及高热、恶性肿瘤、恶病质、感染病灶、局部外伤急性期、围手术期、孕妇、有出血倾向者禁用。

6. 急腹症(如急性阑尾炎)未明确诊断、面部或口腔有感染灶、内脏出血、关节扭伤初期局部肿胀者禁用。

第十章 其他设备

一、智能冷热敷装置

冷热敷是目前应用非常广泛的一种中医外治方法，它是将湿热疗法与中药疗法有机结合共同作用于机体的一种内病外治方法，具有副作用少、价格低廉、操作简单的优势（图10-1）。

【仪器原理】

1. 工作原理　智能冷热敷装置将装有高保温、高保湿物质的热敷袋放入水中加热后发出的热量及水蒸气作用于治疗部位，起到保湿及深层热疗的效果，可有效缓解慢性疼痛。

2. 治疗原理

（1）对皮肤的影响：可以加强治疗部位的营养和代谢，促进渗出物的吸收，促进伤口和溃疡愈合，软化瘢痕，改善皮肤功能。

图10-1　智能冷热敷装置

（2）对肌肉的影响：短时间的热疗能使疲劳的肌肉组织恢复力量，提高工作效能；热作用时间过长，可使疲劳加剧，肌肉工作效能和应激能力降低。

（3）对神经的影响：短时间的热刺激可使周围神经敏感性提高，中枢神经兴奋；长时间的热作用使周围神经敏感性降低，对中枢神经产生镇静作用。

【操作方法】

1. 核对医嘱，评估患者的一般情况、相关病情，了解既往史、发病部位、伴随症状及局部皮肤情况。

2. 评估患者的心理状态、对健康知识的掌握情况及合作程度，告知其操作的目的和配合要点，取得合作。

3. 洗手，戴口罩，向湿敷机内注入 1/3 水，将热敷袋悬挂于机器内，接通电源，打开开关。

4. 设置面板参数,可手动设置加热温度,或按"自动"按钮,指示灯亮起,启动加热模式。

5. 待温度升至设定值后,取出一个湿敷袋放入塑料袋内裹好,带至患者床旁。

6. 将裹好的湿敷袋放置于治疗部位,并与皮肤间放置薄厚适当的衣物进行保护,防止烫伤。

7. 治疗期间询问患者的情况,若发现皮肤起水疱、苍白、红斑或疼痛,应立即停止,通知医生。

8. 20~30 分钟后将湿敷袋取出,询问患者治疗效果,评估治疗部位皮肤情况。将热敷袋外的塑料袋消毒浸泡 30 分钟,用清水冲洗后晾干备用。

9. 洗手,记录。

【临床应用】

1. 适应证

(1)软组织扭挫伤恢复期、肩关节周围炎、慢性关节炎、关节纤维强直。

(2)慢性炎症及痛症、瘢痕、粘连、肌肉痉挛及神经痛,慢性颈腰痛、慢性退化性膝关节炎、肌肉疲劳等。

(3)对背痛、韧带拉伤或肌肉痉挛等病症有保温及深层热疗作用,可有效缓解慢性疼痛。

2. 应用举例

(1)颈椎病:选取中药透骨草、川牛膝、桃仁、当归、杜仲、伸筋草、威灵仙等,根据患者的病情和病程酌情调整剂量,将药材装入纱布袋中,放入智能冷热敷装置中,加适量清水熬煮 1 小时左右,然后将敷袋浸入药汁中,再加热半小时。患者取俯卧位,将浸泡过药汁的敷袋拧干,确保干湿合适后,敷在患者的肩颈部位,观察患者在湿热敷过程中的反应,敷袋冷却后要重新浸泡药汁。每日热敷 1 次,每次持续半小时。

(2)肩周炎:将自拟中药方剂(伸筋草、透骨草、羌活、独活各 30g,红花、桂枝、芍药、当归、白芷、艾叶、桑枝、丹参、威灵仙各 20g)装入布袋扎紧袋口后放入智能冷热敷装置内,加水 2 300ml 充分浸泡后大火煮沸,再以温火续煮约 30 分钟,保持药液温度在 50℃左右,敷于患侧肩关节及其周围,每次热敷 40 分钟,每日下午 1 次,热敷后 4 小时内不洗澡,以保持药效。每治疗 6 次间歇 1 日,治疗 1 个月。

(3)腰椎间盘突出症:选取中药生川乌、生草乌、生南星、生半夏各 200g,桂枝、细辛、防风、独活、灵仙、红花、泽兰、乳香、没药、川芎、鸡血藤、丹参各 100g。将上药放入陈醋 2 000ml、50 度米酒 3 000ml 中浸泡 1 周后取出药液备用。治疗时取适量的药液,将数个 25cm×20cm 大小的敷袋浸泡在药液中,将药液加热至 40℃,取出敷袋 2~3 个,敷于患者腰部,使药布接触皮肤,加用红外线照射湿敷局部,以维持一定温度,加热的程度以患者能耐受为度。每次敷至药布干燥,时间约 30 分钟。每日 1 次,7 次为一个疗程,未愈者休息 3 日后进行第二疗程治疗。

(4)慢性退化性膝关节:选取中药自然铜(煅)300g、骨碎补(烫)30g、大树跌打 50g、缬草 30g、怀牛膝 30g、清瑞香 30g、八角枫根 30g、小麻药 50g、桃仁(炒)30g、大麻疙瘩 50g、透骨草 30g、金叶子 30g、七叶莲 100g、白花丹 30g、红花 30g。将 2 剂中药捣碎后混合均匀并放置于纱布袋内,扎紧袋口,置于仪器内,加入清水约 2/3 处,浸泡中药 30 分钟,待药汁充分融于水之后纱布棉垫放置于智能冷热敷装置内浸泡 40~60 分钟,插电后加热煎煮 30 分钟,取出中药敷袋后拧干,对患者膝关节进行热敷治疗。保持敷袋温度为 60℃左右,并以塑料布覆盖,每次 30 分钟,每日热敷 2 次,1 周为一个疗程。

【注意事项】

1. 治疗部位有感染或开放性伤口、恶性肿瘤、活动性肺结核、周围血液循环障碍、身体极度衰弱、有出血倾向、局部皮肤感觉障碍者慎用。

2. 冷热敷装置加热温度在 0~99℃范围内可调,建议治疗温度为 70~74℃,也可根据患者病情和耐受情况选择合适的治疗温度。

3. 保持水面与热敷袋顶端有一定的距离,否则可能因热敷袋过热导致烫伤。

4. 加热箱中装满热水时,不要移动加热箱,避免加热箱中的热水溅出意外烫伤。

5. 倒掉加热箱中的水前,必须先拔掉装置的电源。

6. 从加热箱中取出热敷袋时必须戴隔热手套或其他隔热设备。

7. 进行冷热敷治疗时,必须用毛巾或毛巾布套包裹热敷袋,确认温度合适才能敷于患者身上,避免烫伤。

8. 冷热敷治疗过程中,要密切观察患者的反应和热敷部位皮肤状态,避免烫伤。

9. 注意消毒隔离,防止交叉感染。

二、空气波压力循环治疗仪

空气波压力循环治疗仪又称循环压力治疗仪、梯度压力治疗仪、四肢循环仪,采用多腔体气囊依次进行充气、放气,具有方向性、渐进性和累积性的特点,能够促进静脉血液和淋巴液回流,加强动脉灌注,改善血液循环,具有消除水肿、改善周围血管功能等疗效(图 10-2)。

【仪器原理】

1. 空气波压力循环治疗仪主要通过对多腔气囊有顺序地反复充放气,形成对肢体和组织的循环压力,对肢体从远端到近端进行均匀有序的挤压,促进血液和淋巴回流及改善微循环,加速肢体组织液回流,有助于预防血栓形成和肢体水肿,能够直接或间接治疗与血液/淋巴循环相关的诸多疾病。

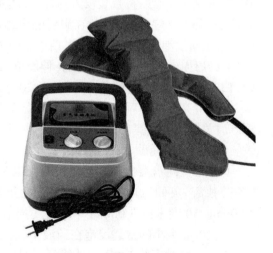

图 10-2 空气波压力循环治疗仪

2. 通过被动按摩作用,血液循环加快,加速代谢产物、炎症因子、致痛因子的吸收。防止肌肉萎缩及纤维化,加强肢体的含氧量。有助于解决因血液循环障碍引起的疾病,如股骨头坏死等。

【操作方法】

1. 向患者说明治疗过程、可能的感觉及治疗时间。

2. 协助患者取舒适体位,去除肢体佩戴物并检查皮肤情况,检查治疗部位对压力的感觉。

3. 检查压力输出按钮在0位,插入电源插头。

4. 根据病情,下肢病变者患肢穿袜套或靴套,上肢病变者患肢穿袖套,注意平整避免皱褶;截肢患者应先包扎弹力绷带,再穿戴充气袖套或靴套;抬高治疗部位至水平或高于水平位置,以协助引流。

5. 分别将空气管与主机和充气袖套或靴套上的空气管接口连接。

6. 打开开关,设定治疗时间,按"压力设置"按钮调节压力。一般压力设为80~110mmHg,确认治疗过程数值(尤其充气与输出情况)和患者的感觉(舒适感、疼痛等)。每次治疗20~30分钟。

7. 关机,拆除相关管线,取出袜套、充气袖套或靴套,检查皮肤状况。

【临床应用】

可用于肢体淋巴水肿、截肢后残端肿胀、静脉淤滞性溃疡、脑梗死后遗肢体瘫痪、肢体痉挛、风湿性关节炎、糖尿病足、糖尿病末梢神经炎。

1. 水肿 在患者下肢部位连接气压式护套,拉好拉链,根据患者的耐受力将压力调节在10~20kPa范围。每次30分钟,每日1次,连续治疗1个月。

2. 静脉血栓 脚套包裹住双下肢,由远端至近端进行多腔气囊顺序充放气,压力为18~20mmHg,时间30分钟,每日2次,连续治疗2周。

3. 脑梗死后遗肢体瘫痪伴便秘 将压力袋固定在腹部及四肢,选择合适的固定模式,根据患者耐受情况调整压力,一般为18~20kPa,每次30分钟,每日2次,连续治疗1~2周。

4. 糖尿病下肢血管病变 检查设备性能,将患肢置于压力带中固定,打开电源开关,选择相应治疗模式,根据患者病情及耐受情况设定充气压力40~70mmHg,充气时间45秒,放气时间60秒。每次治疗时间30分钟,每日2次,2周为一个疗程,连续治疗2个疗程,疗程间休息1日。

5. 上肢淋巴水肿 将患侧上肢穿上袖带,调整压力至7~10kPa,每日2次,每次20分钟,10日为一个疗程,连续治疗2个疗程,疗程间休息7日。

6. 下肢溃疡 患者取仰卧位,用自制的下肢布套套好下肢以避免交叉感染,再放入压力套中拉好拉链,根据患者对压力的感觉和耐受能力设置压力范围,一般为60~120mmHg。每次30分钟,每日上午9点和下午4点各治疗一次。对血管弹性差的老年患者,压力从60mmHg开始,逐步增加到耐受剂量。

7. 下肢静脉曲张 将气囊裤穿于下肢并拉上拉链,选择压力200mmHg,速度5,模式B,时间30分钟,每日1次,2周为一个疗程。

【注意事项】

1. 治疗前检查设备是否完好,患者有无出血。

2. 每次治疗前检查患肢,若有尚未结痂的溃疡或压疮,应加以隔离保护后再进行治疗,若有出血伤口则应暂缓治疗。

3. 治疗应在患者清醒下治疗,患者应无感觉障碍。

4. 治疗过程中注意观察患肢的肤色变化,并询问患者的感觉,及时调整治疗剂量。

5. 向患者说明治疗作用,消除其顾虑,鼓励患者积极配合治疗。

6. 对老年、血管弹性差者,压力值从小开始,逐步增加至耐受剂量。

7. 暴露的肢体/部位需穿一次性棉质隔离衣或护套,防止交叉感染。

8. 基于医者经验,采取个体化诊疗,尤其对于首次接受治疗的患者,应采用逐次加压的方式,选取适宜患者的常规治疗量。

9. 治疗过程中加强巡视,及时处理异常情况。

三、智能疼痛治疗仪

智能疼痛治疗仪利用光作用于人体而产生光电、光磁、光化学、光免疫及光酶的作用,可达神经根及周围神经病变部位,降低神经兴奋性,减弱肌张力,促进组织活性物质的生成和致痛物质的代谢,达到缓解疼痛、消除炎症的作用(图10-3)。

【仪器原理】

1. 工作原理 利用光的辐射治疗疾病,包括紫外线、可见光、红外线和激光。

2. 治疗原理

(1)主要利用光作用于人体疼痛部位,利用组织对光能量的良好吸收,对机体产生刺激调节作用,可以达到组织深层,改善血液和淋巴循环,促进细胞再生。

(2)能消除局部代谢产物,减轻水肿,起消炎止痛的作用。

(3)调节机体免疫功能,使肌肉松弛,具有缓解疼痛或止痛的作用。

【操作方法】

1. 将遥控联锁接头与机箱后面的遥控联锁插座连接好。接头插入时应注意接头的位置和方向,插入后旋紧接头外紧固环。

2. 将钥匙插入钥匙插孔,顺时针方向旋转90°,此时绿色指示灯亮,表示电源已经接通。按下备机开关后,备机指示灯点亮,约2秒后进入备机状态,这时治疗仪可以启动、输出。再次按下备机开关,治疗仪转换为待机状态,将无法输出。

3. 治疗时间设定

(1)根据病情设定治疗时间,范围1~99分钟。

图10-3 智能疼痛治疗仪

（2）使用"L/R　SELECT"键选择所要设定的左路或右路参数，当屏幕数字闪动时即可调整。选定左路或右路后，使用"DIGIT SELECT"键选择所要设定的治疗时间或治疗功率。

（3）选定要调整的数据后使用"INCREMENT"键增大数值或使用"REDUCTION"键减小数值。长按调整按钮则数值快速递增或递减。

（4）工作时间在1~99分钟之间连续可调。计时方式为倒计时，按"启动"键开始工作后，治疗仪以1分钟为单位倒计时，当时间显示为"00"时，治疗仪自动停止工作，并发出报警信号声。按"停止"键报警声停止。

4. 启动和功率设定

（1）当时间设定完成后，可以设定功率数值，如与以前治疗方案相同则不需再次设定，在治疗过程中不能更改设定值。

（2）治疗仪左路功率在0~500mW之间连续可调。右路镇痛功能选择810nm激光，可调功率范围0~500mW；消炎利水功能选择980nm激光，功率在0~200mW之间连续可调。

（3）数据设定完成后，按"启动"键，以连续方式发射输出。治疗仪开始工作后，如需中止治疗，按"停止"键即可。

左路：同时按"启动"键和"停止"键，以脉冲方式发射输出，频率为10Hz。如需中止治疗，按"停止"键即可。

右路：同时按"启动"键和"停止"键，以脉冲方式发射输出，周期性发射输出约4秒，停发输出约1秒。如需中止治疗，按"停止"键即可。

【临床应用】

1. 颈腰腿痛、急慢性软组织损伤、关节痛、神经痛、外伤后头痛、肌肉疼痛、足跟痛等。

2. 肩周炎、网球肘、腱鞘炎、肌腱炎、骨髓炎等。

3. 皮瓣移植后促进愈合、糖尿病或静脉栓塞等导致的指（趾）端皮肤溃疡及坏死、烧烫伤、术后创面感染、褥疮。

4. 牙本质过敏、根管充填后根尖组织反应、口腔溃疡、牙髓炎、牙周炎。

5. 鼻炎、突发性耳聋、内耳眩晕、中耳炎、外耳道疖肿、鼻黏膜溃疡、咽喉炎等。

6. 感染性皮肤病（如丹毒、甲沟炎、足癣感染等）、慢性溃疡（下肢静脉曲张）、带状疱疹及后遗症、斑秃、肛周术后组织水肿、渗出及感染性创面等。

7. 急慢性盆腔炎、盆腔积液、不孕症、痛经、内分泌紊乱、急性乳腺炎、外阴炎。

8. 小儿肺炎、遗尿症、腹泻、小儿脑性瘫痪等。

【注意事项】

1. 避免可能出现的有害激光辐射。

2. 避免眼受到直射或散射辐射的照射。

3. 禁止照射有金属的部位。

4. 禁止照射有伤口的部位。

5. 严重心脑血管疾病患者禁用。

四、智能下肢反馈康复训练系统

智能下肢反馈康复训练系统是一种智能运动训练系统,较普通电动起立床增加了减重支持系统、智能反馈系统及虚拟踏步训练,可早期开始模拟正常步行训练。临床主要用于下肢运动障碍、平衡功能障碍及步行能力受限的患者(图 10-4)。

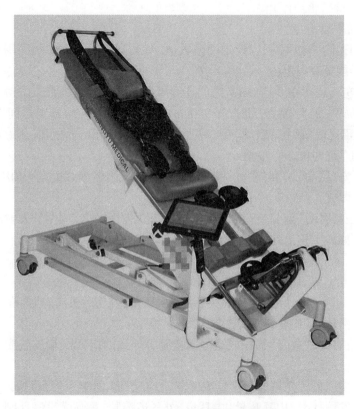

图 10-4　智能下肢反馈康复训练系统

【仪器原理】

1. 工作原理　包括减重装置、踏步运动、站立功能、后仰功能、语音提示、痉挛侦查。

智能下肢反馈康复训练系统在电动起立床的基础上增加了减重支持训练系统、智能反馈系统及虚拟现实技术,可在减重状态下早期开始步态训练。步态控制采用了伺服电机控制系统,运动过程中完成了初速度、加速度、减速度三个变速过程,最大程度地模拟正常人行走的生理步态,及早输入正常步行模式,为步态训练打下坚实基础。中枢神经系统具有活动依赖的可塑性,通过定时定量的、重复性的、标准化的、强化的康复训练可以刺激特殊的神经通路,促进神经功能重建,恢复患者步行能力。

该系统采用步态分析方法实时显示患者腿部肌力及足部本体感觉的变化情况,记录一个步态周期内任意时刻的数据,多功能踏板可控制足部本体感觉的大小,提供周期变化的生物负载,刺激下肢关节、肌肉、肌腱的本体感受器,促进本体感觉的恢复,有利于抑制异常步态模式,促进正常步态模式的形成。

能直观显示训练前后肌张力的对比情况,当发生痉挛,治疗师可分析判断发生痉挛的区域,根据评估结果设置下肢活动范围、步行速度、速度降低值、痉挛灵敏度等指标。当检测到痉挛发生时,系统能迅速开启防痉挛模式,机器反向运动舒缓痉挛,并自动降低速度以适应患者的身体情况,起到调节肌张力、缓解肌肉痉挛的作用。

另外,智能下肢反馈康复训练系统还加入了虚拟现实技术进行情景互动训练,可自动切换主、被动模式,让患者身临其境,提高治疗的主动性和趣味性。虚拟现实技术可为患者提供三维的虚拟世界,给予视觉、听觉、触觉的反馈,促进脊髓损伤患者神经功能重建,提高平衡功能及步行能力。智能下肢反馈康复训练系统结合了电动起立床、减重步行训练系统、智能反馈系统及虚拟现实技术,弥补了单一使用以上技术的局限性,提高了康复训练效果。

2. 治疗原理

(1)针对早期患者进行步态训练,能保护关节,对抗痉挛,抑制异常的运动模式。

(2)通过改善、代偿和替代的途径,改善运动组织(肌肉、骨骼、关节、韧带等)的血液循环和代谢,并促进神经肌肉功能,提高肌力、耐力、心肺功能和平衡功能等。

(3)在踏步运动过程中进行体位变换,增加循环血量和静脉血回流,防止直立性低血压。

(4)通过踏步训练,将患者提升到一定的站立角度位置。定向定量的运动训练,可建立感觉信息传递,加强大脑对感觉信息的处理能力,促进意识恢复。

【操作方法】

1. 根据患者的身高、年龄、疾病严重程度等设置系统参数,包括站立角度(0°~80°)、床面高度(52~86cm)、后仰角度(0°~10°)、痉挛灵敏度(1~3 档、驱动力(0~120Nm)、踏步模式(单腿、双腿运动)、活动度(0°~25°)、步频(1~80 步/min)、单次治疗时间(30~60 分钟)、痉挛休止时间(3 秒)。

2. 前三次训练时,站立角度、升高范围、治疗时间、踏步速度设置为总范围的 1/2 以下。患者站立训练时,通过智能反馈系统及减重支持系统进行虚拟踏步训练带动下肢运动,模拟正常人行走时下肢的运动方式。

3. 观察患者是否出现不良反应,若不耐受则终止训练。治疗 3 次后,若无明显不良反应,逐渐提升上述参数至患者耐受的最大值。

4. 治疗结束后,患者坐于轮椅上休息 10~15 分钟。

【临床应用】

1. 适应证

(1)神经系统损伤导致的下肢运动障碍。

(2)强化本体感觉刺激,提高脑损伤患者的可塑性。

(3)促进卧床患者的早期运动。

(4)避免压疮感染、便秘、心肺功能减退等并发症。

(5)促进植物状态患者觉醒。

2. 应用举例

（1）下肢运动障碍：患者仰卧于训练床上，固定躯干、骨盆、踝关节及膝关节。根据患者情况（年龄、身高、体重、健康状况等）设置系统参数，开启系统进行步行训练。当下肢处于软瘫期或肌无力时，进行被动运动，防止肌肉萎缩及关节畸形；当肌力＜3级时，可进行助动运动，增强肌力，改善下肢功能；当肌力≥3级时，可进行主动或抗阻训练，强化肌力，提高步行能力。肌张力增高时，系统会自动停止，并开启防痉挛功能，改善肌张力，减小肌张力对步行能力的影响。每次20分钟，每日1次，每周5次，连续治疗4周。

（2）卧床患者的恢复

1）卧床期：被动加助力训练，选择系统内设训练程序中的神经模式，训练方案按照个体化原则制订，视患者开始训练前的具体情况，设定个体化的训练时间、速度和阻力等。初次训练时间为5~10分钟，以后逐渐增加至15~20分钟。

2）下肢肌力恢复期：选择反式，通过双下肢运动力量分配界面不断反馈患肢力量的百分比，根据患者能力增加阻力，增强耐力训练，同时嘱患者注意减少痉挛反馈的出现。

3）步行及步态矫正期：选择反馈式，利用视觉反馈训练患者有意识地控制患肢，建立协调性运动模式，练习更随意地应用双下肢的力量。每日2次，每次20分钟，每周6次。

（3）脑损伤患者强化感觉系统的训练：设置参数为站立角度0°~60°，床面高度50~60cm，后仰角度0°~10°，痉挛灵敏度1~3档，驱动力0~120Nm，踏步模式为单腿、双腿运动，活动度0°~25°，步频1~40步/min，单次治疗时间30~60分钟，痉挛休止时间为3秒。每日1次，每周5次，连续治疗6周。

【注意事项】

1. 必须在有人监护的情况下使用。

2. 为防止触电，禁止在潮湿或高温环境中使用。

3. 训练时穿比较贴身的衣服。

4. 智能下肢反馈康复训练系统仅适用于减重状态下训练。

五、体外冲击波治疗仪

体外冲击波疗法用于治疗肌肉骨骼系统疾病，在20世纪80年代末才有个别报道，直到20世纪90年代后期才以欧洲为中心得到广泛开展。冲击波治疗在骨科领域的应用与基础研究越来越多，适应证也不断扩大，骨科专用冲击波设备也得到了发展。作为一种安全有效、非侵袭性、并发症少的治疗方法，具有良好的应用前景和研究价值（图10-5）。

图 10-5 体外冲击波治疗仪

【仪器原理】

冲击波发生源有液电冲击波、压电效应、聚能激光、电磁感应和微爆炸等。

1. 液电冲击波发生源　优点：脉冲波形稳定，冲击时间快。缺点：治疗一个患者后需要更换电极，放电稳定性差，焦点漂移。

2. 电磁冲击波发生源　优点：噪声小，不用更换电极，放电稳定。缺点：使用能量高电压在 13~20kV，临床效果较液电冲击波差。

3. 压电晶体冲击波源　优点：噪声极小。缺点：功率较小，晶体的质量和寿命及安装都要求较高，否则每个晶体触发脉冲难以同步。

4. 气压弹道式冲击波源　优点：对肌肉组织疗效好。缺点：治疗部位的选择范围局限且不能长时间刺激。

【操作方法】

1. 连接电源线，打开电源开关。简要告知患者行冲击波治疗的相关注意事项及常见不良反应。

2. 协助患者取适宜的体位，暴露治疗部位，检查相应的痛点，并在治疗区涂抹足够的耦合剂。

3. 启动仪器，设置参数。

（1）治疗探头：R15，直径 15mm，RSWT 探头。

（2）治疗压力：根据患者耐受情况选择 1.5~2.0bar。

（3）冲击波次数：3 000 次，患者若不能耐受应随时停止。

（4）治疗频率：10~15Hz。

4. 启动手柄开关开始治疗。治疗过程中，同一治疗点上不允许使用多于 300~400 次的冲击，避免探头压力过大挤压患者皮肤。密切关注患者反应，若不能耐受应及时停止治疗。

5. 冲击次数完成后停止治疗。

【临床应用】

可用于急慢性损伤导致的疼痛、肩周炎、肩峰下滑囊炎、肱二头肌长头肌腱炎、钙化性冈上肌腱炎、网球肘、肱骨内上髁炎、弹响髋、胫骨结节骨软骨炎、膝关节炎、足跟痛、足底筋膜炎、腰肌劳损、急慢性腰部软组织损伤、骨折延迟愈合、骨不连、股骨头缺血性坏死、术后或软组织粘连挛缩导致的关节僵硬等。

1. 网球肘　用冲击波在痛点四周进行环绕治疗，冲击压力 80~260kPa，冲击频率 4/6/8/10Hz。每次治疗由经验丰富的同一医师负责，冲击枪手柄压力中等，冲击计量 500 次，根据患者的耐受情况调节压力及频率，每周治疗 1 次，连续治疗 3 周。

2. 肩周炎　为避免冲击治疗手法误差，每次治疗均由经验丰富的同一医师操作。冲击波参数为 D20-S 探头，转数 2 000 转，能量 15~30bar，冲击频率 12Hz。由于患者对疼痛的耐受度不同，以 1.5Pa 为最低值逐渐增加至耐受值，以舒适为度，对冈上窝、冈下窝、喙突区、肱骨大结节间沟区、脊柱缘进行冲击治疗。每周 2 次，2 周为一个疗程，治疗 1 个疗程。

3. 骨不连　治疗骨不连的参数方案要根据患者情况、病变部位制定：青壮年往往能够耐受较高能量的冲击波,而老年人因骨质疏松等采用中低能量的冲击波,同时较深、较为粗壮的长骨骨不连需要选用高能量的冲击波,而跖骨、尺桡骨等短骨或部位较表浅的骨不连需采用低中能量冲击波。目前国际冲击波治疗学会推荐的治疗方案是:能量 0.25~0.39mJ/mm^2,自低能量开始,根据患者对疼痛的耐受性逐步增加,治疗前根据 X 线或彩超定位,每次选择骨不连断端 2~4 个靶点,每个靶点脉冲次数 1 000 次,总共冲击 2 000~4 000 次,每次治疗间隔 1 日,5~10 次为一个疗程,每疗程间隔 2~3 个月。

4. 足底筋膜炎 设定治疗频率 10~15Hz,压强 100~200kPa,冲击次数 1 000~2 000 次,参照超声影像学检查结果定位痛点,评估病变深度,标记疼痛范围,以痛点为中心启动冲击治疗,根据患者耐受性及病情调节压强与频率,隔日 1 次,共治疗 10 日。

5. 膝关节炎 定位于膝关节痛点(多处痛点患者采用多部位复合治疗),调整冲击波流量密度为 0.2~0.25mJ/mm^2,冲击频率 6~8Hz,治疗能量 3bar,每个部位冲击 2 000 次,每周 1 次,共治疗 4 周。

6. 桡骨茎突狭窄性腱鞘炎 患者取坐位,患腕置于支架上,标记桡骨茎突部压痛点。低能量冲击波流量密度 0.1mJ/mm^2,频率 5Hz,冲击 1 200 次,治疗后观察 15~30 分钟。每周治疗 1 次,连续治疗 3 次。

7. 顽固性痛经 按照治疗周期进行,行双侧股内收肌冲击波压力治疗,压力 1.5~3.2bar,频率 10~15Hz,手柄压力中等,每侧冲击剂量 2 000 次左右,两次冲击波治疗间隔 7 日,共治疗 4 周。治疗过程中根据患者的反应适当调整冲击强度及冲击次数。

8. 颈肩肌筋膜疼痛综合征 患者取坐位,双手下垂自然放松,同时暴露颈肩部标记点。冲击部位选择触发点体表标记结合痛点部位,涂耦合剂,避开颈部重要的神经、血管,设置参数。电压 6kV,频率 5~10Hz,治疗压力 1.5~2.5bar,脉冲数 1 500~2 000,流量密度 0.10~0.15mJ/mm^2,每周 2 次,连续治疗 3 周。遵守先轻后重、先低压后高压、先低频后高频、远离重要神经和血管的走行区域等原则,注意观察患者的反应,适时调整冲击的部位及强度,避免局部淤肿、皮肤破溃等不良反应。

9. 肱二头肌长头肌腱炎 上臂中立屈肘位,使肱骨结节间沟及其内的肱二头肌长头腱朝向前方,在此范围内寻找触痛点、扳机点,以其为冲击点,避开重要的血管、神经,能量密度 0.12~0.20mJ/mm^2。每次治疗选择 1~2 个冲击点,每个冲击点冲击 2 000 次,间隔 5 日治疗 1 次,一般治疗 3~5 次。

10. 神经根型颈椎病 采用"点线面"三位一体法对疼痛部位邻近的腧穴、经脉、经筋、皮部进行刺激,以达到行气活血、通络止痛之功。频率 1.8Hz,脉冲空气压力 3.0bar,每次治疗 5~10 分钟,治疗结束后仰卧休息 5 分钟,每周治疗 2 次,10 次为一个疗程。

11. 股骨头坏死 选择坏死区中的 4 个点进行治疗,其中每一点在 0.4mJ/mm^2 流量密度下接受 1 500 次治疗,共治疗 5 次。

12. 髋关节滑膜炎 采用体表压痛点定位法,确定压痛明显的 1~2 个部位,以压痛点为中心对关节腔及周围肌肉、肌肉附着点进行冲击治疗,治疗频率 15Hz,每个压痛点冲击治疗 2 000 次,每 3 日 1 次,30 日为一个疗程。

13. 腰椎间盘突出症 避开骨骼部位,定位椎旁痛点,疼痛定位处涂耦合剂,设定频次 8 次 /s,压力 200~300kPa,单次治疗冲击次数 2 000 次,治疗过程中根据患者耐受情况调整冲击压力,每周治疗 2 次,共治疗 4 次。

14. 颞下颌关节紊乱综合征 探头 R15，压强 0.6~1.0bar，频率 12Hz，每个压痛点冲击 300~500 次，共 2 000~3 000 次，每周 1 次，共治疗 2 周。

【注意事项】

1. 体外冲击波治疗仪属精密仪器，使用不当会影响治疗效果，务必专人专用，由康复医师操作。

2. 治疗前需在患处涂抹耦合剂，禁止空枪状态下扣动扳机。冲击头未接触患处时禁止开启输出，以避免对设备和患者造成非必要损伤。

3. 治疗手柄连接管严禁弯折。

4. 治疗手柄分常规治疗手柄(蓝色)和高能手柄(红色)，各配备专用冲击头，不得混用。

5. 每次治疗完毕后，清洁枪头表面的耦合剂。每天治疗结束后，应拆卸清洁冲击头。

6. 冲击波的枪头内有黑色胶圈，建议每个月更换 1 次，或冲击 30 万次左右更换 1 次，或根据胶圈老化程度定期更换，以延长手柄使用寿命。选择合适的胶圈规格，过小有掉进枪膛的可能。

7. 每个治疗手柄都有唯一识别编号，与治疗手柄盒表面的编号一致，建议配套使用。

8. 定时清理废液收集瓶，瓶内废液不得超过 1cm。

9. 如需搬运体外冲击波治疗仪，在搬运前需对油泵放气，使泵内气压归零。搬运中必须保持体外冲击波治疗仪直立，严禁歪斜、倒置。

10. 安装和运输冲击波动力泵时，将黑色物块换成红色物块，防止动力泵被倒置时油泄漏。

11. 手柄自带计数器，建议蓝色治疗手柄输出 100 万次，红色治疗手柄输出 60 万次，由专业人员对治疗手柄进行整体维护。

12. 为保证设备固定，可将车轮锁踩下。

六、多功能神经康复诊疗系统

多功能神经康复诊疗系统是一种智能化物理治疗及康复训练仪器，强调急性期早期介入，重视与临床及药物治疗、手术(介入)的结合，强调人机互动及主被动结合(物理治疗与训练相结合)。以机电生物反馈技术为核心，结合功能电刺激、脑循环仿生电刺激技术于一体，根据不同的临床表现，综合解决患者的功能障碍问题，提高其生存质量(图 10-6)。

【仪器原理】

当患者努力尝试做某动作时，将测量到的表面肌电值与可调的刺激诱发点比较。当信号达到或超过刺激诱发点时，系统会发出电刺激帮助患者完成这个动作，保证在肌电偏低的情况下仍能给予有效的电刺激。

【操作方法】

1. 确认适配器电源插入合适的插座，将另一端插入子机左侧 12V 电源输入口，确保连接良好，此时提示灯将长亮。

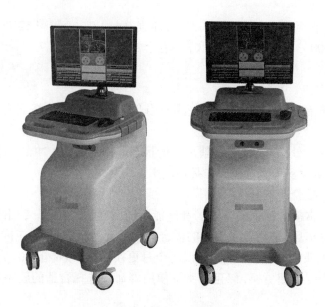

图 10-6　多功能神经康复诊疗系统

2. 打开子机顶端的总电源开关,此时上电指示灯开始闪烁,确认治疗电极线、控制手柄线已正确连接到子机下端对应的接口之中。

3. 根据临床需要或医嘱确定治疗模式,系统默认模式1(PBF1模式),并以语音方式提示,如果此时未连接电极,系统将提示"电极开路",以警示要正确安装治疗电极。

4. 若患者首次使用本系统,则应通过处方管理系统选定"合适的处方参数"并保存,便于后续治疗使用该处方;若子机随机为不同患者做治疗,则应通过处方管理系统随时下载选定"合适的处方参数"。除PBF1、PBF2、PBF3三个模式外,其他治疗模式的参数一般维持不变。

5. 安装治疗及反馈电极(根据不同的治疗部位及需要,可完全参照母机的治疗及训练部位),粘贴治疗电极,连接治疗线。

6. 若患者首次使用子机,在PBF模式训练时,应指导患者配合完成以下治疗过程:

(1)休息:嘱患者完全放松,提示患者暴发性用力。

(2)刺激:分2种情况。一种是人工模式,即患者用力时,感觉到需要刺激辅助时,通过控制手柄直接触发刺激;另一种是自动触发模式,即无需患者触发,系统自动触发刺激输出。大多数情况下,鼓励患者使用人工模式,只有不能配合的患者才使用自动触发模式。

(3)经皮电刺激模式:脑循环刺激模式无需指导患者,直接由系统完成治疗过程。

7. 准备就绪按"启动"键,系统开始工作。

8. 系统完成预设的治疗时间则自动停止,并以语音提示。

9. 关闭电源总开关,治疗结束。

【临床应用】

1. 适应证　适用于脑卒中、脑外伤、小儿脑瘫康复、脊髓损伤、外周神经损伤引起的运动功能障碍及神经肌肉功能性疼痛的辅助治疗。

2. 应用举例

（1）脑卒中：一般选用 PBF 模式，患者保持坐位或仰卧位，用 75% 酒精对治疗部位皮肤进行脱脂处理，正确固定电极后，开始治疗。常用刺激强度小于 40mA，一般为 20~32mA，脉宽为 80~500Hz。嘱患者注意观看电脑屏幕提示和听语音提醒，完成指令动作，每次治疗时间约 20 分钟。康复功能训练及多功能神经康复诊疗系统每天各应用 1 次，治疗 8 周。

（2）小儿脑性瘫痪：对面肌、咀嚼肌和咽肌等采用经皮失神经电刺激模式进行失神经电刺激，促使相应神经和运动功能的改善。调节电流强度为 0~15mA，在刺激咽肌时红色正极位于颈后，白色负极在颈前。一般从 0 开始调节电流强度并逐渐增加，直至患儿出现明显吞咽反射。可同时进行饮水训练和进食训练，每次 1 分钟，休息 5 秒，以观察到患儿出现强直性吞咽反应为主。每日 1 次，每周治疗 5 日休息 2 日，共治疗 12 周。

（3）重型颅脑损伤：全面评估患者的疾病性质、病残情况及神经系统可能恢复的程度，选择合适的治疗部位、治疗方法及治疗强度，每次治疗患侧上下肢各 20 分钟，每日 2 次，10 日为一个疗程，每隔 10 日评估 1 次，及时调整治疗方案。治疗时要求环境安静，室内温度保持在 25℃左右。

【注意事项】

1. 正反馈中三个模式的电流强度，宜从低到高设置，以满足不同患者的需要，特殊患者利用处方管理系统进行特殊设置。

2. 肌电声音过于嘈杂时，可用声音"上 / 下"键调节。

3. 治疗过程中如需停止，可再按"启动"键，系统即停止工作。

4. 子机工作时，不能改变治疗模式，只有先使系统停止工作，才能改变治疗模式，系统将用语音提示"模式"。

5. 治疗过程中如果发生电极脱落或短路，系统将用语音做出警告性提示，以便及时进行处理。

6. 治疗结束后，整理电极及连线，将子机装入对应的提包中，注意保护配件完整，不要遗漏或破损。

7. 子机运行达到预设时间，刺激器发出"设置时间用完"提示音 10 次且工作指示灯常亮，仪器停止工作。

七、声信息治疗仪

声信息治疗仪是集耳聋耳鸣检查及治疗于一体，有效治疗耳聋、耳鸣、头痛、眩晕等疾病，快速诊断耳聋患者听力潜能的新型诊疗设备（图 10-7）。

【仪器原理】

根据患者听力的具体状况和主要的生理指标，利用严格量化的声音，有针对性地依次作用于听觉系统的所

图 10-7 声信息治疗仪

有相关神经核团,消除因功能紊乱及其引发的听觉过度抑制状态,增强听觉系统的自身调控能力,重塑听觉中枢结构。利用人体对不同声音产生的连锁反应,调节自主神经和脑血管功能,改善患者的整体生理状况。

【操作方法】

1. 抬起"功能"键,把"频率"开关置于125Hz或1kHz档,将"声强选择"开关置于30dB,或选择患者能听见的强度,调整左右耳选择开关,置于听力较好的一侧。

2. 将声音增大到能听到再逐渐减小至听不到,再逐渐增大到刚刚能听到为止,找出听力阈值,记录听力曲线,然后换一个频率,重复以上测听,直至所有频率点均测试完毕。

3. 改变左右耳选择开关,置于另一侧,重复以上步骤,并描记听力曲线。

【临床应用】

可用于各种原因引起的神经性耳鸣、感音性耳聋;辅助治疗炎症、外伤等引起的耳聋、耳鸣、耳堵等症;改善或消除听觉响度重振现象,增强听觉系统对声强变化的自我反馈调控能力,提高语言分辨率;治疗各种血管性头痛、失眠、眩晕、单纯性幻听等;检查耳聋、耳鸣的病因、评价治疗效果;动态诊断感音性耳聋的听力潜能。

1. 神经性耳鸣耳聋　根据患者的血压、心率、脑血流图、有无头昏耳鸣等情况,选择适当的治疗程序,输入声信息治疗仪。视患者听力损伤的程度选择合适的治疗量,通过高保真耳机进行治疗,每日1次,每次25分钟,连续5次为一个疗程。定期复查听力并根据听力改变情况调整治疗量。

2. 老年性耳聋　将患者的检查结果输入声信息治疗仪,仪器自动合成全音域、多声强、多相位、连续变化的合成音,通过高保真耳机输入患者的双耳进行治疗,每日1次,每次20~30分钟,10次为一个疗程。每次治疗前检查听力,根据情况确定治疗方案。

3. 突发性耳聋　将患者的测听数据、血压、心率、脑血管情况输入仪器,仪器分析数据后自动合成声信息,患者佩戴罩式高保真耳机进行32道自动程序的声信息治疗,每日1次,每次30分钟,10日为一个疗程。

【注意事项】

1. 首先测听,根据患者听力较差一侧的听力曲线选定治疗声强。

2. 治疗耳为听力较差耳时,通过辅助音量电位调节另一侧耳的声强,从而达到双耳治疗声强的平衡。

3. 耳聋耳鸣的常规治疗为每日1次,10日为一个疗程。

4. 及时测听,评价听力恢复情况,调整治疗声强。

5. 对于听力损失＜90dB、连续治疗3~5次听力变化小于10dB的患者(全聋者不计算在内),若更改治疗方案后仍无起色,一般应放弃治疗。

6. 对于听力损失＞90dB的患者,应治疗1~2个疗程。

7. 详细记录治疗方案、声强、治疗效果。

八、电动升降起立床

电动升降起立床可降低到适合患者上下轮椅的高度,高度及坡度可电动调节,配备大型带制动装置的脚轮,绑带及支架臂可调节,控制器配备 4 个按键,可同时操作,便于调节高度及坡度(图 10-8)。

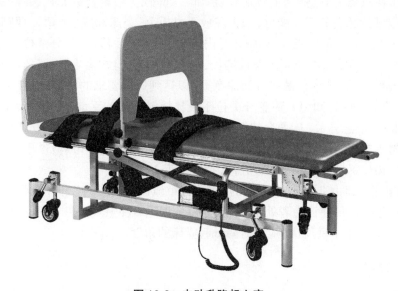

图 10-8　电动升降起立床

【仪器原理】

1. 帮助患者完成仰卧位到站立位、重心从低到高的过渡,使患者充分适应立位状态。

2. 提高躯干和下肢的负重能力,增加颈、胸、腰及骨盆在立位状态下的控制能力,为将来的自主立位及保持平衡打下良好基础。

3. 通过重力对关节肌肉的挤压,有效刺激本体感受器,增加患侧肢体的肌张力。

4. 通过重力对跟腱形成足够强度且较持久的牵拉,矫正下肢肌张力过高。

【操作方法】

1. 固定床体,将床体滑动轮对应部位上的固定旋块向外旋出至与地面接触牢固,连接电源。

2. 将控制台电缆连接到床体接头上并旋紧。

3. 打开开关,床体自动复位到 0°。

4. 用固定绑带将患者固定于起立床上,并把桌板调到合适的位置。

5. 选择处方,根据需要设置参数(处方、高度、时间)。

6. 按"开始"键,床体自动上升到预设的角度,开始治疗。

7. 上升过程中,可随时按"停止"键,则床体停止上升,角度复位到 0°。如需床体继续上升,则再按"开始"键。

【临床应用】

可用于脊椎损伤、骨盆及下肢损伤、偏瘫、截瘫、脑外伤等重症患者的站立训练;用于长期卧床患者的训练,以减少直立性低血压,维持及增强脊柱、骨盆和下肢的负荷力量。

1. 偏瘫 将电动升降起立床面板调至与患者轮椅合适的高度和角度,转移患者躺至床上,用固定带在双膝关节、髂前上棘连线、胸部 3 处固定(松紧合适),在患膝关节两侧各放 1 个毛巾卷以维持膝关节于功能位,双上肢放于桌板上(与床面成 90° 角),两脚掌尽量贴近脚踏板,并纠正踝关节于功能位,以防止足内翻,足跟尽量后移,以充分牵拉小腿三头肌,健侧足尽量前移,不负重。在桌板上摆放插板、认知图片等,让患者在治疗过程中同时进行操作、认知,或播放轻音乐等分散患者的注意力,以达到站立要求的时间,避免患者厌倦而拒绝治疗。开始治疗前告知患者应急开关位于最易接触到的扶手前端,在训练过程中,一旦感到不适可按下应急开关,床面会快速降至 0°,或呼叫医生处理。准备就绪后人工操作脚踏开关,一边观察患者的状况,一边调节起立床的升降角度,从 30°~35° 开始,视适应情况每日增加 5°~10°,每日 2 次,每次 30 分钟,持续治疗 3 周。

2. 脊椎损伤 训练时应保持脊柱的稳定性,可佩戴腰围或胸腰椎矫形器。训练从倾斜 20° 开始,角度渐增,最终让患者处于 90° 直立位。训练时注意观察患者的反应,防止发生直立性低血压。如发生不良反应,应及时降低起立床的角度。

【注意事项】

1. 使用前确保固定旋块与地面接触牢固,可安全使用。
2. 禁止超载使用。
3. 使用保护布套保护皮革床面,以延长皮革的使用寿命。